重点领域气候变化影响与风险丛书

# 气候变化影响与风险
## 气候变化对湿地影响与风险研究

吕宪国　邹元春　王毅勇　李爱农　薛振山 等　著

"十二五"国家科技支撑计划项目

科学出版社

北京

# 内 容 简 介

本书是国家"十二五"科技支撑计划项目"重点领域气候变化影响与风险评估技术研发与应用"课题"气候变化对湿地生态系统的影响与风险评估技术"的成果。系统分析了过去 50 年气候变化对我国湿地时空格局和初级生产力的影响，模拟了未来 30 年气候变化情景下我国湿地生态系统的时空分布和初级生产力。在此基础上，研发了过去气候非气候影响识别与区分技术和未来气候变化风险评估技术，并以青藏高原、西部内陆干旱区、东北三江平原、长江中下游平原 4 个湿地分布典型区为例，在全国尺度和区域尺度上评估了气候变化对湿地生态系统的影响与风险，提出了湿地生态系统适应气候变化的对策和技术体系。本书可为国家适应气候变化决策和实践以及我国湿地保护和恢复提供相关科学依据。

本书可供湿地科学、地理学、生态学、环境科学等领域的科研和教学人员参考，也可供湿地保护管理部门使用。

**图书在版编目（CIP）数据**

气候变化影响与风险：气候变化对湿地影响与风险研究/吕宪国等著.
—北京：科学出版社, 2018.7
（重点领域气候变化影响与风险丛书）
ISBN 978-7-03-057890-7

Ⅰ.①气…  Ⅱ.①吕…  Ⅲ. ①气候变化–影响–沼泽化地–生态系–研究  Ⅳ.①P941.78

中国版本图书馆 CIP 数据核字(2018)第 126441 号

责任编辑：万　峰　朱海燕 / 责任校对：赵桂芬
责任印制：肖　兴 / 封面设计：北京图阅盛世文化传媒有限公司

**科学出版社** 出版
北京东黄城根北街 16 号
邮政编码：100717
http://www.sciencep.com

**北京画中画印刷有限公司** 印刷
科学出版社发行　　各地新华书店经销
*

2018 年 7 月第 一 版　　开本：787×1092　1/16
2018 年 7 月第一次印刷　　印张：15 1/2
字数：348 000
定价：**149.00 元**

(如有印装质量问题，我社负责调换)

# 《重点领域气候变化影响与风险丛书》编委会

# 总　　序

　　气候变化是当今人类社会面临的最严重的环境问题之一。自工业革命以来，人类活动不断加剧，大量消耗化石燃料，过度开垦森林、草地和湿地土地资源等，导致全球大气中 $CO_2$ 等温室气体浓度持续增加，全球正经历着以变暖为主要特征的气候变化。政府间气候变化专门委员会（IPCC）第五次评估报告显示，1880～2012 年，全球海陆表面平均温度呈线性上升趋势，升高了 0.85℃；2003～2012 年平均温度比 1850～1900 年平均温度上升了 0.78℃。全球已有气候变化影响研究显示，气候变化对自然环境和生态系统的影响广泛而又深远，如冰冻圈的退缩及其相伴而生的冰川湖泊的扩张；冰雪补给河流径流增加、许多河湖由于水温增加而影响水系统改变；陆地生态系统中春季植物返青、树木发芽、鸟类迁徙和产卵提前，动植物物种向两极和高海拔地区推移等。研究还表明，如果未来气温升高 1.5～2.5℃，全球目前所评估的 20%～30%的生物物种灭绝的风险将增大，生态系统结构、功能、物种的地理分布范围等可能出现重大变化。由于海平面上升，海岸带环境会有较大风险，盐沼和红树林等海岸湿地受海平面上升的不利影响，珊瑚受气温上升影响更加脆弱。

　　中国是受气候变化影响最严重的国家之一，生态环境与社会经济的各个方面，特别是农业生产、生态系统、生物多样性、水资源、冰川、海岸带、沙漠化等领域受到的影响显著，对国家粮食安全、水资源安全、生态安全保障构成重大威胁。因此，我国《国民经济和社会发展第十二个五年规划纲要》中指出，在生产力布局、基础设施、重大项目规划设计和建设中，需要充分考虑气候变化因素。自然环境和生态系统是整个国民经济持续、快速、健康发展的基础，在国家经济建设和可持续发展中具有不可替代的地位。伴随着气候变化对自然环境和生态系统重点领域产生的直接或间接不利影响，我国社会经济可持续发展面临着越来越紧迫的挑战。中国正处于经济快速发展的关键阶段，气候变化和极端气候事件增加，与气候变化相关的生态环境问题越来越突出，自然灾害发生频率和强度加剧，给中国社会经济发展带来诸多挑战，对人民生活质量乃至民族的生存构成严重威胁。

　　应对气候变化行动，需要对气候变化影响、风险及其时空格局有全面、系统、综合的认识。2014 年 3 月政府间气候变化专门委员会正式发布的第五次评估第二工作组报告《气候变化 2014：影响、适应和脆弱性》基于大量的最新科学研究成果，以气候风险管理为切入点，系统评估了气候变化对全球和区域水资源、生态系统、粮食生产和人类健康等自然系统和人类社会的影响，分析了未来气候变化的可能影响和风险，进而从风险管理的角度出发，强调了通过适应和减缓气候变化，推动建立具有恢复力的可持续发展社会的重要性。需要特别指出的是，在此之前，由 IPCC 第一工作组和第二工作组联合发布的《管理极端事件和灾害风险推进气候变化适应》特别报告也重点强调了风险管理对气候变化的重要性。然而，我国以往研究由于资料、模型方法、时空尺度缺乏可比性，导致目前尚未形成对气候变化对我国重点领域影响与风险的整体认识。《气候变化国家评估报告》、《气候变化国家科学报告》和《气候变化国家信息通报》的评估结果显示，目前我国气候变化影响与风险研究比较分散，对过去影响评估较少，未来风险评估薄弱，气候变化影响、脆弱性和风险的综合评估技术方法落后，更缺乏全国尺度多领域的系统综合评估。

气候变化影响和风险评估的另外一个重要难点是如何定量分离气候与非气候因素的影响，这个问题也是制约适应行动有效开展的重要瓶颈。由于气候变化影响的复杂性，同时受认识水平和分析工具的限制，目前的研究结果并未有效分离出气候变化的影响，导致我国对气候变化影响的评价存在较大的不确定性，难以形成对气候变化影响的统一认识，给适应气候变化技术研发与政策措施制定带来巨大的障碍，严重制约着应对气候变化行动的实施与效果，迫切需要开展气候与非气候影响因素的分离研究，客观认识气候变化的影响与风险。

鉴于此，科技部接受国内相关科研和高校单位的专家建议，酝酿确立了"十二五"应对气候变化主题的国家科技支撑计划项目。中国科学院作为全国气候变化研究的重要力量，组织了由地理科学与资源研究所作为牵头单位，中国环境科学研究院、中国林业科学研究院、中国农业科学院、国家海洋环境预报中心、兰州大学等16家全国高校、研究所参加的一支长期活跃在气候变化领域的专业科研队伍。经过严格的项目征集、建议、可行性论证、部长会议等环节，"十二五"国家科技支撑计划项目"重点领域气候变化影响与风险评估技术研发与应用"于2012年1月正式启动实施。

项目实施过程中，这支队伍兢兢业业、协同攻关，在重点领域气候变化影响评估与风险预估关键技术研发与集成方面开展了大量工作，从全国尺度，比较系统、定量地评估了过去50年气候变化对我国重点领域影响的程度和范围，包括农业生产、森林、草地与湿地生态系统、生物多样性、水资源、冰川、海岸带、沙漠化等对气候变化敏感，并关系到国家社会经济可持续发展的重点领域，初步定量分离了气候和非气候因素的影响，基本揭示了过去50年气候变化对各重点领域的影响程度及其区域差异；初步发展了中国气候变化风险评估关键技术，预估了未来30年多模式多情景气候变化下，不同升温程度对中国重点领域的可能影响和风险。

基于上述研究成果，本项目形成了一系列科技专著。值此"十二五"收关、"十三五"即将开局之际，本系列专著的发表为进一步实施适应气候变化行动奠定了坚实的基础，可为国家应对气候变化宏观政策制定、环境外交与气候谈判、保障国家粮食、水资源及生态安全，以及促进社会经济可持续发展提供重要的科技支撑。

刘燕华

2016年5月

# 前　　言

气候变化是全球普遍关心的重大环境问题。IPCC 第五次评估报告确认世界各地都在发生气候变化。自 20 世纪 50 年代以来，许多观测到的变化在几十年乃至上千年时间里都是前所未有的，气候变化的影响日益凸显。

湿地是陆地表层重要的生态系统，是生态功能独特不可替代的自然综合体。天然湿地包括沼泽、泥炭地、湿草甸、湖泊、河流、河口三角洲、滩涂等多种形态。湿地仅占地球表面面积的 6%，却为地球上 20% 的生物提供了生境，并为人类提供着很高的生态系统服务和价值，特别是在供给淡水、补充地下水、拦洪蓄水、降解有毒物质、提供动植物产品、保护生物多样性等方面有着重要的功能，因而被称为"地球之肾"、天然水库和天然物种库。

湿地生态系统与气候之间存在着密切的联系。与其他陆地生态系统相比，湿地生态系统对气候变化异常敏感和脆弱。湿地生态系统碳储量约占陆地生态系统土壤碳库的三分之一，相当于大气碳库和植被碳库的一半。保护湿地、恢复湿地是缓解全球气候变暖、应对全球气候变化的重要手段。

关于湿地生态系统的气候变化影响研究渐趋丰富，但大多针对个别或区域湿地，侧重单一指标开展评估，还没有形成系统的影响评估技术体系。目前，我国气候变化对湿地生态系统的影响评估存在两个主要问题：一是对过去几十年湿地生态系统已经发生的变化事实缺乏系统综合研究，存在大量的不确定性；二是在研究中对气候变化影响程度的定量研究不够，制约了具体适应政策和措施的制定。这些问题的研究也已成为了国际气候变化研究的前沿。由于发达国家在国际舆论中占主导地位，其观点也更多反映着他们的利益，因此这些问题的解决，将有利于我国制定应对气候变化战略，并服务于气候外交。因此，为保障国家水资源与生态安全，加强气候变化领域的战略政策对话，积极参与国际谈判，推动建立公平合理的应对气候变化国际制度，迫切需要对湿地生态系统过去已经发生的影响进行定量评估。

气候变化影响湿地生态系统的诸多方面，本书重点论述气候变化对湿地景观格局的影响。基于空间遥感技术和数据及全国湿地资源调查资料，系统检测了过去 50 年我国湿地生态系统整体面积和分布格局的变化趋势；利用生态系统的长期观测记录，通过气候条件和湿地类型的比较分析与识别技术，定量分离湿地生态系统变化的气候与非气候影响因素；基于未来气候情景，利用生境分布模型和 NPP 模型评估了未来气候变化对我国不同地区湿地生态系统的影响及潜在风险。上述研究成果可为国家应对气候变化宏观政策制定、保障国家粮食、水资源和生态安全、促进社会经济可持续发展提供科技支撑。

本书是"十二五"国家科技支撑计划项目"重点领域气候变化影响与风险评估技术

研发与应用"课题五"气候变化对湿地生态系统影响与风险评估技术（2012BAC19B05）"成果总结。课题负责人吕宪国编制了编写提纲，并对全书进行了审定。薛振山对全书图件进行了统一编辑，邹元春、王璐莹、钟叶辉对全书体例进行了统一修订。各章作者名单如下：第 1 章编写者：王毅勇、刘夏；第 2 章编写者：吕宪国、邹元春、薛振山、张仲胜；第 3 章编写者：薛振山、刘波、王琳；第 4 章编写者：王毅勇、孟焕、薛振山、刘夏；第 5 章编写者：李爱农、孔博、易桂花、赵慧；第 6 章编写者：神祥金；第 7 章编写者：薛振山、张仲胜；第 8 章编写者：薛振山；第 9 章编写者：吕宪国、邹元春、贾雪莹。附录 1 编写者：张仲胜；附录 2 编写者：薛振山。

　　在课题执行过程中，得到了科学技术部的支持，得到了项目负责人吴绍洪研究员和咨询专家的指导，在此表示感谢。

吕宪国

2017 年 10 月

# 目　录

# 第1章　我国近50年气候变化特征

利用中国气象局 720 个地面基准气象站 1961~2010 年的气象资料，统计分析了 50 年来中国区域气温、降水、陆面蒸发量及降水蒸发差（年降水量与年蒸发量差值）指标的变化特征。

## 1.1　气温变化特征

1961~2010 年全国多年平均气温为 6.15℃。2007 年是有观测记录以来年平均气温最高的年份（7.35℃），1967 年为有观测记录以来年平均气温最低的年份（5.27℃）。1961~2010 年全国平均气温整体呈线性上升趋势，50 年间全国气温经历了由低到高的变化过程，平均增温速率为 0.31℃/10a。从 20 世纪 80 年代中期开始，升温显著，偏暖年份的数量明显增多。1987 年以来的 25 年，年平均气温达到 6.62℃，期间仅有 1 年的年平均气温低于 6℃，而此前的年份中仅有 4 年年平均气温高于 6℃。从 1961 年起，10 年平均气温持续上升，近 20 年来平均气温较之前气温增加显著，1961~1970 年平均气温为 5.62℃，1991~2000 年和 2001~2010 年两个 10 年平均气温分别为 6.42℃和 6.89℃（图 1.1）。

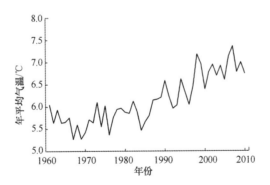

图 1.1　1961~2010 年全国年平均气温变化

## 1.2　降水变化特征

1961~2010 年全国多年平均降水量为 554.0mm，年际和年代际变率较大。1998 年为 1961 年以来降水量最多的年份，全国年平均降水量达 644.6 mm；1978 年为降水量最少的年份，全国年平均降水量仅 491.9 mm。1961~2010 年全国年平均降水量呈微弱增加趋势，线性增加速率为 11.2 mm/10a。年平均降水量变化以 1980 年为界，1980 年后降水量明显增加。20 世纪 80 年代以来，年平均降水量达 570.7mm，而 1961~1979 年平均降水量仅为 526.5mm。虽然 1961~2010 年全国年平均降水量增加幅度不大，但年平均降水量波动十分剧烈，降水量最多的 20 年中有 18 年出现在 1980 年之后，年平均降水量最少的 10 年均出现在 1980 年之前（图 1.2）。

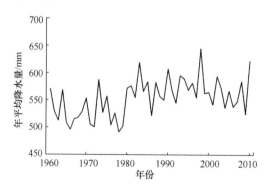

图 1.2　1961~2010 年全国年平均降水量变化

# 1.3　陆面蒸发量变化特征

气象站点观测的蒸发量是用小型蒸发皿或者 601 型蒸发器测量的水面蒸发量，只代表观测站点陆面的蒸发能力，并不能反映实际陆面的蒸发量。根据平均降水量和月平均气温对陆面蒸发量进行估算是比较常用的方法，如彭曼公式、桑斯威特公式、哈格里韦斯公式及高桥浩一郎公式等。本书采用高桥浩一郎公式计算全国陆面蒸发量（高桥浩一郎，1979）。

1961~2010 年全国多年平均陆面蒸发量为 301.4mm，年际和年代际变化较大，1998年为 1961 年以来陆面蒸发量最高的年份，达 328.5 mm；1966 年为历史最低值，仅265.7mm。1961~2010 年全国年平均陆面蒸发量整体变化不大，呈微弱的增加趋势，线性增加 8.9 mm/10a，与降水量变化趋势基本一致。20 世纪 80 年代以后，陆面蒸发量呈现出明显的增加趋势，1980~2010 年年平均陆面蒸发量达 312.3mm，而 1961~1979 年年平均陆面蒸发量仅为 283.6mm。1980 年以后陆面蒸发量仅有两年低于 300mm，而 1980年前仅有 1 年高于 300mm（图 1.3）。

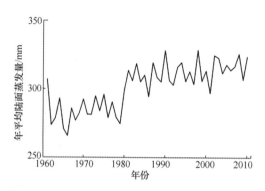

图 1.3　1961~2010 年全国年平均陆面蒸发量变化

## 1.4　降水蒸发差变化特征

对 1961~2010 年全国降水蒸发差（年降水量与年蒸发量差值）做经验正交函数分解（EOF），结果如图 1.4 所示。

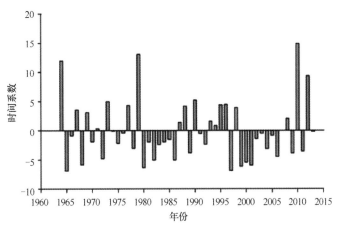

图 1.4　时间系数

经验正交函数分解法的基本原理是将由 $m$ 个空间点 $n$ 次观测构成的变量矩阵 $X_{m \cdot n}$ 看作是 $p$ 个空间特征向量和对应的时间权重系数的线性组合：

$$X_{m \cdot n} = V_{m \cdot p} T_{p \cdot n} \qquad (1.1)$$

式中，$V$ 为空间特征向量；$T$ 为时间系数。通过 EOF 分解，将变量场的主要信息集中由几个典型特征向量表现出来，用计算特征量误差范围来进行经验正交函数的显著性检验。

全国绝大部分地区为正值，仅在青藏高原的西北部、云贵高原和东北地区的个别地方出现负值，但负值最小不小于−0.04，说明这些地区降水蒸发差变化较弱。降水蒸发差变化最为剧烈的区域在西北地区，其次是华北北部和东北南部的区域。3 个正值最大的中心均分布在西北地区，分别在内蒙古西部、柴达木盆地、西藏-新疆交界处，极值达到 0.19。西北地区的塔里木盆地是负值中心，与西北部其他区域的降水蒸发差变化趋势相反，说明该地区降水蒸发差变化十分剧烈，而且不同区域内差异较大。

从时间序列来看，20 世纪 60~70 年代末，时间系数正负相间，说明全国平均降水蒸发差无明显变化；80 年代时间系数以负值为主，说明全国平均降水蒸发差呈减小趋势；90 年代大部分年份时间系数为正值，说明全国平均降水蒸发差呈增加趋势，2000 年后时间系数又变为负值，说明全国平均降水蒸发差又呈减小趋势。

## 1.5　极端事件变化特征

1961~2010 年全国大雨日数（日降水量≥25mm 日数）的统计表明，全国大雨日数多年平均为 5.48 天，并未有明显的变化趋势。年平均大雨日数最多的年份为 1998 年，达到 6.9 天，而最少的天数为 4.84 天，出现在 1963 年。从全国范围来看，大雨日数除年际间变化较大外，1961~2010 年年平均大雨日数整体变化趋势并不显著（图 1.5）。

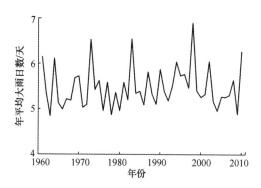

图 1.5  1961~2010 年全国年平均大雨日数变化

1961~2010 年全国多年平均连续干旱日数（最长连续无降水日数）为 65.6 天，连续干旱日数最多的年份为 1962 年，达到 86 天，而最少的天数为 50.4 天，出现在 1987 年。从全国范围来看，连续干旱日数年际间变化较大，呈现出明显的下降趋势，线性减少速率为 6d/10a，在 1980 年前后出现明显的分界，1980 年前连续干旱日数高于 1980 年后，1961~1979 年多年平均连续干旱日数为 78.4 天，而 1980~2010 年仅为 57.6 天。但 1980 年后，连续干旱日数并未表现出持续的下降趋势，而是趋于平稳（图 1.6）。

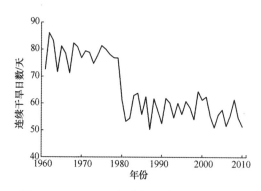

图 1.6  1961~2010 年全国连续干旱日数变化

# 1.6  气候变化区域差异（东北三江平原地区、长江中下游平原、青藏高原地区、西北内陆干旱区）

我国地域广阔，东西南北气候差异巨大，为了更精确地描述全国各主要湿地分布区过去 50 年的气候变化情况，选择长江中下游的鄱阳湖地区、洞庭湖地区，东北的三江平原地区，西北内陆干旱区和青藏高原地区为典型区，分别进行分析。

### 1.6.1　温度变化的区域差异

1951~2010 年中国年均气温整体增温速率为 0.22℃/10a（《气候变化国家评估报告》编写委员会，2007）。5 个典型区年平均气温及变化特征具有明显差异性（图 1.7）。

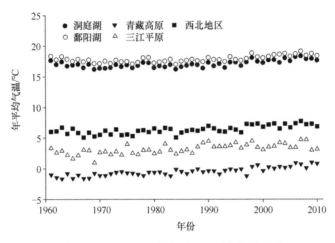

图 1.7　1961~2010 年典型区年平均气温变化

### 1. 鄱阳湖地区

1961~2010 年鄱阳湖地区多年平均气温为 17.9℃，标准气候期选取 1981~2010 年，标准气候期多年平均气温为 18.1℃，该地区气温的年际变化较大，2007 年是有观测记录以来年平均气温最高的年份（19.1℃），1984 年为有观测记录以来年平均气温最低的年份（17.0℃）。1961~2010 年鄱阳湖地区气温整体呈线性升温趋势，增温速率为 0.22℃/10a，与中国大陆年平均气温的升高趋势基本相当。鄱阳湖地区年平均气温经历了先下降、后升温的过程，1961~1977 年，气温呈下降趋势，降温速率达到 0.53℃/10a（$R^2$=0.52），从 20 世纪 80 年代开始气温逐步升高，自 1980 年后，气温升高趋势十分明显，增温速率为 0.50℃/10a。从 5 年滑动平均值来看，自 1961 年开始，5 年滑动平均气温先是下降，进入 20 世纪 80 年代后持续升高。从偏暖年份来看，1994 年以后偏暖年份的数量明显增多，1994 年以后仅 3 年的平均气温低于基准期平均值，而 1994 年之前仅 5 年的平均气温高于基准期平均值。

### 2. 洞庭湖地区

1961~2010 年洞庭湖地区多年平均气温为 17.1℃，标准气候期选取 1981~2010 年，标准气候期多年平均气温为 17.3℃，2007 年是有观测记录以来年平均气温最高的年份（18.4℃），1969 年为有观测记录以来年平均气温最低的年份（16.2℃）。1961~2010 年洞庭湖地区气温整体呈线性升温趋势，增温速率为 0.23℃/10a，略高于中国大陆年平均气温的升高趋势。洞庭湖地区年平均气温经历了由低温徘徊到逐步升温的过程，从 20 世纪 80 年代开始气温逐步升高，自 1984 年后，气温升高趋势十分明显，增温速率为 0.56℃/10a，是 1961~2010 年平均增温速率的 2.5 倍。从 5 年滑动平均值来看，自 1984 年之后，5 年滑动平均气温持续升高。从偏暖年份来看，1994 年以后的偏暖年份数量明显增多，1994 年以后仅两年的平均气温低于基准期平均值，而 1994 年之前仅 4 年的平均气温高于基准期平均值。

### 3. 西北内陆干旱区

1961~2010 年西北内陆干旱区多年平均气温为 6.37℃，标准气候期选取 1981~2010 年，标准气候期多年平均气温为 6.67℃，2007 年是有观测记录以来年平均气温最高的年份（7.74℃），1967 年为有观测记录以来年平均气温最低的年份（5.1℃）。1961~2010 年西北地区气温整体呈线性升温趋势，增温速率为 0.32℃/10a（$R^2$=0.50），略高于中国大陆年平均气温的升高趋势。西北内陆干旱区年平均气温经历了由低温徘徊到逐步升温的过程，1980 年以前，年平均气温多低于 6℃，1981~1996 年大多数年份年平均气温在 6℃以上，仅 3 年低于 6℃，自 1997 年开始，年平均气温第一次升高至 7℃以上，此后仅 4 年平均气温低于 7℃。

### 4. 三江平原地区

1961~2010 年三江平原地区多年平均气温为 3.21℃，标准气候期选取 1981~2010 年，标准气候期多年平均气温为 3.6℃，2007 年是有观测记录以来年平均气温最高的年份（4.74℃），1969 年为有观测记录以来年平均气温最低的年份（0.98℃）。1961~2010 年该地区气温整体呈线性升温趋势，增温速率为 0.34℃/10a，略高于中国大陆年平均气温的升高趋势。三江平原地区年平均气温经历了由低温期到高温期的变化过程。以 1988 年为界，1988 年前年平均气温为 2.70℃，1988~2010 年年平均气温为 3.79℃，该时期所有年份平均气温均高于 3℃，而此前的 27 年仅 7 年的年平均气温高于 3℃。从 5 年滑动平均来看，1988 年前后形成了两个明显的阶段，1988 年前低于 1988 年后。

### 5. 青藏高原地区

1961~2010 年青藏高原地区多年平均气温为 -0.46℃，标准气候期选取 1981~2010 年，标准气候期多年平均气温为 -0.09℃，2009 年是有观测记录以来年平均气温最高的年份（1.03℃），1963 年为有观测记录以来年平均气温最低（-1.65℃）的年份。1961~2010 年该地区气温整体呈线性升温趋势，增温速率为 0.39℃/10a（$R^2$=0.72），高于我国大陆年平均气温的升高趋势。青藏高原地区年平均气温自 1961 年开始呈现出持续上升的趋势。从 5 年滑动平均值来看，其也是自 1961 年开始呈现出持续升高的趋势。1998 年是一个分界线，1998 年以后该地区年平均气温总体维持在 0℃以上，1998 年以后仅 1 年的平均气温低于 0℃，而 1998 年之前所有年份平均气温均低于 0℃。以每十年平均气温进行比较，从1961年开始每十年的平均气温分别为–1.24℃、–0.76℃、–0.52℃、–0.24℃和0.48℃，从1961~1970年的–1.24℃持续上升至2001~2010年的0.48℃。

5个区域年平均气温以鄱阳湖地区最高，洞庭湖地区次之，其后是西北内陆干旱区和东北三江平原地区，青藏高原地区最低。这些地区在过去50年期间的年平均气温均呈现升高的趋势。这些区域气温变化的共同特点在于，自20世纪80年代开始，增温开始加速；不同点在于增温速率不同，年平均气温越高的地区，增温速率越慢，位于南方的鄱阳湖和洞庭湖地区增温速率相对较低，而北方的3个地区则增温较快，尤其是年平均气温最低的青藏高原地区，增温速率最高。此外，5个区域中，仅青藏高原地区表现出持续增温的现象，其余4个区域在1980年前增温趋势均不明显，甚至呈现出阶段降温的趋势。相对而言，北方地区受到全球变暖的影响可能更为严重，其中青藏高原尤为显著。

## 1.6.2　降水变化的区域差异

全国1956~2002年47年降水量呈现小幅度增加趋势（《气候变化国家评估报告》编写委员会，2007）。5个典型区年平均降水量与变化特征如图1.8所示。鄱阳湖流域、洞庭湖流域及三江平原年平均降水量年际、年代际间变化较剧烈。

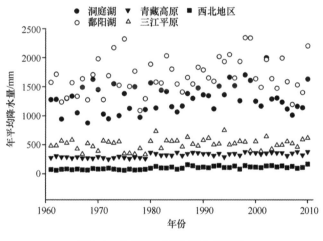

图1.8　典型区年平均降水量变化

## 1. 鄱阳湖地区

鄱阳湖地区多年平均降水量为1684.8mm，年际变化较大，1998年为1961年以来降水量最多的年份，达2345.1mm；1978年为历史最低，仅1089.1mm。1961~2010年该地区年降水量整体变化不大，呈微弱的增加趋势，线性增加速率为52.1mm/10a。年降水量变化波动十分剧烈，呈现出多次升高和下降的趋势，降水量在1988年和2001年出现了两次高峰，该时期前后均较低。

## 2. 洞庭湖流域

洞庭湖地区多年平均降水量为 1301.9mm，年际变化较大，2002 年为 1961 年以来降水量最多的年份，达 1999.5mm；1968 年为历史最低，仅 873.8 mm。1963~2010 年该地区年降水量整体变化不大，呈微弱的增加趋势，线性增加速率为 34.1 mm/10a。年降水量变化波动十分剧烈，降水量高的年份和低的年份相互交错，而 1998 年之后，降水量呈现出短期的下降趋势。

## 3. 三江平原

东北三江平原地区多年平均降水量为 511.5mm，年际变化较大，1994 年为 1961 年以来降水量最多的年份，达 750.1mm；1979 年为历史最低，仅 332.4mm。1961~2010 年该地区年降水量整体变化不大，呈微弱的增加趋势，线性增加速率为 13.8mm/10a。年降水量呈现出先降低、后增加的趋势。以 1980 年为界，1961~1979 年年平均降水量为 463.3mm，而 1980~2010 年年平均降水量为 541.0mm。

## 4. 青藏高原

青藏高原地区多年平均降水量为 318.3mm，年际变化较大，2010 年为 1961 年以来降水量最多的年份，达 378.8 mm；1972 年为历史最低，仅 249.9mm。1961~2010 年该地区年降水量整体变化不大，呈微弱的增加趋势，线性增加速率为 20.2 mm/10a（$R^2$=0.58），年降水量呈现出增加趋势。以 1980 年为界，1961~1979 年年平均降水量为 276.3mm，而 1980~2010 年年平均降水量为 344.0mm。1980 年前仅 1 年的降水量高于 300mm，而 1980 年后仅 1 年的降水量低于 300mm。

## 5. 西北内陆干旱区

西北地区多年平均降水量为 102.5mm，年际变化较大。2010 年为 1961 年以来降水量最多的年份，达 138.4 mm；1962 年为历史最低，仅 61.7mm。1961~2010 年该地区年降水量整体变化不大，呈微弱的增加趋势，线性增加速率为 13.7mm/10a（$R^2$=0.53）。年降水量呈现出先低后高的趋势。以 1981 年为界，1961~1980 年年平均降水量为 76.8mm，而 1980~2010 年年平均降水量为 119.5mm，1981 年为 1961 年以来年平均降水量首次突破 100mm 的年份，而此后的 30 年间，仅 4 年降水量不足 100mm，可见降水量自 1981 年后有了明显的增加。

5 个区域年平均降水量以鄱阳湖地区最多，洞庭湖次之，其后是东北三江平原、青藏高原，西北内陆干旱地区降水量最少。这些地区在过去 50 年期间，年平均降水量均呈现出了增加的趋势。鄱阳湖和洞庭湖地区降水量高，变化趋势不明显，而三江平原、青藏高原和西北地区降水量相对较低，其变化趋势呈现出以 1980 年左右为界，前后反差较大的两个时期，尤其是降水量最低的两个地区，该现象尤其明显。

# 1.7 东北地区水热指标变化

Kira 的温暖指数（warmth index）和寒冷指数（coldness index）及干燥度指数（humidity/aridity index）和变型是目前国际上应用较广的进行植被-气候相关研究的方法和指标之一。Kira 首先将最早记载于欧洲地理学中的以月均气温 5℃为界的温暖指数引入植物生态学中，提出了寒冷指数及干湿度指数的概念。徐文铎首先将 Kira 的温暖指数和寒冷指数引入我国植被与气候关系的定量研究中，并在 Kira 的热量指数的基础上，提出了湿度指数（HI）。在我国东部森林植被带的生态气候学分析中，Kira 的温暖指数值可作为其温度气候指标，其对我国森林植被的地理分布和温度气候带的划分具有较好的指示作用，Kira 的寒冷指数对于中国的寒带和温带划分指示性较强。

## 1.7.1 温暖指数变化

近 50 年，东北地区温暖指数呈增加趋势（图 1.9），增加速率为 1.85 ℃月/10a。1963~2012 年平均温暖指数为 69.85 ℃月，温暖指数最高值出现在 2001 年，为 77.37 ℃月，最低值出现在 1976 年，为 62.16 ℃月。1963~1980 年间，温暖指数变化幅度较大，但总体偏低，最低的 5 年均出现在该时期，1980~1990 年，温暖指数较为平稳，变化不大，但 1990 年以后，温暖指数呈显著增加的趋势，1997 年以来所有年份的温暖指数均高于 1963~2012 年的平均值。

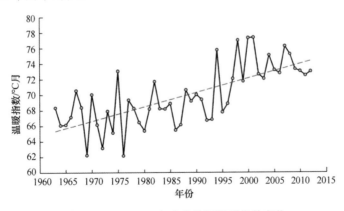

图 1.9　1963~2012 年东北地区温暖指数变化

## 1.7.2 寒冷指数变化

近 50 年，东北地区寒冷指数呈增加趋势（图 1.10），增加速率为 2.29℃月/10a。1963~2012 年平均寒冷指数为–77.63℃月，寒冷指数最高值出现在 2007 年，为–64℃月，最低值出现在 1969 年，为–93.19℃月。1963~1987 年 25 年间，寒冷指数变化幅度较小，且总体偏低，该时期中有 21 年的寒冷指数均低于 1963~2012 年平均值，1988~1999 年，寒冷指数则维持在较高水平，变化不大，所有年份的寒冷指数均高于 1963~2012 年平均值，2000 年以后，寒冷指数年际变化幅度变大。

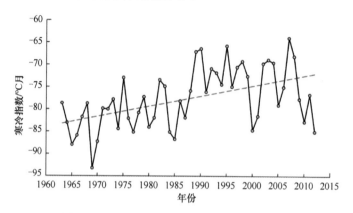

图 1.10  1963~2012 年东北地区寒冷指数变化

### 1.7.3  湿度指数变化

近 50 年，东北地区湿度指数呈逐年降低趋势（图 1.11），降低速率为 0.28mm/（℃·月·10a）。1963~2012 年东北地区湿度指数为 7.1~13.2 mm/（℃·月），湿度指数最高值出现在 1986 年 [13.2mm/（℃·月）]，最低值出现在 2001 年 [7.1mm/（℃·月）]。

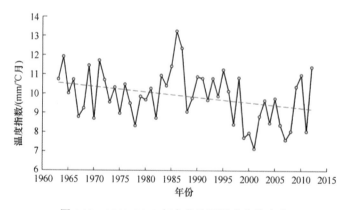

图 1.11  1963~2012 年东北地区湿度指数变化

### 1.7.4  物候变化

植物的生长、发育和生产力形成需要一定的热量条件。气候变化导致的热量条件变化对许多植物物种的生理生活习性也产生了比较显著的影响，促使各物种对其产生相应的响应机制。农田上衡量某地区热量资源的主要指标是大于等于某一界限温度的积温及其相应的持续日数，其对于其他种类的植物也是适用的。

东北地区过去 50 年 ≥0℃ 积温和 ≥0℃ 持续日数变化：众所周知，0℃ 是一切高等生物生命活动的起始温度，10℃ 是喜温植物适宜生长的起始温度，所以通常用 ≥0℃ 活动积温及≥10℃活动积温来表示某地区热量资源状况。东北地区近 50 年≥0℃积温平均为 3331.87℃（图 1.12），自 1963~2012 年≥0℃积温以 75.27℃/10a 的趋势增加（$R^2$=0.4561），≥0℃积温最高值为 3675.67℃，出现在 2005 年，最低值为 3011.05℃，出现在 1976 年，最高值和最低值相差 664.62℃。≥0℃积温变化可分为两个阶段：①1963~1993 年，≥0℃积温增加趋势不明显，维持在相对较低水平，该时期≥0℃平均积温为 3234.13℃，线性增加趋势为 2.28℃/10a（$R^2$=0.0004）；②1993 年之后，≥0℃积温增加显著，且维持在较高水平，该时期≥0℃平均积温为 3489.71℃，比 1963~1993 年增加了 255.58℃，且该时期内积温增加现象明显，线性增加趋势为 49.66℃/10a（$R^2$=0.0686）。结果表明，≥0℃积温增加在 20 世纪 90 年代最为显著。

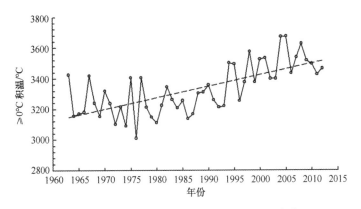

图 1.12　1963~2012 年东北地区≥0℃积温变化

≥0℃初终日大致与土壤解冻、植物萌动相一致，是农耕活动的开始或结束期，间隔日数为农耕期长度。≥0℃以上持续日数决定一地农事季节的总长度，其持续期长短是衡量地区可能生长期和确定地区种植制度的重要参考。

1963~2012 年，≥0℃持续日数平均为 218 天（图 1.13），线性增加趋势为 2.3d/10a。东北地区最早的≥0℃初日出现在 2008 年 3 月 13 日，最迟的年份出现在 1980 年 4 月 6 日。最短持续日数为 205 天，出现在 1980 年，而最长达 237 天，出现在 1990 年，长、短年极差 32 天。1963~1987 年，≥0℃持续日数较短，平均为 214.4 天，而 1987 年以后≥0℃持续日数平均为 222.4 天，比前一时期平均高了 8 天。但上述两个时期内≥0℃持续日数增加均不明显，甚至有所下降。可见，≥0℃持续日数变化在 20 世纪 80 年代末发生了显著转变，增加到一个较长的水平并维持至今。

东北地区过去 50 年≥10℃积温和≥10℃持续日数变化：春季平均气温开始稳定通过 10℃时，喜凉植物开始迅速生长，多年生植物开始迅速积累有机物，喜温的农作物开始播种。秋季开始小于 10℃时，喜凉植物的光合作用显著减弱，喜温植物停止生长。东北地区过去 50 年间，≥10℃积温多年平均为 2852.45℃（图 1.14），1963~2012 年的线性增加趋势为 77.18℃/10a（$R^2$=0.4292）。≥10℃积温最高值为 3192.70℃，出现在 2000 年，最低值为 2486.45℃，出现在 1972 年，最高值和最低值相差 706.25℃。与≥0℃积温增加趋势基本一致，1963~1992 年≥10℃积温平均为 2752.25℃，该时期内≥10℃积温基本维持在较低水平，增加趋势不明显；而 1992 年

以后，≥10℃积温较上一时期平均增加了 250.5℃，为 3002.75℃，且该时期内≥10℃
积温仍呈增加趋势，线性增加速率为 78.33℃/10a（$R^2$=0.1253），说明自 20 世纪 80
年代末期 90 年代初期开始，≥10℃积温增加显著。

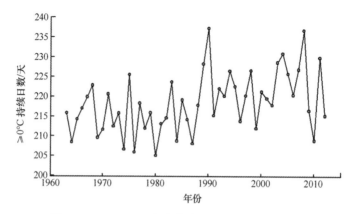

图 1.13　1963~2012 年东北地区≥0℃持续日数变化

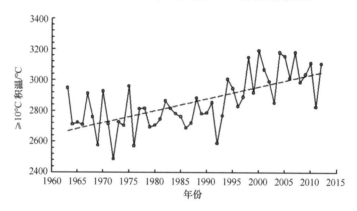

图 1.14　1963~2012 年东北地区≥10℃积温变化

1963~2012 年≥10℃持续日数平均为 149 天（图 1.15），线性增加趋势为 2.2d/10a
（$R^2$=0.2296）。东北地区最早的≥10℃初日出现在 1998 年 4 月 24 日，最迟的出现在 1973
年 5 月 13 日。最短持续日长为 132 天，出现在 1972 年，而最长达 169 天，出现在 1998
年，长、短年极差 37 天。

≥10℃持续日数也表现出在 20 世纪 90 年代初期升至一个较高水平的现象，
1963~1992 年，≥10℃持续日数较短，平均为 146.1 天，而 1992 年以后≥10℃持续日数
平均为 153 天，比前一时期平均高了 7 天。但上述两个时期内≥10℃持续日数增加均不
明显。80 年代后期至 90 年代是气温迅速升高的时期。年平均气温、生长季平均温度、
非生长季温度、≥0℃积温、≥10℃积温等指标在该时期有显著的增加趋势，同全国各
地温度变化趋势比较一致。

东北地区过去 50 年稳定通过 0℃初日空间变化:通过对比东北地区各气象站点稳定
通过 0℃初日等值线可以发现，50 年间，整个东北地区稳定通过 0℃初日等值线向北移
动明显，说明稳定通过 0℃初日有显著提前的趋势。

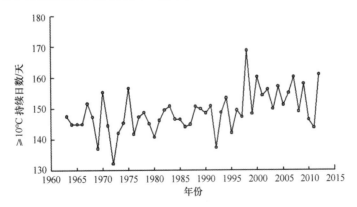

图 1.15 1963~2012 年东北地区 ≥10℃ 持续日数变化

# 参 考 文 献

高桥浩一郎. 1979. 从月平均气温、月降水量来推算蒸散发量的公式. 天气, 26(1): 29-32.
《气候变化国家评估报告》编写委员会. 2007. 气候变化国家评估报告. 北京: 科学出版社.

# 第2章 气候变化对湿地影响与风险评估技术

## 2.1 概　述

全球气候变化与人类活动已经成为影响地球表层系统的巨大营力，正在或者已经深刻改变了生态系统。湿地是在气候、地貌、土壤、植被、水文和生物等自然因素的影响下形成的有机整体，是对气候变化最为敏感的生态系统之一。

气候变化的因素很多，也包含人类活动的贡献。联合国政府间气候变化专门委员会（IPCC）第五次评估报告的《综合报告》（IPCC，2014）指出，人类对气候系统的影响是明确的，而且这种影响在不断增强。如何定量判别气候变化对湿地的影响，是研究气候变化与湿地生态系统之间关系的核心问题，同时也是目前气候变化与湿地关系研究中的热点与难点问题。

气候是湿地发育的主要驱动因子，也是湿地形成、发育及形成不同特征差异的控制因素（Winkler，1988）。气候变化能够显著影响湿地的水文情势，诱发侵蚀并改变湿地沉积速率，导致湿地景观面积的动态变化，成为控制湿地面积扩张与萎缩的主要因素（吕宪国和黄锡畴，1998），在地貌特征类似的湿地分布区，气候因子的变化对湿地面积波动的影响尤为明显（Nicholson and Vitt，1994；Halsey et al.，1997）。例如，北美洲北部草原湿地面积与气候变化具有良好的规律性（Poiani et al.，1996）；辉河湿地面积变化也与降水量变化紧密相关（葛德祥等，2009）。不同气候因子对湿地景观面积影响不同。在北美洲北部草原地区，气温变化是控制湿地消长的最根本的动力因素，气温与湿地面积之间呈显著负相关，同时，降水量一般与湿地面积呈正相关关系（Poiani et al.，1996）。气候因子与湿地面积的关系随着研究的空间尺度的变化而呈现出不同的规律。

气候变化的结果具有累积效应，对湿地景观格局、湿地生态系统过程、功能都会带来影响，其中最直观的影响是影响湿地景观格局。面积变化是气候或人类活动影响湿地最为直接的表征。湿地面积变化由气候与非气候因素两部分贡献构成。非气候因素往往叠加气候变化共同导致湿地面积减少，并且在大多数地区，人类活动导致的土地利用方式变化是湿地面积减少的最直接因素，并且这种影响往往掩盖了气候变化对湿地面积波动的贡献。

气候因素、非气候因素既可能促进湿地面积增加，也可能导致湿地面积减少。定量区分气候因素与非气候因素对湿地面积波动的影响是目前湿地研究中的难点问题，主要是由于气候因素、非气候因素及湿地面积波动三者之间往往紧密联系，相互之间具有复杂的正负反馈关系，目前对于这些反馈关系的认识并不深入，且存在较大争议。因此，在区分气候因素与非气候因素的影响时，往往采取一系列的理论假设。一个基本理论假设是，短时间尺度范围内，湿地分布区地貌特征不变或其对湿地面积的影响可忽略不计，以去除地貌特征改变对湿地发育的影响。学术界曾试图量化气候对泥炭发育的影响，Franzen 等（1996）构建了泥炭增长与气候变化理想模型。在理想状态下，即无人类活动影响时，气候变化可以与湿地面积建立良好的拟合关系，这个泥炭模型可以解释历史上冰期与间冰期的变化，他们认为，地质历史上，泥炭的增长是整个晚显生宙主要的气候调控机制之一，泥炭的增长和分解与晚新生代冰期和间冰期有规律的转化具有一定的关系。

目前，国内外尚未建立广泛应用的气候变化对湿地影响与风险评估技术方法，已有的研究中，多集中于通过微宇宙实验，研究单个或者多个气象要素对湿地生态系统某一特定功能或者结构方面的影响，主要集中在气温升高及降水变化对湿地植被及生物量的影响。其研究尺度较为狭窄，且多为点位尺度，无法外推至大的地理空间来获取大尺度上的定量结果。此外，研究结果多为定性描述而非定量描述，缺乏认可性。《湿地公约》虽然提出了"湿地评估"的内容（中华人民共和国国际湿地公约履约办公室，2013），但也仅限于提出了工程建设对湿地的影响与风险评估的逻辑框架，没有形成具体的评价方法与技术。本书建立了生境模型法，评估气候变化对湿地生态系统影响风险。生境与环境关系分析在生态学和地理学上一直是一个备受关注的问题，结合气候因素，已被应用于解释植被格局变化、入侵物种分布和栖息地迁移等方面（Guisan and Zimmermann，2000；Guisan and Thuiller，2005；Normand et al.，2013）。影响栖息地分布的因素众多，除了气候因子外，还包括地形因子、土壤类型、自然地理屏障、植被类型、物种间的关系及人类活动等其他非生物因子和生物因子（Anderson et al.，2002）。生境分布模型（HDMs）来源于物种分布模型（SDMs），是基于生态位理论，利用物种（生境）已知的分布数据和相关环境变量来推算物种（生境）的生态需求，然后在不同时空尺度上模拟预测物种（生境）实际分布和潜在分布（Elith and Leathwick，2009）。随着计算机、统计学和 GIS 的发展，生境分布模型层出不穷。一般生境分布模型可以分为 4 类：描述模型、回归模型、分类模型和机器学习模型。描述模型在运算中仅需要存在（presence）数据，主要包括生态位模型（Bioclim）、Domain 距离模型（Domain distance）、马氏距离模型（Mahalanobis distance）和面域包络模型（surface range envelope，SRE）等。回归模型、分类模型和机器学习模型在运算中同时需要存在数据和非存在（absence）数据或背景数据。其中，回归模型包括广义线性模型（generalized linear model，GLM）、广义相加模型（generalized additive model，GAM）、多元自适应回归样条（multivariate adaptive regression splines，MARS）函数等。分类模型包括分类树分析模型（classification tree analysis，CTA）和混合判别式分析模型（mixture discriminant analysis，MDA）。机器学习模型包括人工神经网络模型（artificial neural networks，ANN）、广义增强模型（generalized boosting model，GBM）、随机森林模型（random forest，RF）和最大熵模型（maximum entropy model，Maxtent）等（guisan and zimmermann，2000；Guisan and Thuiller，2005；Phillips and Dudik，2008）。由于各物种（栖息地）特征不同，并不存在一个适用于任何物种（栖息地）分布区模拟的通用模型（Robertson et al.，2003）。生境分布模型在预测过程中存在不确定性，有研究提出采用组合预测（ensemble forecasting）的方法来降低预测的不确定性，即采用多套建模数据、模型技术、模型参数及环境情景数据对物种分布进行预测，构成物种分布预测集合，然后采用一致性预测方法（consensus approach）对预测结果进行整合集成。

## 2.2 气候变化对湿地影响评估指标体系

针对本书目标，主要评估气候变化对湿地景观格局影响与风险，气候变化对湿地影响评估指标体系由湿地景观格局指标、湿地功能指标和环境指标构成。

（1）湿地景观格局指标：湿地类型与面积。

（2）湿地功能指标：净初级生产力（NPP）。

（3）环境指标：具体指标见表 2.1。

表 2.1　气候变化对湿地影响风险环境指标

| | 序号 | 名称 | 序号 | 名称 |
|---|---|---|---|---|
| 气候因子 | 1 | 年均温 | 12 | 年降水量 |
| | 2 | 昼夜温差月均值 | 13 | 最湿月份降水量 |
| | 3 | 昼夜温差与年温差比值 | 14 | 最干月份降水量 |
| | 4 | 温度变化方差 | 15 | 降水量变化方差 |
| | 5 | 最热月份最高温度 | 16 | 最湿季度降水量 |
| | 6 | 最冷月份最低温度 | 17 | 最干季度降水量 |
| | 7 | 年均温变化范围 | 18 | 最暖季度平均温度 |
| | 8 | 最湿季度平均温度 | 19 | 最冷季度平均温度 |
| | 9 | 最干季度平均温度 | 20 | 温暖指数 |
| | 10 | 最暖月平均温度 | 21 | 寒冷指数 |
| | 11 | 最冷月平均温度 | 22 | 干旱指数 |
| 地形因子 | 23 | 高程 | | |
| | 24 | 坡度 | | |
| | 25 | 地形湿度指数 | | |
| | 26 | 与河流距离 | | |
| | 27 | 与湖泊距离 | | |

## 2.3 主要模型与方法

对湿地影响评估的技术主要由识别技术、评估技术、分离技术和风险评估技术构成。识别技术包括灰色关联分析法、气候-面积法；评估技术包括面积对比法；气候与非气候因素分离技术包括景观分析法；风险评估技术包括生境分布模型法、NPP 模型法。

### 2.3.1　识别技术

#### 1. 灰色关联分析法

灰色关联分析法识别气候因素对湿地景观格局的影响。将湿地面积作为参考因子，选用气象站不同季节的温度和降水量作为比较因子系列，开展灰色关联分析。计算得到不同时期湿地面积与气候因子的关联度，然后按关联度大小顺序进行排序，在实际的评估过程中存在很多影响因素，不同的评估指标对湿地生态系统的影响程度是不同的，因此需要根据各个评估指标对湿地生态系统影响程度的大小，即各个评估指标影响因素的权重做出判断。评估指标权重的确定，通常可以利用归一法、专家估计打分法、主成分分析法、熵值法等方法。本书利用归一法来求得各个风险评估指标的权重。假设有 $n$ 个风险评估指标，其对应的数值分别为 $X_1$，$X_2$，$\cdots$，$X_n$，则由归一法求得其对应的权重 $W_i$ 如下：

$$W_i = \frac{X_i}{\sum_{i=1}^{n} X_i} \tag{2.1}$$

评估指标权重是综合评估的重要信息，应当根据评估指标的重要性，即评估指标对综合评估的贡献程度来确定。评估指标对湿地生态系统的影响越大，其相应的权重就越大；反之，评估指标对湿地生态系统的影响越小，其相应的权重就越小。

#### 2. 气候-面积法

在理想状态下，湿地面积变化受气候因素的驱动。基于此，在区分某一时间段内气候因素与非气候因素对湿地面积的影响时，时间段初始年份（基准年）对应的实际湿地面积为 $A$；时间段结束时（现状年）对应的实际面积为 $C$。在基准年与现状年期间，首先假定这段时间为理想状态，识别出目前气候因子条件所对应的湿地面积，定义为 $P$。因此，气候因素对湿地面积变化的贡献量（$I_{气候}$）和非气候因素对湿地面积变化的贡献量（$I_{非气候}$）可以分别定义为

$$I_{气候} = \frac{P-A}{|P-A|+|C-P|} \times 100\% \tag{2.2}$$

$$I_{非气候} = \frac{C-P}{|P-A|+|C-P|} \times 100\% \tag{2.3}$$

其中，正值代表正效应，说明对湿地面积增加具有促进作用；而负值代表负效应，说明减少了湿地面积（张仲胜等，2015）。

本方法也可用于定量评估气候因素与非气候因素对湿地景观格局的影响。

### 2.3.2　评估技术

采用面积对比法评估湿地景观格局的变化，利用不同时期湿地类型、分布图进行叠

加或采用不同时期的遥感影像数据确定湿地类型、面积的变化。湿地面积变化越大、类型转化越明显，则湿地变化越剧烈。在此基础上，利用气候-面积法或景观分析法，定量评估气候变化对湿地景观格局的影响程度。

### 2.3.3　分离技术

采用景观分析法来分离气候因素与非气候因素对湿地生态系统分布的影响程度，即采用自然湿地转化为农田、人工建筑、道路等人工景观类型面积的转化率来分离气候与非气候因素对湿地景观格局的影响。其公式为

$$K_{气候} = \left(1 - K_{非气候}\right) \times 100\% \tag{2.4}$$

$$K_{非气候} = \frac{f_{农田} + f_{居民地} + f_{道路} + f_{其他}}{f_{湿地}} \times 100\% \tag{2.5}$$

式中，$K_{气候}$ 为气候因素所占的比重；$K_{非气候}$ 为非气候因素所占的比重；$f_{农田}$ 为湿地转化为农田的面积；$f_{居民地}$ 为湿地转化为居民地的面积；$f_{道路}$ 为湿地转化为道路的面积；$f_{其他}$ 为湿地转化为其他人工景观类型的面积；$f_{湿地}$ 为总的湿地转化面积。利用景观分析法，可以快速分离气候因素与非气候因素对湿地生态系统的影响程度。

自 20 世纪 70 年代起，全国各主要湿地生态系统分布区在高强度人类活动（农业围垦、排水、过度放牧等）和持续气候变化的共同影响下，面积不断萎缩。通过对比不同时期的数据可知，在 1970 年，全国沼泽湿地面积为 4444.8 万 $hm^2$，至 2010 年，其面积缩减至 2085.8 万 $hm^2$。将两个时期的类型转移数据代入式（2.4）、式（2.5）计算，其分离结果为非气候因素和气候因素对全国沼泽湿地分布的影响分别为 75.7% 和 24.3%，影响分离结果表明，在全国尺度上，非气候因素对沼泽湿地的影响程度大于气候因素的影响程度。

### 2.3.4　风险评估技术

#### 1. 生境分布模型法

为提高气候变化对湿地分布影响的预测精度，利用生境分布模型，采用组合预测，即采用多种模型技术、模型参数及环境情景数据对湿地生态系统分布进行预测，构成分布预测集合，然后采用一致性预测方法对预测结果进行整合集成（Thuiller et al., 2009，2013）。

组合预测选择的模型包括广义线性模型、广义相加模型、广义增强模型、随机森林模型、多元自适应回归样条函数、最大熵模型。广义线性模型是多元线性回归的推广，是在线性模型的基础上加入一个单调且可二次微分的联系函数。而广义相加模型是广义线性模型和可加模型的半参数性扩展，可以通过光滑样条函数进行局部优化，因而比广义线性模型更灵活，能处理响应变量和预测变量之间的高度非线性和非单调相关关系。广义增强模型通过在迭代过程中调整不同解释变量的权重和

解释变量在不同区间的权重，达到优化分类的目的。其是建立在随机梯度助推法的基础上的。广义增强模型把分类树和助推法集成在了一起。广义增强模型通过交叉验证来选择模型预测精度最大时的分类树个数。多元自适应回归样条函数是一种非参数的回归技术，其假设模型的解释变量在不同等级有不同的最优化参数。多元自适应回归样条函数的解释变量在不同的等级，其参数有不同的最优化值，因此根据解释变量的等级，可分段进行回归模拟并确认各分段的参数。参数的临界点或阈值取决于样条函数结点，样条函数结点通过运算自动确定。多元自适应回归样条函数的优越之处在于样条函数结点是通过运算自动确定的。随机森林模型是一种基于分类树（classification tree）的算法，其利用自助抽样法从原始样本中抽取多个样本，并对每个自助抽样法样本进行决策树建模，然后组合多棵决策树的预测，最后选择重复程度最高的树作为最终结果。最大熵模型是一个密度估计和物种分布预测模型，是以最大熵理论为基础的一种选择型方法。最大熵模型从符合条件的分布中选择熵值最大的分布作为最优分布，首先确定特征空间，即物种已知的分布区域，接着寻找限制物种分布的约束条件（环境变量），构筑约束集合，最后建立二者之间的相互关系（Phillips et al.，2004）。

现状年湿地空间分布数据主要通过遥感数据解译获得，对解译结果进行栅格转换，栅格分辨率统一为 1km，并建立存在-非存在数据。共选择 19 个环境指标参与模拟，其中，选择 12 个具有明显生态学意义的气候指标，包括年均温、昼夜温差月均值、温度变化方差、最热月份最高温度、最冷月份最低温度、年均温变化范围、最暖月平均温度、最冷月平均温度、年降水量、最湿季度降水量、最暖季度平均温度、最冷季度平均温度、温暖指数、寒冷指数。此外，选择高程、坡度、地形湿度指数、与河流距离、与湖泊距离共计 5 个环境指标作为限制指标。所有变量均统一至 1km 空间分辨率。结合湿地分布数据和环境指标，在 R 语言环境下分别模拟现状年和 2050 年 RCP2.6、RCP4.5、RCP6.0 和 RCP8.5 排放情景下湿地生态系统潜在分布区，并在此基础上评估风险。建立的评估模型为

$$I_{\text{Cli}} = \frac{\text{PA}_\text{c} - \text{PA}_\text{b}}{\text{PA}_\text{b}} \tag{2.6}$$

式中，$I_{\text{Cli}}$ 为气候变化对湿地生态系统分布的影响；$\text{PA}_\text{b}$、$\text{PA}_\text{c}$ 分别为现状年和未来各排放情景下湿地生态系统分布区面积。当 $\text{PA}_\text{c}$ 大于 $\text{PA}_\text{b}$ 时，$I_{\text{Cli}}$ 为正值则气候变化有利于湿地发育；$I_{\text{Cli}}$ 为负值则气候变化不利于湿地发育，对湿地带来的风险，负值绝对值越大则风险越大。

气候变化导致湿地地理分布范围发生变化时，其仍处于安全的条件是其地理分布面积不小于原分布面积的一半。为此，规定湿地遭受气候变化不利影响的范围位于原地理分布的 0~50%，处于较低风险。湿地遭受气候变化不利影响的范围位于原地理分布的 50%~75%，处于低风险。湿地遭受气候变化不利影响的范围位于原地理分布的 75%~90%，处于中风险。湿地遭受气候变化不利影响的范围位于原地理分布的 90%~100%，处于高风险（表 2.2）。

表 2.2　气候变化对湿地景观格局影响的风险等级划分

| 风险等级 | 较低风险 | 低风险 | 中风险 | 高风险 |
|---|---|---|---|---|
| | (−50%，0) | (−75%，−50%) | (−90%，−75%) | (−100%，−90%) |

## 2. NPP 模型法

假设不能接受的气候变化对湿地生态系统功能的影响是某种程度的 NPP 损失，即气候变化造成 NPP 的损失如果超过了湿地生态系统 NPP 的自然波动范围，就认为发生了风险（van Minnen et al.，2002）。世界气象组织对气候"异常"的定义，即超过某一气候要素平均值的±2 倍标准差。（Jones et al.，1999；Hulme，2008）。以气候变化引起湿地生态系统生产功能受损不能接受的影响为参考，确定湿地生态系统的 NPP 受损风险标准。根据不同时期湿地生态系统 NPP 的大小，将不同时期划分为无风险、低风险、中风险和高风险。

利用计算 NPP 的各种模型，模拟计算未来气候情景下湿地 NPP 的年均值，计算其风险等级，然后进行风险分析和综合评估（即暴露与危害分析和风险表征）。

# 参 考 文 献

曹剑侠, 温仲明, 李锐. 2010. 延河流域典型物种分布预测模型比较研究. 水土保持通报, 30(3): 134-139.

崔保山.2006.湿地学.北京: 北京师范大学出版社.

葛德祥, 李翀, 王义成, 等. 2009. 2000~2007 年辉河湿地面积变化及其与局地气候的关系研究. 湿地科学, 7(4): 314-320.

吕宪国, 黄锡畴. 1998. 我国湿地研究进展. 地理科学, 18(4): 293-300.

吴绍洪, 潘韬, 贺山峰. 2012. 气候变化风险研究的初步探讨. 气候变化研究进展, 7(5): 363-368.

薛振山, 吕宪国, 张仲胜, 等. 2015. 基于生境分布模型的气候因素对三江平原沼泽湿地影响分析. 湿地科学, 13(3): 315-321.

翟天庆, 李欣海. 2012. 用组合模型综合比较的方法分析气候变化对朱鹮潜在生境的影响. 生态学报, 32(8): 2361-2370.

张思锋, 刘晗梦. 2010. 生态风险评价方法述评. 生态学报, 30(10): 2735-2744.

张仲胜, 薛振山, 吕宪国. 2015. 气候变化对沼泽面积影响的定量分析. 湿地科学, 13(2): 161-165.

中华人民共和国国际湿地公约履约办公室. 2013. 湿地保护管理手册.北京: 中国林业出版社.

Anderson R P, Peterson A T, Gómez-Laverde M. 2002. Using niche-based GIS modeling to test geographic predictions of competitive exclusion and competitive release in South American pocket mice. Oikos, 98(1): 3-16.

Conly F M, van der Kamp G. 2001. Monitoring the hydrology of Canadian prairie wetlands to detect the effects of climate change and land use changes. Environmental Monitoring and Assessment, 67(1-2): 195-215.

Elith J, Leathwick J R. 2009. Species distribution models: ecological explanation and prediction across space and time. Annual Review of Ecology Evolution and Systematics, 40(1): 677-697.

Franzen L G, Chen D, Klinger L F. 1996. Principles for a climate regulation mechanism during the late Phanerozoic era, based on carbon fixation in feat-forming wetlands. AMBIO, 25(7): 435-442.

Guisan A, Thuiller W. 2005. Predicting species distribution: offering more than simple habitat models.

Ecology Letters, 8(9): 993-1009.

Guisan A, Zimmermann N E. 2000. Predictive habitat distribution models in ecology. Ecological Modelling, 135(2-3): 147-186.

Halsey L, Vitt D, Zoltai S. 1997. Climatic and physiographic controls on wetland type and distribution in Manitoba, Canada. Wetlands, 17(2): 243-262.

Hulme M. 2008. The conquering of climate: discourses of fear and their dissolution. The Geographical Journal, 174(1): 5-16.

IPCC. 2014. Impacts, Adaptation, and Vulnerability IPCC Working Group II Contribution to AR5. Cambridge, United Kingdom and New York, NY, USA: Cambridge University Press.

Johnson W C, Millett B V, Gilmanov T, et al. 2005. Vulnerability of northern prairie wetlands to climate change. Bioscience, 55(10): 863-872.

Jones P D, Horton E B, Folland C K, et al. 1999. The use of indices to identify changes in climatic extremes. Weather and climate Extremes. Sprmger Netherlands, 131-149.

Nicholson B J, Vitt D H. 1994. Wetland development at EIK Island National Park, Alberta, Canada. Journal of Paleolimnology, 12(1): 19-34.

Normand S, Randin C, Ohlemuller R, et al. 2013. A greener Greenland? Climatic potential and long-term constraints on future expansions of trees and shrubs. Philosophical Transactions of the Royal Society B-Biological Sciences, 368(1624): 1-32.

Phillips S J, Dudík M, Schapire R E. 2004. A Maximum Entropy Approach to Species Distribution Modeling. Banff, Alberta, Canada. Twenty-first International Conference on Machine Learning.

Phillips S J, Dudik M. 2008. Modeling of species distributions with Maxent: new extensions and a comprehensive evaluation. Ecography, 31(2): 161-175.

Poiani K A, Johnson W C, Swanson G A, et al. 1996. Climate change and northern prairie wetlands: simulations of long-term dynamics. Limnology and Oceanography, 41(5): 871-881.

Robertson M P, Peter C I, Villet M H, et al. 2003. Comparing models for predicting species' potential distributions: a case study using correlative and mechanistic predictive modelling techniques. Ecological Modelling, 164(2-3): 153-167.

Thuiller W, Georges D, Engler R. et al. 2013. Biomod2: ensemble platform for species distribution modeling. R Package Version, 2: 1-64.

Thuiller W, Lafourcade B, Engler R, et al. 2009. BIOMOD-a platform for ensemble forecasting of species distributions. Ecography, 32(3): 369-373.

Van Minnen J G, Onigkeit J, Alcamo J. 2002. Critical climate change as on approach to assess climate change impacts in Europe: development and application. Enrironmental Science and Policy, 5(4): 335-347.

Wall G. 1998. Implications of global climate change for tourism and recreation in wetland areas. Climatic Change, 40(2): 371-389.

Winkler M G. 1988. Effective of climate on development of two sphagnum bogs in south-central wisconsin. Ecology, 69(4): 1032-1043.

# 第3章 过去 50 年气候变化对我国湿地生态系统时空格局的影响

## 3.1 气候变化对湿地生态系统影响的方式

湿地生态系统与气候之间存在着密切的联系，与其他陆地生态系统相比，湿地生态系统对气候变化异常敏感和脆弱。气候因素是湿地生态系统形成、发育的因素，影响湿地生态系统的结构、功能和过程。全球气候变化一般包括平均值的变化和极端事件的变化，通过平均降水量、平均气温、极端干旱、极端降水等影响湿地的分布、面积和功能（图 3.1）。

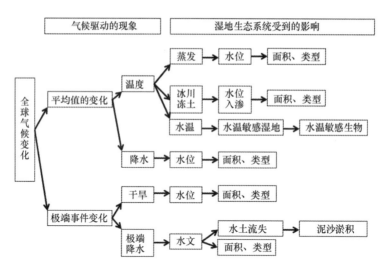

图 3.1　气候驱动的现象和湿地生态系统所受到的影响

## 3.2 过去 50 年我国湿地生态系统的时空格局

依据以全国沼泽图（1970 年）（王化群，1999；赵魁义，1999）和第二次全国湿地资源调查结果，对全国及典型区湿地分布面积进行统计。为增强可比性，对第二次全国湿地资源调查结果进行筛选，选择大于 100hm$^2$ 的湿地斑块进行统计。20 世纪 70 年代单块面积大于 100hm$^2$ 的全国沼泽湿地面积为 4444.8 万 hm$^2$，2010 年面积为 2085.8 万 hm$^2$。在本书所选的三江平原地区、青藏高原地区、西北内陆干旱区和长江中下游流域 4 个典型区中，湿地损失率最高的为西北内陆干旱区，该地区沼泽湿地面积由 1970 年的 845.3 万 hm$^2$ 减少为 2010 年的 158.9 万 hm$^2$，损失率为 81.2%；其次为三江平原，沼泽湿地面积由 1970 年的 243.7 万 hm$^2$ 减少为 2010 年的 49.3 万 hm$^2$，损失率为 79.8%；再次为长江中下游流域，沼泽湿地面积由 1970 年的 31.8 万 hm$^2$ 减少为 2010 年的 12.0 万 hm$^2$，损失率为 62.2%；青藏高原的湿地损失率较小，沼泽湿地面积由 1970 年的 1054.6 万 hm$^2$ 减少为 2010 年的 964.1 万 hm$^2$，损失率为 8.6%。本书的研究所选的时间点正处于青藏高原地区气温逐年升高期，持续增加的冰川和冻土融水也是造成该地区湖泊面积增长、湿地得以保持的原因之一。

湿地面积总体减少，沼泽湿地共减少 788.4 万 hm$^2$，减少率为 36.5%。沼泽湿地面积下降的主要区域为高原温带干旱区、暖温带干旱区、中温带半干旱区、寒温带湿润区和高原亚寒带干旱区。从气候带来看，暖温带半湿润区减少 360.3 万 hm$^2$；中温带湿润区减少 226.4 万 hm$^2$；高原亚寒带半湿润区减少 195.1 万 hm$^2$；高原温带干旱区增加 133.7 万 hm$^2$；暖温带干旱区增加 88.1 万 hm$^2$。

## 3.3　降水变化对我国湿地景观格局的影响

### 3.3.1　湿地水源补给区分布变化

气候变化可以通过影响降水与蒸发，改变湿地水量平衡，来对内陆淡水湿地产生显著影响。降水大于蒸发的区域，湿地以降水补给为主；降水小于蒸发的区域，湿地以冰雪融水和地表径流补给为主；而降水量与蒸发量相近的区域，湿地以混合水源补给。对比 20 世纪 60 年代和 21 世纪初，根据降水-蒸发差值，将我国湿地水源补给分为降水补给为主区、冰雪融水和地表径流补给为主区和混合水源补给区。50 年来，混合水源补给区面积变化较大，在西北地区略有增加，降水补给区略有扩大，其与混合水源补给区界线在东南部呈向北移动趋势，而在西南部呈向南移动趋势；冰雪融水补给区面积略有减少，其与混合水源补给区界线呈向西北方向移动趋势。

### 3.3.2　波动频率与幅度对湿地景观格局的影响

为分析降水量与湿地空间分布之间的关系，本书采用降水波动频率指数（PFI）和降水波动幅度指数（PRI）对过去 50 年中国内陆降水量波动特征进行描述，进而将两种指数空间分布与湿地空间分布进行叠加对比分析。其中，PFI 与 PRI 的计算公式如下：

$$\text{PFI} = 符合条件的年数\left[\left(\left|\text{Pre}_i - \text{Pre}_a\right|\right)/\text{Pre}_a > 20\%\right] \tag{3.1}$$

$$\text{PRI} = \sum_{i=1}^{n}\left|\text{Pre}_i - \text{Pre}_a\right|/(n\,\text{Pre}_a) \tag{3.2}$$

式中，Pre$_i$ 为 1961~2010 年逐年降水量；$i$ 为 1, 2, …, 50；Pre$_a$ 为过去 50 年降水量均值；$n$ 为 50。

降雨波动频率指数为 1961~2010 年降水量低于平均降水量 20% 的年数，可用来指示洪涝和干旱发生的频率；降雨波动幅度指数为 1961~2010 年降水量距平绝对值占降水量平均值的百分比,可用来指示洪涝和干旱发生的程度。从叠加结果分析可以发现,内陆盐沼主要分布于降雨波动频率指数大于 10 且降雨波动幅度指数大于 20 的区域,该区域降水量年际波动大,大气降水不能为湿地持续稳定供水;潜育沼泽湿地主要分布于降雨波动频率指数小于 10 且降雨波动幅度指数小于 20 的区域,该区域降水量相对丰富且稳定,可为湿地发育提供充足的水源。而与潜育沼泽湿地相比,泥炭沼泽湿地对降水量的要求更高,主要分布于降雨波动频率指数小于 5 且降雨波动幅度指数小于 15 的区域。

## 3.4 水热条件对湿地景观格局的影响

利用全国 5000 余块湿地发育的水热条件进行统计分析,结果(图 3.2)表明,全国沼泽湿地主要分布于年均温–7~15℃、年降水量小于 1000mm 的水热区间。当年均温过低时,由于积温过低,不利于植物生长,难以发育湿地。而当年均温高于 10℃时,仅在部分平原区域和山地地区有沼泽湿地发育。从区域类型分析,山地湿地对降水量的要求要高于平原湿地和高原湿地,而平原湿地对温度的要求要高于山地湿地和高原湿地。

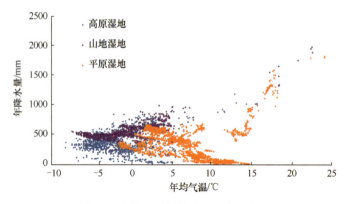

图 3.2 全国沼泽湿地发育的水热条件

中国内陆盐沼主要发育在松嫩平原中部、内蒙古、青海、新疆(塔里木盆地)等干旱、半干旱地区,对其发育的水热条件(图 3.3)进行分析可知,全国内陆盐沼主要发育在降水量小于 500mm,年均温–3~15℃的水热区间。在这一区域,过低的降水量致使地表径流短缺,而干旱导致的高蒸发量使得水体盐量富集,从而形成了独特的耐盐湿地植被群落,相当一部分水源补给要依靠冰川、冻土融水。

全国泥炭沼泽湿地主要集中于东北大小兴安岭、长白山、青藏高原东部、若尔盖高原,以及中部、西南部分山区。泥炭沼泽湿地主要的发育水热区间为降水量 500~1000mm,年均温–7~5℃。从全国尺度看,泥炭沼泽发育对降水量的要求要高于无泥炭沼泽湿地,而在年蒸发量大于 1000mm 的区域,基本没有泥炭沼泽湿地发育(图 3.4)。在已有研究中,对全球泥炭发育有低温成炭、过湿成炭和冷湿成炭几种理论。而从本研究的结果分析,全国大多数泥炭沼泽湿地其发育基本符合冷湿成炭理论。在年均温–7~5℃这一温度区间，生长季积温既可以保证湿地植被的光合需要，又可以使得植物残体的累积速率超过微生物的分解速率。尽管从全年看，泥炭沼泽湿地对降水量的要求要高于无泥炭沼泽湿地，但是从最湿月份降水量看，最湿月降水量大的地区并不适宜泥炭湿地发育，而最湿月降水量在 200mm 左右的地区反而最适宜泥炭沼泽湿地发育。

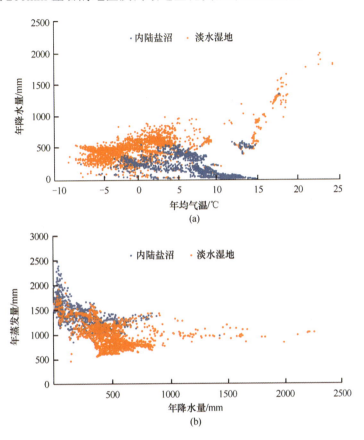

图 3.3　全国内陆盐沼发育水热条件

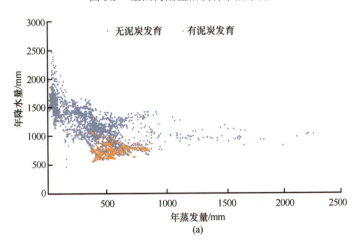

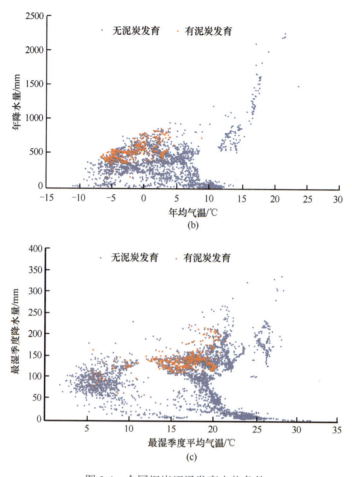

图 3.4 全国泥炭沼泽发育水热条件

# 3.5 过去 50 年我国湿地生态系统净初级生产力变化

## 3.5.1 湿地 NPP 模拟预估

目前，利用计算机模型估算陆地植被生产力成为一种重要且被广泛接受的研究方法，各种模型类型繁多。关于湿地 NPP 变化的研究并不鲜见，基于模型的研究工作也一直受到重视，但至今仍没有针对湿地生态系统的成熟模型，而且对未来气候变化影响湿地 NPP 的研究十分不足。已有的模型中，以迈阿密模型、内岛模型为代表的气候生产潜力模型形式简单，曾被广泛应用，但误差较大；以陆地生态系统碳循环模型为代表的光能利用率模型，可直接利用遥感手段获得全覆盖数据，但其生态学机理仍不清楚，且无法预测未来 NPP 的变化情况；以生物地球化学模型为代表的生理生态过程模型机理清楚，可以预测全球变化对 NPP 的影响。

### 1. Miami 模型

虽然关于湿地 NPP 变化的研究并不鲜见，但对于未来气候变化对湿地 NPP 可能产生影响的研究却相对不足，尤其是在区域尺度上的研究尤为缺乏。Miami 模型是以前期大量的调查数据为基础，开发的模拟 NPP 和气候因子之间统计关系的经验模型，是估算生态系统 NPP 的经典模型，被广泛应用。有研究表明，经典的 Miami 模型至今仍能够较合理地估算当前气候条件下森林生态系统 NPP 的空间分布格局。

Lieth 和 Box 分别拟合了 NPP 与年均气温及降水量的直接经验关系，得出以下公式（郑元润等，1997）：

$$NPP_t = \frac{30}{1 + e^{(1.42-0.141t)}} \tag{3.3}$$

$$NPP_r = 30(1 - e^{-0.00065r}) \tag{3.4}$$

式中，$NPP_t$ 为根据年均气温计算的 NPP 值 [g/（m²·a）]；$NPP_r$ 为根据年降水量计算的 NPP 值 [g/（m²·a）]；$t$ 为年均气温（℃）；$r$ 为年降水量（mm）。根据李比希最小因子定律，最后选取二者中的最小值作为计算的 NPP 值，即气候生产潜力，不同地区情况可能不同。

## 2. BIOME-BGC 模型

BIOME-BGC 模型由森林生态系统模型发展而来，用于模拟陆地生态系统的碳、氮、水分等物质的循环过程。BIOME-BGC 模型考虑生态系统内的光合、呼吸及营养物质的循环、迁移等生理生态过程，具有机理性强、综合程度高、外延性好的特点。经过多年的发展，BIOME-BGC 模型不断改进，目前的 BIOME-BGC 模型（版本 4.1.1）以日为步长对生态系统进行有效模拟。BIOME-BGC 模型应用空间分布资料包括气候、海拔、植被和水分条件，可对每年、每天的碳进行估算，并预测气候变化对 NPP 的影响。

BIOME-BGC 模型的主要驱动参数包括 3 部分：①初始化文件，主要包括研究地的经纬度、海拔、土壤有效深度、土壤颗粒组成、大气 $CO_2$ 浓度、植被类型及对输入输出文件的设定等；②以日为步长的气象数据，最高温、最低温、白天平均温、降水、饱和蒸气压差、太阳辐射等；③生态生理指标参数，包括 44 个参数，如叶片 C∶N、细根 C∶N、气孔导度、冠层消光系数、冠层比叶面积、叶氮在羧化酶中的百分含量等。

众多模型中，BIOME-BGC 模型的应用十分广泛，但其模型结构复杂，所需参数较多，使用时有一定局限。不过，通过对模型参数进行合理的识别优化，可使模型模拟的结果更加准确、更具参考价值。White 等（2000）曾对 BIOME-BGC 模型的参数调整和验证进行了详细的介绍，并对各种植物类型的参数进行了整理，他们的研究为 BIOME-BGC 模型的广泛应用奠定了基础；曾慧卿等（2008）曾在他们研究的基础上对湿地松 NPP 进行了模拟研究，并取得了较好的效果。然而，若利用 BIOME-BGC 模型进行较大区域的模拟仍难以实现，因其参数太过复杂，而全国范围内的气候、植被等情况又差异巨大，因此对于全国范围内的模拟仍难以实现。

### 3.5.2　基于 Miami 模型的全国湿地 NPP 模拟

过去 50 年全国湿地 NPP 呈现出由西北至东南逐步增加的分布规律，这种分布规律显然与气候变化情况有着密不可分的关系。由表 3.1 可以看出，新疆地区和青藏高原

表 3.1　过去 50 年（1961~2010 年）各省份湿地年均 NPP 统计［单位：gC/（m²·a）］

| 省份 | NPP 均值 | NPP 最小值 | NPP 最大值 |
|---|---|---|---|
| 安徽省 | 1608.2 | 1241.9 | 1955.4 |
| 北京市 | 809.4 | 746.1 | 936.1 |
| 重庆市 | 1526.6 | 1498.7 | 1542.3 |
| 福建省 | 1856.3 | 1755.7 | 1929.9 |
| 甘肃省 | 382.0 | 60.7 | 1230.2 |
| 广东省 | 2065.4 | 1903.9 | 2167.9 |
| 广西壮族自治区 | 1935.8 | 1736.7 | 2277.3 |
| 贵州省 | 1583.0 | 1327.8 | 1788.5 |
| 海南省 | 1934.5 | 1757.5 | 2111.4 |
| 河北省 | 665.5 | 570.4 | 945.6 |
| 河南省 | 1192.6 | 979.4 | 1568.1 |
| 黑龙江省 | 658.9 | 338.3 | 854.6 |
| 湖北省 | 1659.3 | 1253.9 | 1955.4 |
| 湖南省 | 1755.2 | 1670.1 | 1938.9 |
| 吉林省 | 763.9 | 639.1 | 945.9 |
| 江苏省 | 1467.8 | 1164.1 | 1654.5 |
| 江西省 | 1938.1 | 1865.7 | 1986.2 |
| 辽宁省 | 928.8 | 672.2 | 1178.8 |
| 内蒙古自治区 | 509.8 | 93.0 | 882.6 |
| 宁夏回族自治区 | 400.9 | 330.7 | 698.0 |
| 青海省 | 410.2 | 49.5 | 712.1 |
| 山东省 | 965.4 | 878.7 | 1235.2 |
| 山西省 | 828.6 | 659.4 | 999.1 |
| 陕西省 | 804.1 | 517.1 | 1290.7 |
| 上海市 | 1578.0 | 1506.5 | 1670.4 |
| 四川省 | 655.6 | 410.9 | 1396.1 |
| 天津市 | 906.7 | 874.8 | 925.5 |
| 西藏自治区 | 470.2 | 94.4 | 1076.9 |
| 新疆维吾尔自治区 | 222.2 | 57.7 | 584.3 |
| 云南省 | 1204.1 | 823.3 | 1778.1 |
| 浙江省 | 1747.4 | 1634.7 | 1842.1 |

注：香港特别行政区、澳门特别行政区、台湾省无数据。

北部地区 NPP 最低，该地区降水量低且年均温度低，从而导致了极低的湿地 NPP；而青藏高原南部、青海南部和内蒙古高原地区，由于均处于高原地区，降水量虽然不高，但气温较高，日照也比较充足，所以 NPP 略有提升，基本在 300~600g C /（m²·a）；东北和华北地区 NPP 均在 600 g C /（m²·a）以上，两地降水量基本相当，但东北地区年均温度低于华北地区，其 NPP 较华北地区也略低，东北地区南部湿地 NPP 可达 900 g C /（m²·a）以上，而华北地区大部分湿地 NPP 在 900 g C /（m²·a）以上，南部地区甚至超过了 1200 g C /（m²·a）；长江流域及其以南地区湿地 NPP 处于全国范围的最高水平，均高于 1200 g C /（m²·a），良好的水热资源为植物提供充足的生长空间，使其湿地 NPP 高于其他地区。

过去 50 年全国湿地 NPP 年平均值为 596.1 g C /（m²·a），最小值为 522 g C /（m²·a），出现在 1965 年，最高值为 714 g C /（m²·a），出现在 1998 年。其整体呈现出略微增加的趋势，线性增加速率为 1.41 g C /（m²·a），说明过去 50 年的气候变化对湿地 NPP 的增加是有利的，但以全国湿地 NPP 平均值来计算该趋势，并不能代表各个地区的具体情况（图 3.5）。

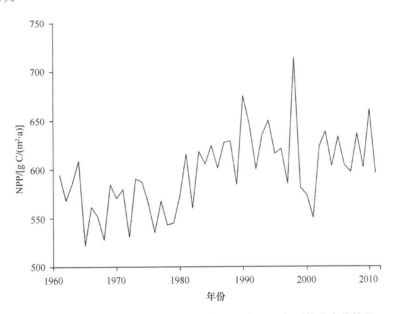

图 3.5　过去 50 年（1961~2010 年）全国湿地 NPP 年平均值变化情况

# 参 考 文 献

陈宜瑜, 吕宪国. 2003. 湿地功能与湿地科学的研究方向. 湿地科学, 1(1): 7-10.

葛德祥, 李翀, 王义成, 等. 2009. 2000~2007 年辉河湿地面积变化及其与局地气候的关系研究. 湿地科学, 7(4): 314-320.

王化群. 1999. 中国沼泽图. 北京: 科学出版社.

吴绍洪, 潘韬, 贺山峰. 2011. 气候变化风险研究的初步探讨. 气候变化研究进展, 7 (5): 363-368.

薛振山, 吕宪国, 张仲胜, 等. 2015. 基于生境分布模型的气候因素对三江平原沼泽湿地影响分析. 湿地科学, 13(3): 315-321.

曾慧卿, 刘琪璟, 冯宗炜, 等. 2008. 基于 BIOME-BGC 模型的红壤丘陵区湿地松(Pinus elliottii)人工林 GPP 和 NPP.

张仲胜, 薛振山, 吕宪国. 2015. 气候变化对沼泽面积影响的定量分析. 湿地科学, 13: 161-165.

赵魁义. 1999. 中国沼泽志. 北京: 科学出版社.

郑元润, 周广胜, 张新时, 等. 1997. 农业生产力模型初探. 植物学报, 39(9): 831-836.

Thuiller W, Georges D, Engler R. 2013. Biomod2: Ensemble platform for species distribution modeling. R Package Version, 2: 1-64.

Thuiller W, Lafourcade B, Engler R, et al. 2009. BIOMOD–a platform for ensemble forecasting of species distributions. Ecography, 32: 369-373.

White M A, Tnornton P E, Dunning S W, et al. 2000. Parameterization and sensitirity analysis of the BIOME-BGC terrestrial ecosystem model: net primary production controls. Earth interaction, 4(3): 1-85.

Xue Z S, Zhang Z S, Lu X G, et al. 2014. Predicted areas of potential distributions of alpine wetlands under different scenarios in the Qinghai-Tibetan Plateau, China. Global & Planetary Change, 123(2014): 77-85.

# 第 4 章　未来 30 年气候对湿地生态系统影响的风险

## 4.1　湿地生态风险评价研究进展

### 4.1.1　生态风险评估相关概念

风险在美国传统词典中的定义是遭受损失、危险的可能性；由不确定危险、危害的因子组成的过程（Noss，2000）。陆雍森和胡二邦认为，风险是由不幸事件发生的可能性及其发生后将要造成的损害所组成的概念，它由风险度（不幸事件发生的可能性）和风险后果（不幸事件所造成的损害）两者的乘积来表示（陆雍森，1999；胡二邦和彭理通，2000）。目前，比较普遍的研究方法是自然灾害风险等级评估，一般采用的模型为

$$R=H \cdot V \tag{4.1}$$

即风险=（自然灾害）危险性×（承载体）脆弱性。危险性一般包括自然灾害的强度和发生的可能性两个因素。随着自然灾害风险向评估结果定量化、区域综合化、管理空间化发展，原有的自然灾害风险等级评估由于不能定量表现各等级之间的具体差别，因而未能满足灾害风险管理的要求。

生态风险（Harwell et al.，1993）是在一定的范围内，自然因素或者人为因素使得不确定性的灾害或事故发生，导致区域内的种群、生态系统乃至整个景观的自身结构功能、经济价值、社会价值遭受损失的可能性（毛小苓和倪晋仁，2005）。我国学者认为，生态风险是生态系统及其组分所承受的风险，主要关注一定区域内不确定性的事故或灾害对生态系统及其组分可能产生的不利作用，具有不确定性、危害性、客观性、复杂性和动态性等特点（殷贺等，2009）。最初的生态风险评价出现在 20 世纪 70 年代，主要是针对环境风险进行评估，到了 80 年代后期，由环境影响评价发展而来的生态风险评价的方法与技术开始逐渐兴起，并趋于标准化。1992 年，美国国家环境保护局（USEPA）率先提出了生态风险评价的定义，生态风险评价（ecological risk assessment，ERA）就是评价发生不利于生态影响可能性的过程，是根据有限的已知资料预测未知后果的过程，其关键是调查生态系统及其组分的风险源，预测风险出现的概率及其可能的负面效果，并据此提出相应的减缓措施（毛小苓和倪晋仁，2005）。之后，众多专家和学者在 USEPA 的基础上，对生态风险评价重新进行了定义，但其核心思想依旧是强调生态风险的危害性和不确定性（Lackey，1994）。

### 4.1.2　生态风险评价方法

生态风险评价是一种生态环境管理手段，从区域尺度着手，分析生态系统所遭受的风险对加强生态系统管理、区域生态安全具有重要的现实意义。目前，有关生态风险评价的方法和模型已经层出不穷，一般生态风险评价过程如图 4.1 所示，评价方法包括物理方法（商值法和暴露-反应法）、数学方法（模糊数学、灰色系统理论、马尔可夫预测法、概率风险分析方法、机理模型）和计算机模拟方法（人工神经网络模型和蒙特-卡罗模型）（周婷和蒙吉军，2009）。

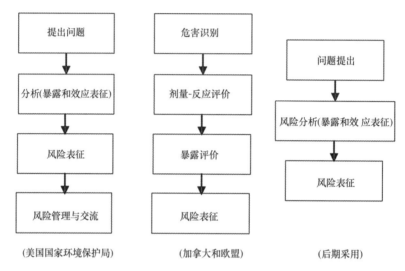

图 4.1　生态风险评价过程图

区域生态风险评价（regional ecological risk assessment）是在区域尺度上描述和评估环境污染、人为活动或自然灾害对生态系统及其组分产生不利作用的可能性和大小的过程（许学工和布仁仓，2001）。相对于单一地点的生态风险评价，区域生态风险评价涉及的因子多，存在相互作用和叠加效应，过程较复杂，在评价过程中必须考虑空间异质性。Hunsaker 等（1990）整合区域评价方法和景观生态学理论，利用已有的生态风险评价框架提出了区域生态风险评价方法，其主要包括 5 个环节（Hunsaker et al.，1990）：①风险源的定性和定量描述；②确定和描述可能受影响的区域；③选取终点；④运用恰当的环境管理模型和可得的数据估计暴露的时空分布；⑤定量确定区域环境中暴露与生物反应之间的相互关系，得出最终风险评价（胡二邦和彭理通，2000）。风险表征是生态风险评价的最后阶段，它是对暴露在各种压力下的不利生态效应的综合判断和表达（马德毅和王菊英，2003）。其目的是采用前面分析的结果，估计确定的生态评价终点究竟面临多少风险，然后解释风险估计，报告结果。风险表征有定性和定量两种方法，定性风险表征是对风险进行定性描述；定量风险表征要给出不利影响的概率，定量方法包括商值法（比率法）、连续法、错误树法、层次分析法等（毛小苓和刘阳生，2004）。生态风险评价正朝着多重性和实用性方向发展，我国在该领域的研究开展得较晚，但借鉴国外成熟的理论开展生态风险评价研究具有重要意义。

## 4.1.3　湿地生态风险评价主要研究内容

湿地生态风险评价是从生态风险评价的基础上发展而来的。van Dam 等（1999）提出了湿地生态风险评价的概念并建立了评价模型。国外欧美发达国家的一些政府机构和组织做了大量的工作，并取得了重要的进展。相比之下，我国湿地生态风险评价研究开展得较晚，我国湿地生态风险评价着重强调生态系统外部一些不确定的风险因子对系统自身结构、功能、过程，乃至其稳定性和可持续性所造成的损伤，侧重于分析湿地的主要风险源可能对湿地造成的危害，关键是调查生态系统及其组分的风险源，对主要风险源可能产生的风险出现的概率及其负面效果进行预测及分级评价，并据此提出湿地适宜性的保护管理对策（许妍等，2010）。目前，国内对生态风险评价的研究多从水环境、土壤环境及区域范围内展开。将湿地与生态风险评价联系起来的有很多，大多数是从区域的角度进行分析，属于区域生态风险评价（付在毅和许学工，2001）。一些湿地生态风险评价主要研究湿地主要风险源（自然和人为等因素）可能对湿地造成的危害，并提出解决措施，如针对黄河三角洲的主要生态风险源、生态风险进行分级评价，分析风险源的危害，提出黄河三角洲区域生态风险管理对策（许学工和布仁仓，2001）等。在我国的湿地生态风险评价中，对于不同生境类型的生态意义和地位多采用生态指数这个指标，以脆弱度指数来体现不同生境的易损性。而在生态指数的计算中，许学工和付在毅等在对黄河三角洲和辽河三角洲湿地的研究中，均是通过分别计算生物多样性指数、干扰强度和自然度，对其进行归一化处理，并在此基础上加权合成各生境类型的生态指数（付在毅等，2001）。而脆弱度指数采取的是人为分析，主要是根据生境所处的演替阶段、食物链结构及生物多样性指数几个因素，来对生境类型的脆弱度进行赋值。马喜君等（2007）在对盐城海滨湿地的生态风险评价中，通过考查脆弱度的指数，把米草植物的生物入侵风险作为主要的度量手段，研究中更多地考虑由于米草植物的引入带来的生物多样性的变化（马喜君等，2007）。

## 4.1.4　湿地生态风险评价体系与方法

### 1. 湿地生态风险评价框架

van Dam 等（1999）认为，湿地风险评估框架可以概括为问题识别、影响识别、暴露程度识别、风险识别、风险管理、监测 6 个基本步骤（图 4.2）（van Dam et al.，1999）。问题识别主要是识别风险源和风险受体的过程；影响识别是在问题构建过程中，选取受影响的生态终点；暴露程度识别是通过一些存在的信息或经验，判断风险受体的暴露程度；风险识别是应用得出的结果，估计不利条件对风险受体造成压力影响的可能性；风险管理是应用风险评估获得的结果，在不损害社会、群落、环境价值的情况下，制订最终的风险最小化决策；监测是风险评估过程的最后一步，是对早期主要预警指标的监测，同时可以验证风险管理决策的有效性。

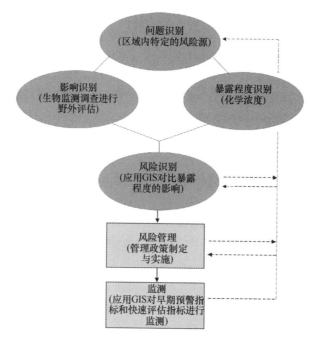

图 4.2 湿地生态风险评估框架

## 2. 湿地生态风险评价体系

湿地生态风险评价是在区域尺度上评价胁迫因子带来的不利环境影响的可能性的过程，其包括风险源分析、风险受体分析、暴露评价、危害性评价和风险评价。一般湿地生态风险评价体系流程如图 4.3 所示。

湿地生态风险评价体系的构建存在着一些问题。一方面，选择的受体或指标可比较性较差，由于不同区域、不同湿地类型之间存在空间异质性，指标体系的选取很难统一，从而导致区域之间的同一风险等级难以比较（蒙吉军和赵春红，2009）。另一方面，指标选取的主观性较强。生态风险评价需要在建立评价指标体系的基础上进行评价，因此指标的选取就存在一定的主观性，同时在指标权重的确定上也存在一些研究者的主观因素（许妍等，2010）。风险表征有定性和定量两种方法，定性风险表征是对风险进行定性描述，定量风险表征要给出不利影响的概率，定量方法包括商值法、连续法、错误树法、层次分析法等（胡二邦和彭理通，2000）。我国对湿地进行的生态风险评价中，大多没有进行风险表征，仅是进行了简单的评价和陈述（汤博等，2009）。

### 4.1.5 3S 技术在湿地生态风险评价研究中的应用

随着科学技术的发展，20 世纪 80 年代，进入了应用 3S[①]技术定量分析研究湿地景

---

① 3S 即遥感（RS）、地理信息系统（GIS）、全球定位系统（GPS）。

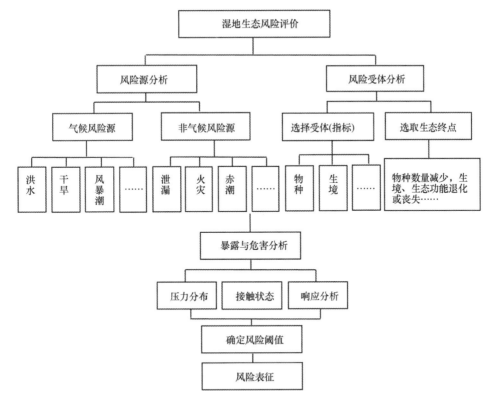

图 4.3　湿地生态风险评价体系流程图

观动态演变的阶段。RS 技术适时对地监测的特点、GIS 技术强大的空间分析功能、GPS 技术的空间定位功能，使 3S 技术成为研究湿地景观格局变化准确、高效、强有力的技术手段（潘辉等，2006）。70~80 年代，我国学者主要是通过野外考察并利用遥感技术辅助来完成湿地景观调查的（白军红等，2005）。但是此时的遥感技术不成熟，使得湿地景观的调查结果存在很多不足之处。此后，随着 3S 技术的发展，湿地景观格局的研究也开始逐渐完善。例如，2003 年我国首次利用 3S 技术对全国湿地景观格局进行了调查和统计，使 3S 技术成为湿地景观格局研究的首选技术（孟伟庆等，2010）。其中，GIS 技术在湿地景观格局研究中的应用主要是在辅助景观类别分类、景观指数统计、景观动态信息提取等方面（杨帆等，2007）。GIS 参数是指在湿地遥感数据处理中基于湿地景观尺度利用 GIS 方法量算出的属性数据，主要代表了湿地景观或斑块的分布、类型、形状、大小等指标。从参数的获取和数据的应用来看，湿地基础数据可以在研究中直接用于分析湿地景观的斑块分布、面积变化等景观的静态格局，如果数据具有足够的时间序列，还可以用于分析不同时间尺度下湿地景观格局的变化（郭程轩和徐颂军，2007；孔凡亭等，2013）。Kingsford 和 Thomas（2004）利用卫星影像，研究了 1975~1998 年澳大利亚马兰比季河洪泛湿地的面积变化，发现该地区洪泛湿地近 23 年丧失了大面积湿地（Kingsford and Thomas，2004）；刘春悦等（2009）利用 RS、GIS 技术，应用土地利用动态度模型、转移矩阵及景观格局指数，对江苏盐城滨海湿地 1992~2007 年近 15 年的景观格局动态变化过程进行了定量分析（刘春悦等，2009）。

目前，国内外对湿地生态风险评价的技术和方法还不是很成熟，还处于初级阶段。湿地生态风险评价的研究应侧重于对湿地评价指标体系、评价程序的研究，注重定量评价方法，它是管理层进行决策的重要依据。湿地生态风险评价对尺度的影响考虑不足，而湿地生态系统作为一个开放的、复杂的生态系统，各种不同等级尺度上风险源受体受到影响的程度、暴露的程度等都不相同，缺少整合性模型的建立。

### 4.1.6 湿地分布风险等级划分

针对气候变化对湿地分布及面积的影响，采用模型预测气候变化下湿地潜在的分布情况，提出我国气候变化下湿地分布风险评估的方法，主要是针对评估期湿地分布面积变化情况所面临的风险。

通过模型预测气候变化下湿地的分布已不再是难题（贺伟等，2013）。假设在基准期 $i$ 的湿地分布面积为 $S_{ik}+S_{im}$，评估期 $j$ 的湿地分布面积为 $S_{jm}+S_{jl}$ 的条件下，基准期与评估期 $S_{ik}$、$S_{im}$ 与 $S_{jm}$、$S_{jl}$ 的湿地分布区存在概率均大于临界存在概率 $p_0$，而 $S_{jk}$ 的分布区存在概率小于临界存在概率 $p_0$，如图 4.4 所示。

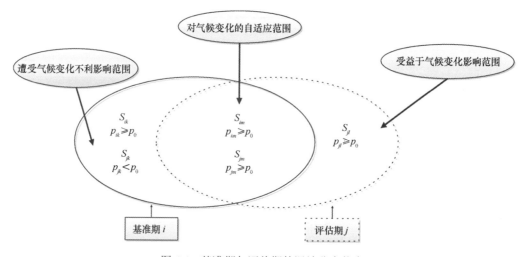

图 4.4 基准期与评估期的湿地分布状态

$S_{jl}$ 反映了湿地受益于气候变化影响的范围；$p_{jl}$ 反映了湿地受益于气候变化的程度，体现了气候变化背景下湿地对气候变化的自适应范围与程度的拓展，称为拓展适应性 $A_e$。而 $S_{jm}$ 反映了湿地对气候变化影响的自适应范围；$p_{jm}$ 反映了湿地对气候变化的自适应程度，体现了气候变化背景下湿地自身的可调节程度，称为自适应性 $A_l$。

湿地面积对气候变化风险评价既要评价其对气候变化适应性与脆弱性的范围，还要评价其对气候变化适应与脆弱的程度。湿地面积对气候变化适应与脆弱的程度计算公式如下：

$$SR = \frac{评估期湿地占有面积中的基准区仍存面积}{基准期的湿地占有面积}$$

$$= \frac{S_{jm}}{S_{ik} + S_{im}}$$

(4.2)

气候变化导致湿地地理分布范围发生变化时，其仍处于安全的条件是其地理分布面积不小于原分布面积的一半。为此，规定湿地遭受气候变化不利影响的范围小于原湿地地理分布的 50%，但不小于原湿地地理分布的 25% 时，为轻度脆弱，即 25%（$S_{ik}+S_{im}$）$\leqslant S_{jk}<$50%（$S_{ik}+S_{im}$），也就是 0.5$\leqslant$SR$<$0.75 处于低风险。同时，规定湿地遭受气候变化不利影响的范围小于原湿地地理分布的 90%，但不小于原湿地地理分布的 50% 时，为中度脆弱，即 0.1$\leqslant$SR$<$0.5，处于中风险。也规定由于气候变化的不利影响使得 90% 以上的湿地分布已经不存在时的状态为完全脆弱，即 SR$<$0.1，处于高风险。

若湿地遭受气候变化的影响，但其分布范围基本没有发生变化（SR$\geqslant$0.9），即 $S_{jk}=S_{ik}$$<$0.1，且基于模型给出的湿地在待测地区的存在概率增加，即 $p_{jm} \geqslant p_{im}$ 时，此时湿地非常适应气候变化，根据自适应性公式，$A_l \geqslant 1$，规定此时湿地对气候变化的自适应性为完全适应，即 SR$\geqslant$0.9 且 $A_l \geqslant 1$。同时，若 SR$\geqslant$0.9，但基于模型得出的存在概率并未增加，甚至减小，但仍大于适宜存在概率的临界值，即 $p_{jm} \geqslant p_0$ 时，此时湿地不是非常适应气候变化，称为中度适应，也称为零风险，即 SR$\geqslant$0.9 且 $A_l<$1。考虑到湿地的自恢复能力及其遭受气候变化不利影响的范围小于原湿地地理分布的 25%，即 $S_{jk}<$25%（$S_{ik}+S_{im}$），且能在遭受气候变化不利影响后仍有可能恢复时，规定此时湿地对气候变化的自适应性状态为轻度适应，即 0.75$\leqslant$SR$<$0.9 且 $V<$0.25，也称为零风险，具体评价及风险等级划分见表 4.1。

表 4.1　湿地对气候变化的自适应性与脆弱性的评价及风险等级划分

| 响应类型 | 评价等级 | 评价指标 | 风险等级划分 |
|---|---|---|---|
| 自适应性 | 完全适应 | SR$\geqslant$0.9 且 $A_l \geqslant 1$ | 零风险 |
|  | 中度适应 | SR$\geqslant$0.9 且 $A_l<$1 |  |
|  | 轻度适应 | 0.75$\leqslant$SR$<$0.9 且 $V<$0.25 |  |
| 脆弱性 | 轻度脆弱 | 0.5$\leqslant$SR$<$0.75 且 $V<$0.5 | 低风险 |
|  | 中度脆弱 | 0.1$\leqslant$SR$<$0.5 且 $V<$0.9 | 中风险 |
|  | 完全脆弱 | SR$<$0.1 | 高风险 |

## 4.2　未来气候情景

2011 年 IPCC 发布了新一代气候情景（Vuuren et al.，2011），并进行了详细分析（Riahi et al.，2011；Thomson et al.，2011）。RCP 情景称为"典型浓度目标"（representative concentration pathways，RCPs），具体包括了 4 个情景 RCP2.6、RCP4.5、RCP6.0、RCP8.5。①RCP2.6 情景下温室气体的增量相对较低，大气辐射强迫在 21 世纪中叶达到最大值

3W/a，大约相当于 $CO_2$ 浓度 490ppm[①]，随后缓慢下降；②RCP4.5 情景下大气辐射强迫会在 21 世纪中叶达到 4.5 W/a 与 $CO_2$ 浓度 650ppm 相当，并稳定地持续到 21 世纪末，代表世界各国会尽全力达到温室气体减排目标；③RCP6.0 情景与 RCP4.5 情景相似，即在 21 世纪末大气辐射强迫达到 6 W/a 并保持稳定，约相当于 $CO_2$ 浓度 850ppm，代表世界各国并未尽全力履行其温室气体减排任务；④RCP8.5 情景下的大气辐射强迫将持续增加，到 21 世纪末达到 8.5 W/a 以上，即 $CO_2$ 浓度大于 1370ppm，代表世界各国未采取任何温室气体减排措施（Moss et al.，2010）。

本书采用由跨部门的影响模式比较计划提供的 5 套全球气候模式插值、订正结果的集合情景数据，水平分辨率为 0.5°×0.5°，数据集由中国农业科学院农业环境与可持续发展研究所提供。

## 4.2.1 未来 30 年（2010~2040 年）气温变化

未来气候情景下全国气温呈现出明显升高的趋势，RCP2.6、RCP4.5、RCP6.0 和 RCP8.5 情景下，未来 30 年气温均值分别为 8.02℃、7.94℃、7.81℃、8.10 ℃。RCP2.6、RCP4.5、RCP6.0 和 RCP8.5 情景下，气温增加速率分别为 0.33℃/10a、0.44℃/10a、0.26℃/10a 和 0.50℃/10a，其中 RCP6.0 情景下增温速率最慢（图 4.5）。

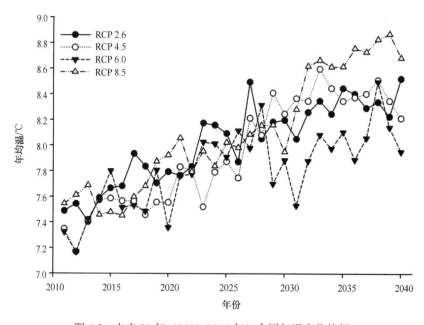

图 4.5 未来 30 年（2010~2040 年）全国气温变化特征

## 4.2.2 未来 30 年（2010~2040 年）降水量变化

未来气候情景下全国降水量均呈现出微弱增加的趋势，RCP2.6、RCP4.5、RCP6.0

---

① 1ppm=0.001‰。

和 RCP8.5 情景下，未来 30 年降水量均值分别为 633.0mm、630.7mm、627.3mm、626.4mm。RCP2.6、RCP4.5、RCP6.0 和 RCP8.5 情景下，降水量增加速率分别为 11.2mm/10a、11.4mm/10a、6.2mm/10a 和 11.7mm/10a，其中 RCP6.0 情景下降水量增加速率最慢（图 4.6）。

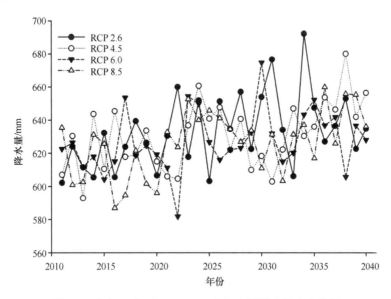

图 4.6  未来 30 年（2010~2040 年）全国降水量变化特征

## 4.3  气候变化对湿地生态系统分布的风险

为精确预测气候变化对湿地生态系统分布的风险，本书利用生境分布模型，采用组合预测，即采用多种模型技术、模型参数及气候情景数据对湿地生态系统分布进行预测，构成分布预测集合，然后采用一致性预测方法对预测结果进行整合集成（Thuiller et al.，2009，2013）。组合预测选择的模型包括广义线性模型、广义相加模型、广义增强模型、多元自适应回归样条函数、随机森林模型和最大熵模型。现状年湿地空间分布数据主要通过遥感数据解译获得，对解译结果进行栅格转换，栅格分辨率统一为 1km，并建立存在-非存在数据。共选择 10 个环境指标参与模拟（薛振山等，2015）。结合湿地分布数据和环境指标，在 $R$ 环境下，分别模拟现状年和 2050 年 RCP2.6、RCP4.5、RCP6.0 和 RCP8.5 排放情景下湿地生态系统潜在分布区，并在此基础上评估风险（吴绍洪和尹云鹤，2012）。

模拟结果表明，在 2050 年 RCP2.6 情景下，全国沼泽湿地将减少 187.6 万 $hm^2$，减少率为 9.0%，处于较低风险；在 2050 年 RCP4.5 情景下，全国沼泽湿地将减少 190.4 万 $hm^2$，减少率为 9.1%，处于较低风险；在 2050 年 RCP6.0 情景下，全国沼泽湿地将减少 190.2 万 $hm^2$，减少率为 9.1%，处于较低风险；在 2050 年 RCP8.5 情景下，全国沼泽湿地将减少 293.0 万 $hm^2$，减少率为 14.0%，处于低风险。各未来气候情景风险面积比例如图 4.7 所示，各主要湿地分布区风险情况见后续章节。

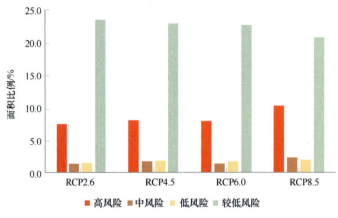

图 4.7 未来气候情景下风险面积比例

# 4.4 气候变化对湿地生态系统 NPP 的风险

气候变化影响陆地生态系统最重要的表现之一是引起 NPP 的变化（彭少麟等，2000）。Minnen 等（2002）曾利用 NPP 变化评价生态系统的风险，他们假设不能接受的气候变化对生态系统生态功能的影响是某种程度的 NPP 损失，即如果气候变化造成 NPP 的损失超过了此类生态系统 NPP 的自然波动范围，就认为发生了风险。因此，研究气候变化对植被 NPP 的影响可为预测气候变化影响及其风险提供依据（石晓丽等，2011）。

依据世界气象组织定义，以及我国科学家的验证结果，本书的研究选择相对于平均值 10%的损失作为"不可接受的影响"的参考（吴绍洪，2011）。湿地生态系统 NPP 风险等级为

$$f(x_i) \begin{cases} 0 \ \mathrm{NPP}_i > \mathrm{Mean}_i \times (1-10\%) \\ 1 \ [\mathrm{Min}_i + \mathrm{Mean}_i \times (1-10\%)]/2 < \mathrm{NPP}_i < \mathrm{Mean}_i \times (1-10\%) \\ 2 \ \mathrm{Min}_i < \mathrm{NPP}_i < [\mathrm{Min}_i + \mathrm{Mean}_i \times (1-10\%)]/2 \\ 3 \ \mathrm{NPP}_i < \mathrm{Min}_i \end{cases} \quad (4.3)$$

式中，$f(x_i)$ 为湿地生态系统 NPP 风险等级；$\mathrm{Mean}_i$ 为湿地生态系统 NPP 正常范围值的均值；$\mathrm{Min}_i$ 为生态系统 NPP 正常范围的最小值；0，1，2，3 分别代表无风险、低风险、中风险和高风险。采用过去 50 年的模拟 NPP 值为参照来对未来 30 年进行风险评价。

## 4.4.1 未来 30 年全国湿地 NPP 变化模拟预估

从全国 NPP 分布情况来看，未来 30 年全国湿地 NPP 分布格局并无明显变化，NPP 变化较为明显的区域主要在青藏高原、西北和东北地区，南方地区湿地 NPP 一直维持在较高水平，均高于 1200 g C /（m²/a）（图 4.8）。

未来 30 年各个气候情景下全国湿地 NPP 均值均表现出明显增加的趋势（图 4.9）。RCP2.6、RCP4.5、RCP6.0 和 RCP8.5 情景下未来 30 年湿地 NPP 均值分别为 675.8gC/（m²·a）、669.6gC/（m²·a）、667.1gC/（m²·a）、674.7gC /（m²·a），均高于过去 50 年的 NPP

均值［596.1gC／（m²·a）］。RCP2.6、RCP4.5、RCP6.0 和 RCP8.5 情景下湿地 NPP 线性增加速率分别为 1.77gC／（m²·a）、1.84gC／（m²·a）、1.74gC／（m²·a）和 1.67gC／（m²·a）。从全国范围来讲，未来气候变化对湿地 NPP 的增加是有利的，并未对湿地造成威胁。但是，我国气候条件复杂，各个地区气候情况差异很大，仅用全国数据分析并不能代表各地的实际情况。

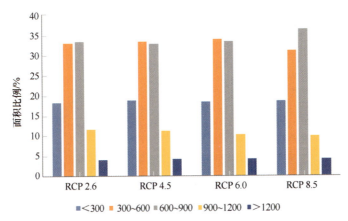

图 4.8　未来 30 年（2010~2040 年）中国湿地 NPP［gC/（m²·a）］分布情况

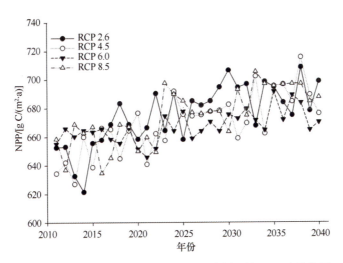

图 4.9　未来 30 年（2010~2040 年）全国湿地 NPP 变化特征

## 4.4.2　未来 30 年全国湿地 NPP 风险评估

各气候情景下未来 30 年全国绝大部分地区湿地 NPP 风险等级较低（图 4.10），长江流域及其南部地区湿地基本上处于 0 风险等级，洞庭湖和鄱阳湖地区湿地均处于 0 风险等级，该地区由于降水量充足，热量资源丰富，气候变化对湿地 NPP 的影响十分微弱，或者会对其有正向影响。风险等级较高的地区主要在青藏高原和西北地区，新疆地区风险等级甚至达到 3 级，说明该地区湿地亟须加强保护；由于这一地区属高寒地区，降水量较低，其生态系统较为简单，十分脆弱，该地区的湿地生态系统也相对比较脆弱，更易受到气候变化的影响；其他地区在不同气候情景下的湿地 NPP 风险等级基本上变化不大，而该地区的湿地 NPP 风险等级在不同的气候情景下变化较为明显，这也进一步说明气候变化对该地区的影响较其他地区更为明显。东北地区风险等级较低，但小部分地区也面临较高风险，因此也应当加强保护。

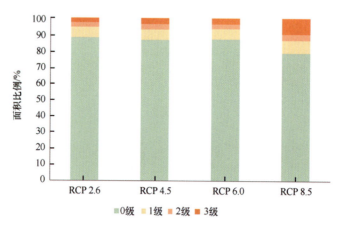

图 4.10　各气候情景下未来 30 年全国湿地 NPP 风险等级划分

# 参 考 文 献

白军红, 欧阳华, 杨志锋, 等. 2005. 湿地景观格局变化研究进展. 地理科学进展, 24(4): 36-45.
付在毅, 许学工, 林辉平, 等. 2001. 辽河三角洲湿地区域生态风险评价. 生态学报, 21(3): 365-373.
付在毅, 许学工. 2001. 区域生态风险评价. 地球科学进展, 16(2): 267-271.
郭程轩, 徐颂军. 2007. 基于 3S 与模型方法的湿地景观动态变化研究述评. 地理与地理信息科学, 23(5): 86-90.
贺伟, 布仁仓, 刘宏娟, 等. 2013. 气候变化对东北沼泽湿地潜在分布的影响. 生态学报, 33(19): 6314-6319.
胡二邦, 彭理通. 2000. 环境风险评价实用技术和方法. 北京: 中国环境科学出版社.
孔凡亭, 郗敏, 李悦, 等. 2013. 基于 RS 和 GIS 技术的湿地景观格局变化研究进展. 应用生态学报, 24(4): 941-946.
孔凡亭, 郗敏, 李悦. 2013. 基于 RS 和 GIS 技术的湿地景观格局变化研究进展. 应用生态学报, 24(4): 941-946.
刘春悦, 张树清, 江红星, 等. 2009. 江苏盐城滨海湿地景观格局时空动态研究. 技术应用, 21(3): 78-83.
陆雍森. 1999. 环境评价. 上海: 同济大学出版社.
马德毅, 菊英. 2003. 中国主要河口沉积物污染及潜在生态风险评价. 中国环境科学, 23(5): 521-525.
马喜君, 陆兆华, 常志华. 2007. 盐城海滨湿地的生态风险评价方法. 中国环境监测, 23(4): 80-84.
毛小苓, 刘阳生. 2004. 国内外环境风险评价研究进展. 应用基础与工程科学学报, 11(3): 266-273.
毛小苓, 倪晋仁. 2005. 生态风险评价研究述评. 北京大学学报: 自然科学版, 41(4): 646-654.
蒙吉军, 赵春红. 2009. 区域生态风险评价指标体系. 应用生态学报, 20 (4): 983-990.
孟伟庆, 李洪远, 郝翠, 等. 2010. 近 30 年天津滨海新区湿地景观格局遥感监测分析. 地球信息科学学报, 12(3): 436-443.
潘辉, 罗彩莲, 谭芳林. 2006. 3S 技术在湿地研究中的应用. 湿地科学, 4(1): 75-80.
彭少麟, 侯爱敏, 周国逸. 2000. 气候变化对陆地生态系统第一性生产力的影响研究综述. 地球科学进展, 15(6): 717-722.

石晓丽, 吴绍洪, 戴尔阜, 等. 2011.气候变化情景下中国陆地生态系统碳吸收功能风险评价. 地理研究, 30(4): 601-611.

汤博, 李俊生, 罗建武. 2009. 湿地生态风险评价综述. 安徽农业科学, 37(13): 6104-6107.

吴绍洪, 尹云鹤. 2012. 极端事件对人类系统的影响. 气候变化研究进展, 8(2): 99-102.

吴绍洪. 2011. 综合风险防范: 中国综合气候变化风险. 北京: 科学出版社.

许学工, 布仁仓. 2001. 黄河三角洲湿地区域生态风险评价. 北京大学学报: 自然科学版, 37(1): 111-120.

许妍, 高俊峰, 张宁红. 2010. 太湖流域景观生态风险评估. 环境监控与预警, 2(6): 1-4.

薛振山, 吕宪国, 张仲胜, 等. 2015. 基于生境分布模型的气候因素对三江平原沼泽湿地影响分析. 湿地科学, 13(3): 315-321.

杨帆, 赵冬至, 马小峰, 等. 2007. RS 和 GIS 技术在湿地景观生态研究中的应用进展. 遥感技术与应用, 22(3): 471-478.

殷贺, 王仰麟, 蔡佳亮, 等. 2009. 区域生态风险评价研究进展. 生态学杂志, 28(5): 969-975.

周婷, 蒙吉军. 2009. 区域生态风险评价方法研究进展. 生态学杂志, 28(4): 762-767.

Harwell M A, Gentile J H, Bartuska A, et al. 1993. A science-based strategy for ecological restoration in south Florida. Ubran Ecosystems, 3(3): 201-222.

Hunsaker C T, Graham R L, Suter II G W, et al. 1990. Assessing ecological risk on a regional scale. Environmental Management, 14(3): 325-332.

Kingsford R, Thomas R. 2004. Destruction of wetlands and waterbird populations by dams and irrigation on the Murrumbidgee River in arid Australia. Environmental Management, 34(3): 383-396.

Lackey R T. 1994. Ecological risk assessment. Fisheries, 19(9): 14-19.

Minnen J G V, Onigkeit J, Alcamo J. 2002. Critical climate change as an approach to assess climate change impacts in Europe: development and application. Environmental Science and Policy, 5(4): 335-347.

Moss R H, Edmonds J A, Hibbard K A, et al. 2010. The next generation of scenarios for climate change research and assessment. Nature, 463(7282): 747-756.

Noss R F. 2000. High-risk ecosystems as foci for considering biodiversity and ecological integrity in ecological risk assessments. Environmental Science and Policy, 3(6): 321-332.

Riahi K, Rao S, Krey V, et al. 2011. RCP 8.5-A scenario of comparatively high greenhouse gas emissions. Climatic Change, 109(1-2): 33-57.

Thomson A M, Calvin K V, Smith S J, et al. 2011. RCP4.5: a pathway for stabilization of radiative forcing by 2100. Climatic Change, 109(1-2): 77-94.

Thuiller W, Georges D, Engler R, et al. 2013. Biomod2: ensemble platform for species distribution modeling. R Package Version, 2: 1~64.

Thuiller W, Lafourcade B, Engler R, et al. 2009. BIOMOD-a platform for ensemble forecasting of species distributions. Ecography, 32(3): 369-373.

van Dam R A, Finlayson C M, Humphrey C L. 1999. Wetland risk assessment. Techniques for enhanced wetland inventory and monitoring. Supervising Scientist Report, 147: 83-118.

van Dam R A, Finlayson C M, Humphrey C L. 1999. Wetland risk assessment. Techniques for enhanced wetland inventory and monitoring, edited by Finlayson, CM and Spiers, AG, Supervising Scientist Report, 147: 83-118.

Vuuren D, Stehfest E, Elzen M, et al. 2011. RCP2. 6: exploring the possibility to keep global mean temperature increase below 2 C. Climatic Change, 109(1): 95-116.

# 第 5 章  青藏高原气候变化对湿地生态系统的影响与风险评估

作为气候变化的敏感区、先兆区和放大器的青藏高原，研究气候变化对湿地生态系统的影响与风险评估，对认识整个青藏高原湿地生态系统乃至世界上高海拔湿地生态效应都具有十分重要的意义。湿地作为一种独特的生态系统，是主要温室气体的"源"与"汇"，在全球气候变化中有着特殊的地位与作用，对高寒湿地碳交换和碳收支的研究是理解湿地生态系统对气候变化响应最基础和最重要的议题之一。

## 5.1  气候变化对青藏高原湿地生态系统的影响

### 5.1.1  过去 50 年青藏高原气候变化的基本特征

#### 1. 青藏高原地区

近年来，国内外学者对青藏高原现代气候的研究主要集中在对全球变化背景下高原内部气候诸要素的时间变化特征和区域分异规律的研究（姚檀栋和朱立平，2006；吴绍洪等，2005）。通过对青藏高原温度（杨萍等，2010）、降水（任雨等，2008；张文纲等，2009）、云量、蒸散发、日照（杜军等，2007）和辐射等气候要素的研究，初步揭示了青藏高原气候变化和全球变化的响应关系，反映了近 50 年来全球变化背景下青藏高原气候变化的主要特征。为较全面地研究青藏高原气候变化对湿地生态系统的影响，分别在青藏高原湿地分布较集中的东北部、东部和高原中部区域选择了较具代表性的 3 个热点研究区作为典型区进行深入研究，其中青藏高原东北部为青海湖地区，青藏高原东部为三江源区，青藏高原中部为色林错流域。

#### 1）气温

对青藏高原气温变化进行综合研究认为，近几十年来青藏高原气温总体呈升高趋势（吴绍洪等，2005；周宁芳等，2005；刘禹等，2009）。与全球气温变化趋势相比，青藏高原升温幅度较大（郑度等，2002），大部分地区年平均气温、年最高和最低气温均呈上升态势，1971~2004 年增温幅度分别为 0.28℃/10a、0.24℃/10a 和 0.33℃/10a（李生辰等，2007）。其中，最低气温的上升最为明显，冬季夜间增温对高原气温变化的贡献最大（杨保和 Braeuning，2006）。青藏高原气温变化的区域内部也存在明显的差异性。青藏高原东北部气温 20 世纪 60~90 年代持续变暖，90 年代以来气温上升速度加快，升温率达 0.22℃/10a，比 60 年代高出 0.7℃，青藏高原平均气温在 1987 年前后发生暖突变，比 1961~1986 年的平均气温上升了 0.6℃（王建兵等，2007）；1995~2004 年藏北羌塘高原平均增温幅度为 1.4℃（王景升等，2008），青藏高原西北部地区的柴达木盆地增温幅度高达 0.8℃/10a（李生辰等，2007）。1976~2008 年，青藏高原中部的色林错流域增温幅度为 0.24~0.31℃/10a。青藏高原春、冬两季的气温变化明显，夏、秋季气温变化不大（周宁芳等，2005；盛文萍等，2008），不同区域之间存在明显的差异。高原东北部边坡地带冬季平均气温升高趋势明显大于其他季节，春、夏季增温直到 20 世纪 90 年代末才开始显现出来（王建兵等，2007）。1955~2004 年，藏北羌塘高原主要表现在为秋、冬季节增温明显，增幅分别为 1.6℃和 1.8℃，而春、夏气温增幅较小，分别为 1.25℃和 0.8℃（王景升等，2008）。

与全球气温变化趋势相一致，青藏高原气温变化与印度洋海温（张平等，2006）、太平洋海温（刘青春等，2008）等存在清晰的遥相关关系（刘新伟等，2006）。同时，多模式集合预估结果表明，未来青藏高原地区的增温趋势仍将持续，其增温幅度因为不同的温室气体排放情景而产生不同的响应态势（周天军等，2008）。

**2）降水量**

青藏高原地区降水区域差异大、局部性强（李生辰等，2007）。1961~2000 年，青藏高原降水变化可分为少雨和多雨两个时期，20 世纪 80 年代以前为少雨期，之后为多雨期；90 年代中期以前青藏高原降水变化幅度不大，90 年代中后期降水增加明显，增幅为 10mm/10a。其中，1971~2000 年青藏高原降水量整体呈增加趋势，增幅为 11.96 mm/10a（吴绍洪等，2005）。

青藏高原降水分布具有明显的时空差异（邹燕等，2008）。青藏高原北部、西部与青藏高原南部、东部的降水反相变化关系明显，1971~2004 年 33°~35°N 及祁连山区降水（5.2 mm/10a）呈减少趋势，尤其是 20 世纪 80 年代以后减幅明显，藏北地区降水（24.2 mm/10a）和柴达木盆地降水（17.9 mm/10a）呈增加趋势，且增幅较大（李生辰等，2007）。降水的相对变率与年降水量完全相反，同时高海拔地区降水在减少，而低海拔地区在增加，青藏高原内部整体降水由东南向西北递减。

青藏高原四季降水都有不同程度的增加，但各地区表现并不一致。1955~2004 年藏北羌塘高原四季均有降水增加，分别增加 22mm、20mm、20mm、6.5mm（王景升等，2008）。青海湖地区的降水则表现为夏季降水量微弱上升，秋季微弱下降（杜军等，2009）。总体研究表明，青藏高原降水大体呈上升趋势，通过对未来降水变化趋势进行预测，今后青藏高原大部分地区的降水还将持续增加（徐影等，2005），但可能受温室气体排放量差别的影响，青藏高原降水将呈现出不同的变化趋势（周天军等，2008）。

**3）其他要素**

青藏高原云量的变化研究是高原气候变化研究的一个重要方面。1971~2004 年青藏高原年总云量在减少，特别是 1977~1978 年急剧减少，80 年代以后总云量变化微弱，但总体呈下降趋势。青藏高原总云量与日照、日较差的变化有明显的相关关系。青藏高原总云量东部高于西部，由东南向西北递减，夏季云量稳定性高于冬季（陈少勇等，2006）。近 30 年来，青藏高原中东部地区，特别是西藏大部分地区春季总云量下降显著；青藏高原东北部地区，特别是青海东部及青甘交界处夏季总云量下降显著；青藏高原主体，特别是青藏高原东部秋、冬季总云量呈下降趋势，青海东部地区下降尤为显著。

有研究表明，近几十年来，青藏高原的蒸散以减少趋势为主（19.14 mm/10a），青藏高原干燥度降低（0.01 mm/10a）（吴绍洪等，2005）。1980~2000 年，青藏高原东部、北部和西部的蒸散率呈上升趋势，其中，柴达木盆地和阿里地区增幅高于其他地区（0.1 mm/10a 以上），藏南山地灌丛草原带东部、东喜马拉雅南翼常绿阔叶林带、川西藏东针叶林带中部蒸散率可能降低（丁明军，2008）。1971~2004 年大致以 33°N 为界，青藏高原参照蒸散变化南北差异显著，界线以南的西藏和川西的绝大多数地区呈现显著的下降趋势，而界线以北变化趋势不一，青藏高原北部参照蒸散的减弱主要归因于风速的变化。

总体而言，青藏高原气候变化的突出特征是变暖和变湿。在过去 2000 年的时间尺度上，青藏高原的气温出现了时间长度不等的冷、暖变化，但整体上呈波动上升趋势。20 世纪以来，青藏高原气候快速变暖，近 50 年来的变暖超过全球同期平均升温率的 2 倍，是过去 2000 年中最温暖的时段。与此同时，青藏高原降水在南部和北部的变化方式存在显著差异，北部呈明显增加趋势，南部呈减小趋势。青藏高原近期（1961 至 2050 年）和远期（2051~2100 年）气候仍以变暖和变湿为主要特征。

## 2. 青海湖流域

### 1）气温

近 50 年以来，青海湖流域出现持续增温现象。1959~2008 年青海湖流域年平均气温的线性升温率约为 0.28℃/10a，整个流域从 1987 年开始显著增温，1998 年是近 50 年来平均气温最高的年份（赵宗慈等，2005）。对 1979~2008 年逐日平均气温进行距平变化分析，并进行 30 天移动平均分析，结果表明，21 世纪以来气候波动较为明显（林振耀和赵昕奕，1996）。

对平均最高（低）气温变化特征分析后得出，四季平均最低气温升高比较显著，并且平均最高气温和最低气温的变化季节表现不一致，30 年和 10 年平均最高（低）气温的增温幅度相差也较大。1961~2000 年，海西东部及环青海湖地区冬季平均气温、平均最低气温和最高气温的 10 年和 30 年平均值均表现出增暖趋势，并以平均最低气温 10 年平均值的升温为最甚。平均最高（低）气温变化特征与东北、华北、西北东部、新疆等（杜军，2001）地区的基本一致，但增温幅度均比上述地区偏小。平均最低气温升高幅度大，使得该地区初（早）、终（晚）霜冻和无霜期均发生了明显的变化（李林等，2002），20 世纪 80 年代以后，初霜冻出现日期明显推迟，终霜冻出现日期提前，无霜期间隔日数较 60 年代延长 20 多天，这一变化特征与平均最低气温明显升高是一致的。

### 2）降水量

1959~2008 年青海湖流域降水量标准平均气候值为 379.1mm。1959~2008 年平均降水距平百分率变化结果表明，20 世纪 60 年代偏少 2.7%，80 年代偏多 5.6%，90 年代偏少 5.0%，21 世纪初期偏多 4.2%（格桑等，2009）。近 50 年来，青海湖流域降水量总体呈波动变化，并没有明显增多的趋势（陈亮等，2011）。

**3）水面蒸发量**

青海湖年水面蒸发量存在明显的阶段性变化，50 年经历了 3 个较剧烈的升降期。1958~1963 年、1977~1981 年、1998~2004 年水面蒸发量增加，分别高出均值 10.3%、9.3%、3.3%；1964~1976 年、1982~1997 年、2005~2007 年水面蒸发量减少，其间的平均值分别比均值低 1.3%、3.7%、1.4%。1997 年以前，水面蒸发量上升期的持续时间短，下降期的持续时间长，但 1998 年以后，上升期的持续时间延长，下降期的持续时间明显缩短；1955~2005 年青海湖流域水面蒸发量平均为 895.4mm，虽总体上呈减少趋势，但仍明显大于降水量，说明整个流域正处于暖干化气候趋势，这也是青海湖水位持续下降的主要原因（陈亮等，2011）。

## 3. 三江源区

三江源区气候寒冷，年温差小，年平均气温为–5.6~3.8℃；其中，最热月（7 月）平均气温为 6.4~13.2℃，极端最高气温为 28℃；最冷月（1 月）平均气温为–6.6~13.8℃，极端最低气温为–48℃。年平均降水量为 262.2~772.8mm，其中 6~9 月降水量约占全年降水量的 75%，年蒸发量为 730~1700mm。日照百分率为 50%~65%，年日照时数为 2300h~2900h，年太阳辐射量为 5500~6500MJ/a。沙暴日数一般为 19 天左右，最多达 40 天（曲麻莱）。由此可见，三江源区年温差小，降水量少而蒸发量大，日照时间长，辐射强烈，为典型的高原大陆性气候特征（王启基等，2005）。

**1）气温**

1961~1999 年三江源区冷热季和年平均气温在不同年代都有增加，但是冬季平均气温在 20 世纪 90 年代前变化很小（张占峰，2001）；1965~2004 年气温总体上呈增加趋势，增加速率为 0.268℃/10a（侯文菊等，2010；张士锋等，2011），在空间上具有从东南向西北递减的分布趋势；1962~2004 年三江源区年平均气温升幅自南向北、由西向东随海拔的降低而增大（侯文菊等，2010）。另外，众多研究也表明，长江黄河源区的气温呈升高趋势，近 50 年来长江源区平均升温 0.61℃，黄河源区平均升温 0.88℃，增幅明显高于青藏高原平均值，其对全球变暖的响应更为显著（易湘生等，2011）。

**2）降水量**

1961~2009 年三江源区 18 个气象台站 49 年地面观测资料统计计算结果显示，三江源区降水量呈减少趋势，20 世纪 60 年代、70 年代、90 年代为少雨时段，尤其是 90 年代为干旱时期，80 年代、21 世纪为降水最为丰沛的时期，尤其是 21 世纪初降水量增加尤为明显（表 5.1）。冬、春两季降水量递增明显，尤其是冬季十分显著，这是三江源区冬、春季雪灾危害日趋严重的主要原因，且三江源区年降水日数变化东、西部呈现不同的变化趋势,其西部的长江源区和澜沧江源区多呈增多趋势,而其东部的黄河源区多呈减少趋势。与西北地区年降水日数的变化相比,三江源西部地区与西北区西部年降水日数增多的变化趋势一致,其东部地区与西北区东部年降水日数减少的变化趋势一致(唐红玉等,2007)。

表 5.1　三江源区各年代降水量与 20 世纪 60 年代的差值　　　(单位:mm)

| 年代 | 年 | 春季 | 夏季 | 秋季 | 冬季 |
|---|---|---|---|---|---|
| 20 世纪 70 年代 | 10.3 | 8.7 | −7.8 | 7.3 | 2.4 |
| 20 世纪 80 年代 | 34.3 | 16.1 | 4.5 | 11 | 2.7 |
| 20 世纪 90 年代 | 4.4 | 13 | −10.8 | −3.8 | 5.9 |
| 21 世纪初 | 41.6 | 18 | 11.5 | 6.8 | 3.5 |

**3)蒸散量**

1961~2009 年,三江源地区 18 个气象台站平均年和四季潜在蒸散量的变化规律为年和冬、春、夏、秋季气候倾向率分别为 7.60mm/10a、1.54mm/10a、1.39mm/10a、2.27mm/10a、2.13mm/10a,均呈增大趋势。经显著性水平检验,三江源区年和秋季潜在蒸散量通过 0.01 显著性水平,冬、夏季通过 0.10 显著性水平,说明三江源区年和冬、夏、秋季潜在蒸散量呈明显增加的趋势,而春季变化则不明显。由三江源区潜在蒸散量变化的空间分布可以看出,除杂多略有减少外,其余地区均呈增加趋势。从蒸散量的年代际变化方面看(表 5.2),年和夏、秋季蒸散量 20 世纪 70 年代至 21 世纪初较 60 年代呈增加趋势,年、夏季 21 世纪初增加最为明显;冬季除 20 世纪 80 年代较 60 年代呈减少趋势、90 年代较 60 年代无变化外,其余年代呈增加趋势;秋季除 20 世纪 90 年代较 60 年代下降 4.8mm 外,其余年代呈增加趋势(戴升等,2011)。

表 5.2　三江源地区各年代蒸散量与 20 世纪 60 年代的差值　　　(单位:mm)

| 年代 | 年 | 春季 | 夏季 | 秋季 | 冬季 |
|---|---|---|---|---|---|
| 20 世纪 70 年代 | 16.7 | 5.4 | 10.6 | 2.2 | 0.6 |
| 20 世纪 80 年代 | 10.6 | −2.4 | 10.2 | 3.5 | 1.7 |
| 20 世纪 90 年代 | 7.2 | 0 | 11.1 | 3.7 | −4.8 |
| 21 世纪初 | 31.9 | 5.4 | 8.8 | 10.6 | 8.3 |

## 4. 色林错流域

气候因素是高原湿地生态系统生长、发育的重要环境条件,据色林错流域内及周边申扎、班戈、安多气象站 1966~2013 年逐月气温资料数据显示,每年的 1~4 月和 10~12 月色林错流域月均气温低于 0℃,5~9 月月均气温则大于 0℃。热量条件是植物生长发育的基本因素,气温则表征了地区的热量高低。当光照、水分和养分条件基本满足时,温度往往成为生态系统生长、发育、结构、生物生产力,以及能量流动和物质循环的主要驱动因素(赵新全,2009)。本小节的研究将月均气温大于 0℃的月份称为生长季,低于 0℃的月份称为非生长季,研究近

50 年（1966~2013 年）区域气候要素在生长季和非生长季的变化规律与趋势。

## 1）气温

1966~2013 年，色林错流域气温呈现出波动上升趋势（图 5.1）。各气象站的气温变化趋势一致，气温平均值则有小幅差异，表现为申扎气象站气温高于班戈气象站，班戈气象站高于安多气象站，这一现象在非生长季表现尤为明显。色林错流域气温的年际变化表现为1966~1977 年，生长季气温小幅下降，下降幅度为 0.48℃/10a，并在 1977 年热季气温达到近 50 年来最低值（5.87℃）；冷季气温则震荡上升，上升速率为 1.51℃/10a。1978~1995 年，色林错流域气温经历了一次增温过程，生长季气温与非生长季气温增温趋势相同，但非生长季气温增速（0.95℃/10a）大于生长季气温（0.63℃/10a）。2000~2007 年，气温呈现快速增长趋势，生长季气温增速达到 1.17℃/10a，非生长季气温为 1.95℃/10a。2008~2013 年，生长季气温震荡上升，非生长季气温则呈下降趋势。其中，1996~1999 年，色林错流域气温发生了一次幅度较大的突变现象，生长季平均温度最大变化幅度达 2.25℃，非生长季达到3.84℃。整体而言，近 50 年（1966~2013 年）来，色林错流域增温趋势明显，生长季增温趋势为 0.28℃/10a，非生长季增温趋势为 0.42℃/10a，非生长季增温趋势大于生长季。

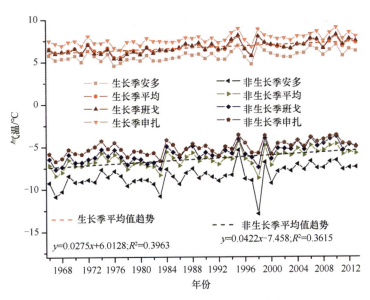

图 5.1　近 50 年色林错流域气温变化趋势

## 2）降水量

色林错流域降水量存在明显的季节性分配特征（图 5.2），生长季降水量在全年降水中的比例超过 90%。3 个气象站降水量整体趋势一致，非生长季降水量差异不大，其中安多气象站两季降水量均大于其他气象站，生长季降水量在 1999~2002 年和 2006~2009 年申扎气象站大于班戈气象站，其他时段班戈气象站热季降水量大于申扎气象站；非生长季降水量 3 个气象站变化幅度不大，降水微弱。1966~2013 年，区域降水量呈现"快速增长—稳定增长—快速增长"的趋势。1966~1980 年，生长季降水量增速为

31.04mm/10a；1981~1993 年，生长季降水量呈稳定增长态势，增长速率为 28.12 mm/10a；1994~2013 年，生长季降水量为快速增长阶段，速率达到 50.77mm/10a。近 50 年来，色林错流域生长季降水量增加趋势显著，变化速率达到 17.82mm/10a；非生长季降水量呈微弱增加趋势，变化速率仅为 1.96 mm/10a。

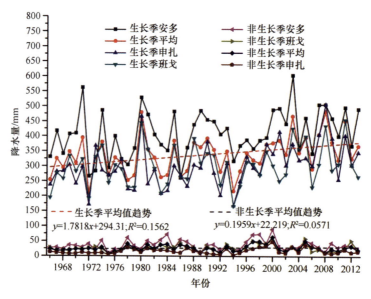

图 5.2　近 50 年色林错流域降水量变化趋势

### 3）蒸发量

蒸发量来源于申扎、班戈和安多气象站 20cm 小型蒸发皿观测数据，由于蒸发皿中水体较少，该蒸发量不能确切代表真实水体的蒸发，但对于了解蒸发量的变化规律和趋势还是有价值的（杜军等，2008）。色林错流域生长季和非生长季蒸发量均较大，其中生长季蒸发量略大于非生长季蒸发量，年均蒸发量约为 2020.45mm。蒸发量变化可以划分为两个阶段（图 5.3），1966~1993 年的"平稳减少阶段"和 1994~2013 年的"快速减少阶段"。1966~1993 年，生长季蒸发量和非生长季蒸发量的减少速率相差较小，分别为 −13.93mm/10a 和 −17.31mm/10a。1994~2013 年，生长季蒸发量呈现快速减少趋势，减少速率达到 −54.03 mm/10a；而非生长季蒸发量减少速率则放缓（−12.37 mm/10a）；最终导致生长季蒸发量（多年平均值为 940.74mm）与非生长季蒸发量（多年平均值为 875.03mm）基本持平。总之，1966~2013 年，研究区蒸发量整体呈显著减少趋势。

## 5.1.2　青藏高原湿地生态系统景观格局变化分析

### 1. 青海湖流域

### 1）湿地

青海湖流域的主体湿地景观是高寒沼泽，在气候和人为等因素的胁迫下，1987~2010

年青海湖流域湿地景观面积波动明显（表 5.3），同时景观结构发生了一定变化（表 5.4）（陈克龙等，2014）。1987~2010 年湿地景观面积迅速减少，其中高寒沼泽平均每年减少 12.81km²，河谷沼泽平均每年减少 5.41km²，湖滨沼泽平均每年减少 3.69km²；3 种湿地景观的破碎度呈现趋势增加。2000~2010 年湿地景观面积迅速增加，总体增加了 661.2km²，其中高寒沼泽的面积大幅度增加，景观破碎度显著减少，景观聚合程度增强（陈克龙等，2014）。

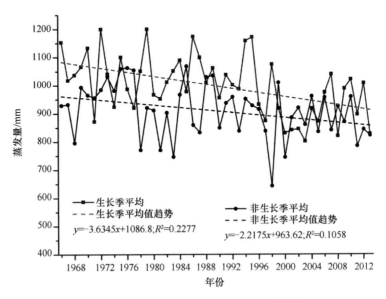

图 5.3　近 50 年色林错流域蒸发量变化趋势

表 5.3　1987~2010 年青海湖流域 3 个时段湿地景观面积

| 景观类型 | 1987 年景观面积/km² | 2000 年景观面积/km² | 2010 年景观面积/km² |
| --- | --- | --- | --- |
| 高寒沼泽 | 1060.49 | 893.94 | 1340.33 |
| 河谷沼泽 | 189.27 | 118.82 | 127.34 |
| 湖滨湿地 | 187.88 | 139.79 | 148.43 |
| 全部湿地景观 | 1437.63 | 1152.55 | 1616.1 |

表 5.4　1987~2010 年青海湖流域 3 个时段湿地景观指数

| 景观类型 | 1987 年/km² | | | 2000 年/km² | | | 2010 年/km² | | |
| --- | --- | --- | --- | --- | --- | --- | --- | --- | --- |
| | 斑块 | FN | FARC | 斑块 | FN | FARC | 斑块 | FN | FARC |
| 高寒沼泽 | 1024 | 987.8 | 2.08 | 2034 | 4625.73 | 2.25 | 935 | 651.55 | 2.12 |
| 河谷沼泽 | 128 | 85.89 | 2.02 | 199 | 331.61 | 2.2 | 90 | 62.9 | 2.18 |
| 湖滨湿地 | 59 | 18.21 | 1.87 | 54 | 20.47 | 2.02 | 50 | 16.51 | 2.04 |

注：FN 表示景观破碎度；FARC 表示景观分维数。

## 2）湖泊

1959~2004 年，青海湖水位从 3196.50m 降至 3192.71m，蓄水量由 869.3 亿 m³ 降至

690.7 亿 $m^3$，湖面面积由 4548.3km² 缩小到 4186km²（杨川陵，2007）。湖面水位与时间进程具有高度线性相关关系，相关系数达 0.9546（图 5.4）。

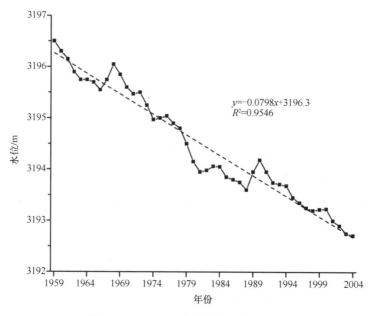

图 5.4　1959~2004 年青海湖平均水位图

　　另据李燕等（2014）最新报道，根据青海省水文水资源勘测局下设水文站的水位观测数据，青海湖 1956 年 1 月 1 日水位为 3197.08m，2011 年年底青海湖水位为 3193.80m，56 年间水位下降了 3.28m。分析 1956~2011 年青海湖逐年水位资料，与前一年相比，水位上升的年份有 18 年，下降的年份有 38 年，1989 年上升幅度最大（0.64m），1956 年下降幅度最大（0.48m）。2005 年前，上升的年份少且上升幅度小，下降的年份多且下降幅度大，2005~2011 年 7 年水位累计涨幅 1.01m。青海湖水位下降的同时，湖面面积也呈波动萎缩趋势（表 5.5），湖面面积与水位具有很好的正相关关系。

表 5.5　不同时期青海湖水面面积　（单位：km²）

| 湖区 | 1950 年 | 1957 年 | 1976 年 | 1995 年 | 2000 年 | 2007 年 | 2010 年 |
|---|---|---|---|---|---|---|---|
| 青海湖（含海晏湾、沙岛湖） | 4568 | 4577 | 4410 | 4294.3 | 4255.4 | 4246.8 | 4288.8 |
| 沙岛湖 | 未分离 | 未分离 | 30.7 | 23.1 | 16.8 | 10.5 | 10.3 |

## 2. 三江源区

### 1）沼泽湿地

　　三江源区湿地具有保持水源、净化水质、蓄洪防旱、调节气候等巨大的生态功能，是我国海拔最高的天然湿地，区内高寒湿地分布密集，自然条件空间分异性强，生态环境复杂，地广人稀，分布有大量的野生动、植物资源。沼泽湿地地形平缓开阔，地表长期或暂时积水,在高海拔地区呈板块状镶嵌分布,土层下部常有多年冻土层或季节性冻土层,土壤多为泥炭层或潜育层,由于冻融作用常常形成半圆形的冻胀草丘,丘间洼地常积水(王海,2010)。

近年来,三江源区内的湿地不断退化,长江、黄河源区的湿地面积从 1986 年的 18530.56km$^2$ 减少到 2000 年的 15785.80km$^2$,共减少 2744.76km$^2$,平均每年减少率为 1.2%,其中高寒沼泽地和高寒泥炭沼泽的年减少率尤为显著,分别为 2.1% 和 4.6%(陈永富等,2012)。长江源区沼泽湿地面积约为 1.43 万 km$^2$,且大多集中于长江源区潮湿的东部和南部,而干旱的西部和北部分布甚少。地貌上,沼泽湿地主要分布于河滨湖周附近的低洼地区和河流中上游地段,尤以当曲流域最为发育,沱沱河次之,楚玛尔河较少。在唐古拉山北侧,沼泽最高发育到海拔 5350m,达到青海高原的上限,是世界上海拔最高的沼泽湿地群。长江源区沼泽湿地的时空分布严格受多年冻土的控制,随着多年冻土的退缩,也就是说,季节性的活动层增大,水位也随之下降,沼泽湿地出现退化。凡融冻泥流、冻胀融沉发育的地区,一般都是高含冰量冻土区,季节性融化层厚度大,冻结速度慢,如有足够的水分补给或储存在细颗粒土中,则产生较大的水分迁移,从而产生严重的冻胀作用,即具有冬季强冻胀、夏季强融沉的特点。其破坏作用强烈,致使植被和土壤受到极大的破坏,季节性冻土的活动层厚度增大,水位下降,植被退化,土壤沙化。随着多年冻土活动层厚度的增大,植被逆向演替逐渐明显。调查还表明,凡沼泽湿地发育的地区,季节性冻土的活动层厚度一般都小于 1m,如长江源区沼泽湿地分布面积最广的地区——当曲流域属低温稳定或基本稳定的多年冻土区,季节性融化层都小于 1m,且存在双向冻结现象,冻结速度快,水分迁移较小,冻胀相对较轻,植被土壤破坏较轻,季节性的活动层较薄,土壤湿润,极有利于高寒沼泽草甸的生长(郭廷锋等,2009)。

**2)河流湿地**

三江源区河流纵横,降水量大,水资源丰富。境内河流主要分为外流河和内流河两大类。外流河主要为通天河、黄河、澜沧江三大水系,支流由雅砻江、当曲、卡日曲、孜曲、结曲等大小河川并列组成。内流河主要分布在西北一带,为向心水系,河流较短,流向内陆湖泊,积水面积为 45225.5km$^2$(卢素锦等,2009)。三江源区河流湿地的水系特征为河谷开阔,河槽宽浅,河网密集,支流众多、纵横交错,在河流两侧浅水区或低洼潮湿积水地带呈条带状分布。外流河区总面积为 34.85 万 hm$^2$,分属黄河、长江、澜沧江三大流域,其中长江流域总面积为 15.86 万 hm$^2$,澜沧江流域总面积为 3.74 万 hm$^2$,黄河流域总面积为 15.25 万 hm$^2$(王海,2010)。黄河源区四周为冰山雪岭,形成高原盆地,中央地势平坦,有众多湖泊和沼泽,土壤以高山草原土及盐渍土为主,径流深在 50mm 左右;玛曲以上干流两侧,沟壑众多、切割深度较大,降水充足,径流深在 200mm 左右,为黄河源产流最丰沛的地区。长江源区多年平均径流深为 113mm,年径流深的变幅在 50~300mm。流域西北部源头区为径流低值区,径流深在 25~50mm;东南部因降水量较大、蒸发量相对较小,为径流深高值区。澜沧江源区多年平均径流深为 294mm,年径流深的变幅在 150~400mm。因为流域受印度洋季风影响,带来较多的水汽,年降水量在 500mm 左右，气候寒湿，植被良好，径流丰富（孙颜珍，2009）。

### 3）湖泊

三江源区湖泊众多，以黄河源头区的扎陵湖、鄂陵湖及星宿海的小湖泊为典型代表，海拔约为 4300m，对黄河源头径流具有滞蓄、调节作用，其分布特征是以湖泊或浅塘为中心，沿湖滨边缘呈环带状分布，常伴有沉水或挺水植物群落生长。区内湖泊主要有永久性淡水湖、永久性咸水湖（盐湖）、水库三大类，其中较大的永久性淡水湖有扎陵湖、鄂陵湖、可鲁克湖等；较大的永久性咸水湖有青海湖、哈拉湖、茶卡盐湖、托素湖、示斯库勒湖、柯柯盐湖等，其中青海湖是我国最大的内陆咸水湖，面积为 4340hm²（王海，2010）。湖水补给源主要为河流、大气降水和积雪融水，据《青海省三江源志》记载，鄂陵湖、扎陵湖的面积分别为 526.1km²、610.7km²。多年冻土退化会迫使地下水位降低，表土层含水量减少，最终会导致源区大多数湖泊都出现水域面积缩小、内陆化和盐化现象，因而湖水的矿化度不断升高而趋于盐化，许多淡水湖泊水已呈咸化（吴素霞等，2008）。

通过 1976 年、1994 年、2001 年、2006 年四期遥感影像对扎陵湖、鄂陵湖进行遥感监测，发现 1975~1993 年扎陵湖水面面积基本无变化，自 1993 年之后面积不断缩减，2000 年后减少速度加快。1975~1993 年鄂陵湖水面面积减少，1993~2001 年面积减少不明显，2006 年面积恢复至 20 世纪 70 年代水平（张博等，2010）。

## 3. 色林错流域

色林错流域位于西藏自治区那曲地区，属青藏高原腹地，流域呈北东向展布，平面上呈南部和北部略大、中部狭长的不对称"哑铃状"，自西南向东北依次经过尼玛县东南部、申扎县大部、班戈县中部，止于安多县中北部，流域面积为 50000 余平方千米，是西藏最大的内陆湖水系（图 5.5）。经地面测量，截至 2010 年 10 月，色林错流域湖面海拔为 4542.5m，湖面面积约为 2323.6km²（孟恺等，2012），现为西藏最大的咸水湖。流域内有众多的河流和湖泊互相连接，组成一个封闭的内陆湖泊群，主要湖泊除色林错外，还有格仁错、吴如错和错鄂等 23 个小湖。主要入湖河流有扎加藏布、扎根藏布和波曲藏布等，其中扎加藏布是西藏最长的内流河（全长 409km），发源于唐古拉山，于色林错流域北岸入湖。

### 1）典型研究区划分

近百年来，在全球气候变暖的背景下，青藏高原四季地表气温均呈显著增加趋势，进而导致高原雪线上升、冰川退缩、冻土层退化变薄、草场退化等一系列反应。为全面考查气候变化对色林错流域冰川-草甸（草地）-湿地-湖泊系统的影响，在该区建立了典型的监测样本区（图 5.5）。

（1）冰川。区内冰川主要分布在南北两个地区，北部发育唐古拉山冰川，该冰川属于各拉丹冬冰川的一部分；南部分布有甲岗雪山和巴布日雪山。

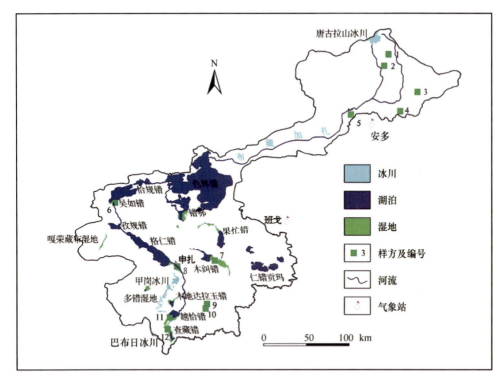

图 5.5　色林错流域分布图

　　（2）草甸（草地）。高寒草甸是亚洲中部高山及青藏高原隆起之后所形成的寒冷、湿润气候的产物，属于地带性植被类型。色林错流域发育嵩草高寒草甸生态系统和杂类草高寒草甸生态系统，嵩草高寒草甸主要分布于排水良好、土壤水分适中的山地、低丘、漫岗及宽谷和高山潜水溢出带，包括矮嵩草、线叶嵩草和禾叶嵩草等典型草甸生态系统。杂类草高寒草甸主要分布在冰碛夷平面与嵩草高寒草甸的过渡地带，以莲座状、半莲座状的轴根形植物为主（赵新全，2009）。该区高寒草甸具有分布范围大、断续分布、零散分布等特点，受影像时相限制、云及其阴影等干扰，结合 MODIS 空间分辨率，本书的研究选择 4000m×4000m 典型样方区开展研究（表 5.6）。

表 5.6　色林错流域典型草甸（草地）样方列表

| 样方 | 影像（ETM，R（7）/G（4）/B（1）） | 大小 | 中心纬度 | 中心经度 | 中心高程/m | 植被类型 | 植被名称 |
|---|---|---|---|---|---|---|---|
| 样方 1 | | 4000m×4000m | 33°03′38″N | 91°21′12″E | 5135 | 高寒嵩草、杂类草草甸 | 小嵩草高寒草甸 |

续表

| 样方 | 影像（ETM，R（7）/G（4）/B（1）） | 大小 | 中心纬度 | 中心经度 | 中心高程/m | 植被类型 | 植被名称 |
|---|---|---|---|---|---|---|---|
| 样方 2 | | 4000m×4000m | 32°56′48″N | 91°17′23″E | 5030 | 高寒嵩草、杂类草草甸 | 小嵩草高寒草甸 |
| 样方 3 | | 4000m×4000m | 32°39′51″N | 91°41′51″E | 4993 | | 小嵩草高寒草甸、嵩草沼泽化高寒草甸 |
| 样方 4 | | 4000m×4000m | 32°28′34″N | 91°28′15″E | 4944 | | 小嵩草高寒草甸 |
| 样方 5 | | 4000m×4000m | 32°27′38″N | 90°50′56″E | 4806 | 高寒禾草、苔草草原 | 紫花针茅高寒草原 |

（3）湿地。湿地分为河流湿地和湖滨湿地。流域发育扎加藏布、申扎藏布、波曲藏布和阿里藏布等河流，受影像限制，不能开展连续性监测，选择嘎荣藏布湿地作为河流湿地的代表。嘎荣藏布发源于西南部色那贡玛、西部嘎日等山系，河流主要接受大气降水和泉水补给，没有冰川融水补给。嘎荣藏布湿地主体类属藏北嵩草沼泽化高寒草甸。湖滨沼泽重点研究由查藏错、越恰错、木地达拉玉错到格仁错、吴如错递进补给的湖滨湿地，以及木纠错、果芒错和错鄂湖滨湿地。另外，在吴如错湖滨湿地、木纠藏布湿地、窝扎藏布湿地、越恰错湖滨湿地和查藏藏布湿地设立了典型样方观测点（图5.5，表5.7）。

表 5.7　色林错流域典型湿地样方列表

| 样方 | 影像（ETM，R（7）/G（4）/B（1）） | 大小 | 中心纬度 | 中心经度 | 中心高程/m | 植被类型 | 植被名称 |
|---|---|---|---|---|---|---|---|
| 样方 6 | | 3000m×1500m | 31°37′16″N | 87°54′35″E | 4564 | 高寒嵩草、杂类草草甸 | 藏北嵩草沼泽化高寒草甸 |
| 样方 7 | | 2000m×2000m | 31°00′42″N | 89°07′24″E | 4686 | | |

续表

| 样方 | 影像（ETM，R（7）/ G（4）/B（1）） | 大小 | 中心纬度 | 中心经度 | 中心高程/m | 植被类型 | 植被名称 |
|---|---|---|---|---|---|---|---|
| 样方 8 | | 3000m×3000m | 30°57′20″N | 88°39′12″E | 4663 | | |
| 样方 9 | | 2000m×2000m | 30°33′48″N | 89°01′14″E | 4893 | | |
| 样方 10 | | 2000m×2000m | 30°30′57″N | 89°59′57″E | 4892 | 高寒嵩草、杂类草草甸 | 藏北嵩草沼泽化高寒草甸 |
| 样方 11 | | 2000m×2000m | 30°25′56″N | 88°33′30″E | 4816 | | |
| 样方 12 | | 2000m×2000m | 30°18′25″N | 88°32′02″E | 4838 | | |

（4）湖泊。Yi 和 Zhang（2015）将色林错流域湖泊分为三级，借鉴流域湖泊分级思路，共选择区内 10 个典型湖泊，按湖泊补给来源与补给关系分为 4 种类型（表 5.8）。一级湖泊指直接接受冰川融水补给、汇水流域面积小、湖面高程比较高的湖泊，主要有查藏错、越恰错和木地达拉玉错 3 个湖泊，该类湖泊的补给来源还有少量河水径流（主要是季节性河流）和泉水补给，湖面高程为 4807~4840m，3 个湖泊均外泄，最终汇入格仁错。二级湖泊指以接受上游河水径流补给为主又有外泄途径的湖泊，主要有格仁错、吴如错、恰规错和错鄂 4 个湖泊；其中，格仁错除接受河流径流补给外，还接受来自湖泊西南部脚若冰川的融水补给；二级湖泊高程为 4558~4654m。三级湖泊为色林错（含雅个冬错），该湖泊位于流域的最末端，湖水补给形式以地表径流和降水为主；其中，常年径流补给河流主要有 4 条，分别为北岸扎加藏布（冰川融水补给）、西岸扎根藏布（吴如错-恰规错湖水补给）、西岸阿里藏布（部分错鄂湖水补给）和东岸波曲藏布。独立湖泊为闭流湖，主要有木纠错和果忙错，补给来源主要为河水径流补给。该湖泊分级与 Yi 和 Zhang（2015）分级的区别在于，本书将格仁错划入二级湖泊，因木纠错和果忙错不接受冰川融水补给而划分为新类型。

表 5.8　色林错流域湖泊类型表

| 湖泊 | 湖面高程/m | 输入（补给） | 输出（外泄） | 分类 |
|---|---|---|---|---|
| 查藏错 | 4840 | 冰雪融水 | 经查藏藏布汇入越恰错 | 一级 |
| 越恰错 | 4812 | 冰雪融水、查藏错 | 经窝扎藏布汇入格仁错 | 一级 |
| 木地达拉玉错 | 4807 | 冰雪融水、泉水 | 经窝扎藏布汇入格仁错 | 一级 |
| 格仁错 | 4654 | 冰雪融水、窝扎藏布、巴汝藏布 | 孜桂错 | 二级 |
| 吴如错 | 4560 | 私荣藏布（孜桂错） | 恰规错 | 二级 |
| 恰规错 | 4558 | 吴如错 | 色林错 | 二级 |
| 错鄂 | 4568 | 时补错、永珠藏布、普种藏布 | 色林错 | 二级 |
| 色林错 | 4544 | 扎根藏布（恰规错）、阿里藏布 | 无 | 三级 |
| 木纠错 | 4682 | 永珠藏布、木纠藏布 | 无 | 独立湖泊 |
| 果忙错 | 4634 | 季节性河流 | 无 | 独立湖泊 |

## 2）典型区景观格局变化

（1）冰川。

有研究表明，1990~2011 年流域内冰川总面积处于持续退缩状态，冰川总面积减少了 34.76km$^2$，退缩比例为 12.55%，年均退缩速率为 1.66km$^2$/a，2000 年后冰川进入加速退缩阶段，退缩速率达到 1.83km$^2$/a（杜鹃等，2014）。色林错流域典型冰川的变化趋势与前人研究的类似，2001~2013 年冰川呈持续退缩趋势（图 5.6）。其中，甲岗冰川退缩速率最大，为 6.65km$^2$/a；唐古拉山冰川退缩速率次之（3.19km$^2$/a）；巴布日冰川退缩速率最小（0.86km$^2$/a）。在退缩速率方面，甲岗冰川和唐古拉山冰川的退缩速率均大于杜鹃等（2014）的研究结论，可能的原因是杜鹃等（2014）采用 TM3/TM5 波段比值阈值法提取的冰川，提取结果可能受到雪被的干扰。例如，其所采用的 TM139/39 景影像 1989 年时段为 11 月 10 日，当年安多气象站 11 月月均气温已达–9.1℃，提取结果可能存在一定误差。本书采用人工目视解译的方法开展冰川信息提取，所使用的 TM/ETM 影像集中分布在 7~9 月，最大限度地排除了雪被对提取结果的影响。

对比典型冰川的变化可以看出，甲岗冰川呈波动退缩趋势，相邻两个时段的冰川的最大波动面积达 37.97km$^2$；唐古拉山冰川呈稳定退缩趋势，相邻两个时段的冰川的最大波动面积为 7.93km$^2$；巴布日冰川退缩趋势最为稳定，线性趋势拟合较好（$R^2$=0.947），相邻两个时段的冰川的最大波动面积仅为 1.61km$^2$。不同规模的冰川对气候变化反应的敏感性不同（丁永建，1995），冰川规模越小对气候变化的反应越敏感。唐古拉山冰川属于各拉丹冬冰川的一部分，面积比较大，形态完整；而甲岗冰川呈北东向分布在 37km 长的狭长区域，形态分散、破碎、冰舌小而短促，受季节性影响较大；巴布日冰川面积虽然小，但形态和冰舌都具有一定规模，相对比较稳定。

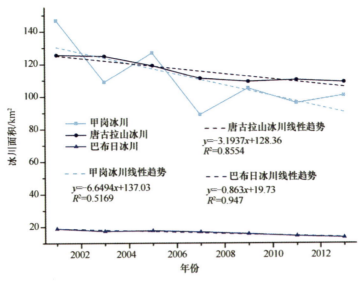

图 5.6　色林错流域典型冰川变化趋势

（2）草甸（草地）。

草甸（草地）典型样方监测采用 MODIS 传感器的 MOD13Q1 的归一化植被指数数据产品，空间分辨率为 250m×250m，时间分辨率为 16 天。MOD13Q1 产品提供了归一化植被指数、增强型植被指数、近红外波段和红光波段通道反射率数据。NDVI 对植被长势和生长量非常敏感，能很好地反映地表植被的繁茂程度，NDVI 的变化趋势在一定程度上可以代表地表植被的覆盖变化情况（刘艳等，2010）。流域内 6 月上、中旬日平均气温稳定通过高于 3℃（含 3℃）时，降水量增加，高寒植物进入生长初期；6 月中旬以后日平均气温稳定通过高于 5℃（含 5℃）时，7 月、8 月气温达到年内最高值，同时降水量也达到年内最高值，太阳辐射强烈，植物蒸腾蒸散明显加剧，有利的水热条件使植物生长最为迅速，是高寒植物快速生长的阶段（赵新全，2009）。因此，选择 2000~2014年第 241 天（8 月底）的 NDVI（241 天）（以下简称 NDVI）基本可以代表区内草甸（草地）NDVI 的全年高值。

各样方内尚存少量河流、小型湖泊和裸地等非植被覆盖类型区，取各样方内 NDVI平均值作为衡量对应样方植被长势的参数（图 5.7）。统计结果显示，NDVI 多年平均值大小顺序为样方 4>样方 3>样方 5>样方 2>样方 1。样方 1 和样方 2 位于唐古拉山冰川下方的冰碛沉积上，海拔较高，局部位于高寒草甸与高山稀疏植被的过渡地带，植被稀疏，偶见水母雪莲、风毛菊等高山稀疏植被的典型代表植物，所以样方 1 和样方 2NDVI值最小。样方 1 与样方 2 逐年 NDVI 值具有很高的相似性，年际间 NDVI 值波动幅度（0.05）较小（2000 年除外），说明该地区植被变化相对较稳定。样方 3 位于小嵩草高寒草甸和嵩草沼泽化高寒草甸的过渡地带，且样方内小型湖泊较多，致使该样方 NDVI 值小于样方 4。样方 5 的植被覆盖类型为紫花针茅高寒草原，样方内见多处裸地，造成 NDVI 值又比样方 3小。整体而言，2000~2006 年各样方 NDVI 值呈波动下降趋势，2006~2010 年呈稳定上升趋势，2010~2013 年又呈波动下降趋势，到 2014 年各样方 NDVI 平均值上升至较高水平。

（3）湿地。

湖滨湿地样方年际 NDVI 平均值统计结果表明（图 5.8），木纠错湖滨湿地（样方 7）NDVI 平均值最大，年际波动范围最小；查藏错湖滨湿地（样方 12）和越恰错湖滨湿地（样方 11）NDVI 平均值次之；吴如错湖滨湿地（样方 6）NDVI 平均值最小，而其 NDVI 平均值的年际波动最大。2011~2014 年，各湖滨湿地的 NDVI 平均值表现为明显增大的趋势，表明近年来区内湿地植物生长质量较好。

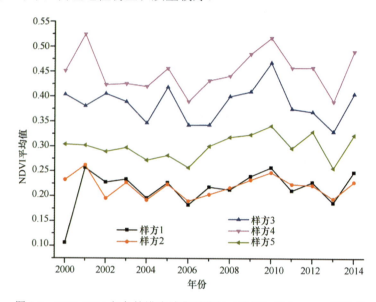

图 5.7 2000~2014 年色林错流域典型草甸（草原）样方 NDVI 平均值

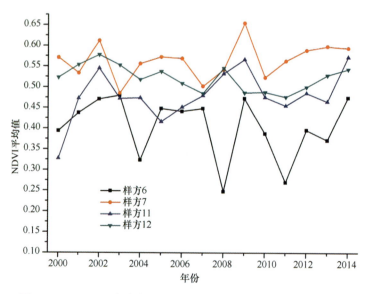

图 5.8 2000~2014 年色林错流域典型湖滨湿地样方 NDVI 平均值

一级湖泊（查藏错、恰规错、木地达拉玉错）直接接受冰川融水的补给，加之近年来降水量增加、蒸发量减少，湖水补给来源稳中有升，湖滨湿地面积呈小幅增长趋势。各湖泊之间略有差异，如越恰错湖滨湿地面积在 2001~2013 年的最大变化幅度达 12.64 km²，占多年湿地平均面积的 38.5%；查藏错湖滨湿地最大变幅达 8.2km²，占多年湿地平均面积的 24.11%；木地达拉玉错湖滨湿地变化幅度最小，最大变幅为 1.23km²，占多年湿地平均面积的 8.23%。窝扎藏布河流湿地位于格仁错与申扎县城之间，地势相对比较平坦，辫状水系较发育，区内多年 NDVI 平均值（图 5.9）普遍偏小可能跟水域面积相对较大有关；样方中心点距申扎县城约 3.8km，周围 3km 以内分布有 3 个自然村，其 NDVI 平均值年际波动较大可能主要与人类活动有关，NDVI 值的变化规律则表现为震荡增高趋势。

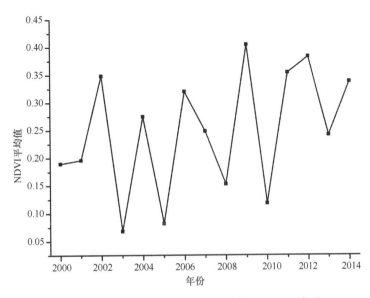

图 5.9　2000~2014 年窝扎藏布湿地样方 NDVI 平均值

二级湖泊湖滨湿地面积多年变化趋势整体表现较稳定，格仁错湖滨湿地和错鄂湖滨湿地面积在 4~5km² 波动，并未表现出明显的趋势性；错鄂湖滨湿地略有萎缩，退化速率为 0.51km²/a。三级湖泊湖滨湿地面积变化则表现出一定的差异性，2001~2013 年木纠错湖滨湿地小幅增长，增长速率为 0.28km²/a。果忙错湖滨湿地则表现为急剧退缩趋势，2001 年果忙错湖滨湿地面积为 1.75km²，到 2013 年该湖湖滨湿地仅剩 0.14km²，退缩率达 91.77%。果忙错湖滨湿地退缩的主要原因在于，该湖 2001~2013 年湖泊面积呈持续增长趋势，湖滨湿地集中发育在湖泊北岸，湖泊北岸地势低平，湖面持续向北扩张，导致湖滨湿地被持续淹没，最终形成了"你进我退"的局面（图 5.10）。

2001~2013 年色林错流域河流湿地面积变化趋势不明显（图 5.11），2001~2007 年查藏藏布湿地和窝扎藏布湿地具有小幅退缩趋势，湿地面积分别退缩 3.83km²、3.72km²，之后湿地面积缓慢增长，至 2013 年两河流湿地面积都达到并略微超过 2001 年水平。雄梅湿地属果忙错入湖河流湿地，湿地呈弧形分布在忽宽忽窄的河道及两侧，湿地最窄处仅 83m，最宽处为 2400m，形态较为破碎，易受外界因素干扰。嘎荣藏布湿地相对比较稳定，2001~2013 年呈略微退缩趋势，湿地面积减少 1.5km²。

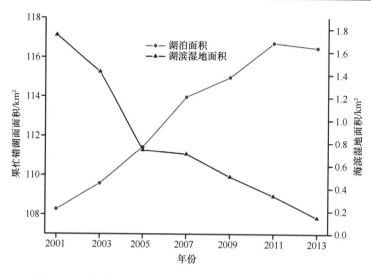

图 5.10 果忙错湖泊面积与果芒错湖滨湿地面积变化关系图

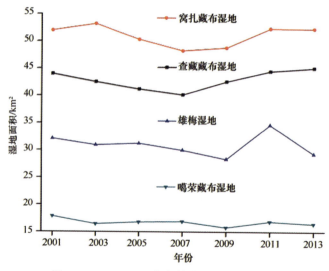

图 5.11 2001~2013 年色林错流域河流湿地变化

（4）湖泊。

2001~2013 年，色林错流域 10 个典型湖泊湖面总面积扩张 387.24km²，扩张比例为 11.05%，年均扩张速率 29.78km²/a（表 5.9）。湖泊分级结果显示，流域内湖泊面积的增加主要是由三级湖泊即色林错面积增加所致（图 5.12）。色林错湖面面积在 1976 年为 1666.96 km²，1990 年为 1722.39km²，1999 年增加为 1798.95km²；1976~1990 年，湖面面积增长 55.43km²，增长幅度为 3.32%（孟恺等，2012）。2001 年色林错湖面（含雅个冬错）面积为 1989.96km²，至 2003 年湖面面积增加了 129.46km² 达到 2119.42km²，这一时段是该湖面积增长最快的时期。由于水位持续上涨，到 2004 年，色林错南部湖面同雅个冬错连通；2005 年，雅个冬错又向西南岸继续扩张；至 2013 年，色林错湖面面积为 2379.34km²。来自实测高程的数据显示，1976~2000 年色林错湖面海拔升高 4.3m，年均升高速率为 0.18m/a；2000~2010 年湖面升高 8.2m，升高幅度是前 24 年的近两倍，年均升高速率为 0.82m/a（孟恺等，2012）。

表 5.9　2001~2013 年色林错流域分级湖泊面积变化

| 年份 | | 2001 | 2003 | 2005 | 2007 | 2009 | 2011 | 2013 | 2001~2013 |
|---|---|---|---|---|---|---|---|---|---|
| 湖泊面积/100 km² | 总 | 35.04 | 36.39 | 37.47 | 37.84 | 38.2 | 38.92 | 38.91 | |
| | Ⅰ | 1.14 | 1.12 | 1.12 | 1.11 | 1.12 | 1.14 | 1.14 | |
| | Ⅱ | 12.08 | 12.1 | 12.02 | 11.94 | 11.91 | 12.12 | 11.98 | |
| | Ⅲ | 19.9 | 21.19 | 22.34 | 22.82 | 23.2 | 23.61 | 23.79 | |
| | Ⅳ | 1.92 | 1.98 | 1.99 | 1.97 | 1.97 | 2.05 | 1.99 | |
| 面积变化/km² | 总 | | 135.39 | 107.62 | 36.62 | 36.37 | 72.02 | −0.78 | 387.24 |
| | Ⅰ | | −1.87 | 0.05 | −0.85 | 1.24 | 1.8 | 0.25 | 0.62 |
| | Ⅱ | | 1.79 | −8.22 | −8.06 | −2.87 | 21.28 | −13.65 | 9.73 |
| | Ⅲ | | 129.46 | 114.5 | 48.22 | 37.98 | 40.75 | 18.47 | 389.38 |
| | Ⅳ | | 6.01 | 1.29 | −2.68 | 0.02 | 8.19 | −5.86 | 6.96 |
| 面积变化率/% | 总 | | 3.86 | 2.96 | 0.98 | 0.96 | 1.89 | −0.02 | 11.05 |
| | Ⅰ | | −1.64 | 0.04 | −0.76 | 1.12 | 1.6 | 0.22 | 0.55 |
| | Ⅱ | | 0.15 | −0.68 | −0.67 | −0.24 | 1.79 | −1.13 | −0.81 |
| | Ⅲ | | 6.51 | 5.4 | 2.16 | 1.66 | 1.76 | 0.78 | 19.57 |
| | Ⅳ | | 3.13 | 0.65 | −1.35 | 0.01 | 4.16 | −2.86 | 3.63 |

注：总代表所研究的 10 个典型湖泊总面积；Ⅰ代表一级湖泊；Ⅱ代表二级湖泊；Ⅲ代表三级湖泊；Ⅳ代表独立湖泊。

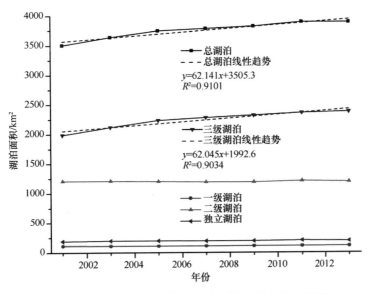

图 5.12　2001~2013 年色林错流域分级湖泊面积变化趋势

　　从 2001~2013 年色林错湖泊的沉积中心可以看出近 13 年来湖泊面积扩展方向的规律（图 5.13）：北岸地势低且平坦，是古湖泊沉积的一部分，2001~2013 年沉积中心向北迁移 2014.46m；2004 年色林错南部与雅个冬错连通后，湖泊中心由北向南迁移 2240.65m；2005~2007 年，色林错以北岸湖面向东扩张、东岸湖面继续向东扩张为主，因此湖泊沉积中心在 2005 年的基础上向北东方向迁移 1600m；此后，湖面扩张速度减缓（表 5.9）且扩张方向均匀，2007~2013 年湖泊沉积中心处于相对稳定期。

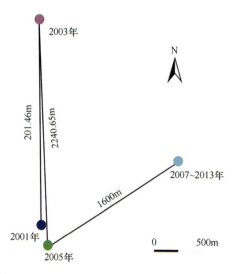

图 5.13  2001~2013 年色林错沉积中心变化规律

在三级湖泊湖面面积快速增长的同时，一级湖泊和二级湖泊则处于相对稳定态势，一级湖泊总面积多年平均值（2001~2013 年）为 112.8km²，年际最大变化幅度为 3.29km²，占总面积的 2.92%。二级湖泊总面积多年平均值（2001~2013 年）为 1202.13km²，年际最大变化幅度为 21.28km²，占总面积的 1.77%。对独立湖泊而言，其总面积多年平均值（2001~2013 年）为 198.8km²，年际最大变化幅度为 12.83km²，占总面积的 6.47%；其总面积远小于二级湖泊，而变化幅度是二级湖泊的 3.7 倍，主要原因在于：①2001~2013 年果忙错湖泊面积以 1.52km²/a 的速率持续扩张；②木纠错年际增长趋势不明显，但相对变幅较大，年际最大变化幅度为 6.77km²，占总面积的 7.96%。

**3）典型区生物量格局变化**

色林错流域是高寒沼泽草甸的典型代表地区，采用遥感模型和地面光学模型相结合的复合模型，利用其地面实测及遥感高光谱数据与草地地上生物量建立了复合关系模型。目前，对于这类复合模型的研究还较少，研究深度尚浅，仍然以植被指数为基础，常利用野外高光谱数据对遥感影像提取的植被指数进行校正。

（1）数据与方法。野外实验：前往那曲地区申扎县色林错流域进行实验测量，以 0.5m×0.5m 为实验单元面积，使用 HR1024 地物光谱仪测量不同覆盖度群落类型组成的高光谱反射值（波段在 350~2500nm，1024 个通道，探头基本垂直于草甸 1m 处，每个单元测量 4 次取平均值）；测量光谱后，将 0.5m 单元的草甸齐面剪下，植物样品按茎、叶和枯落物分离，所有植物样品置于标准精度称量器上称质量，晒干后再称干量，本次实验共获得 122 个光谱值（4 次），以及地上鲜生物量和干量。

遥感影像：从环境与灾害监测预报卫星中心下载 33 幅 HJ~1A 超光谱成像仪（HSI）

产品，其中地幅宽为 50km，空间分辨率为 100m，波段范围为 450~950nm 共 128 个波段，并对其进行波段融合、几何精校正、投影转换等后处理。从美国国家航空航天局（NASA）数据中心下载 MOD13 产品，由于本书的研究中要分析年内和年际的生物量变化，下载了 2000~2013 年 7 月连续产品及 2013 年全年数据，共 36 幅数据。

方法：从众多高光谱波段中选择一些有用的窄波段进行遥感信息提取。运用高光谱数据原始变量及各种变换形式，红、黄和蓝（三边）光学参数，植被指数，绿色反射峰（绿峰）和红光吸收低谷（红谷）等变量进行了地上生物量的高光谱遥感估算模型研究。将 122 个实验单元光谱数据平滑去噪并 4 次求平均，然后计算光谱红绿蓝位置、面积、植被指数、导数、倒数、对数等光谱参数（表 5.10），其中高光谱窄波段数据的红波段采用 670nm 的反射率，近红外波段采用 801nm 的反射率，绿光波段采用 553nm 的反射率。将这些光谱变量与鲜生物量、干量建立线性和非线性回归方程，初步筛选一种或多种变量的最优估算模型。

应用地面光学模型和遥感统计模型的复合模型，即将地面测量生物量数据、高光谱数据和遥感影像数据三者结合，建立草甸生物量定量估算模型。

表 5.10　高光谱特征参数

| 类型 | 变量名词 | 缩写 | 计算公式 | 文献 |
|---|---|---|---|---|
| 基于光谱面积位置变量 | 蓝边幅值 | $D_b$ | 波长 490~520nm 内一阶导数最大值 | Elvidge et al.，1995 |
| | 蓝边面积 | $SD_b$ | 波长 490~520nm 内一阶导数光谱的积分 | Elvidge et al.，1995 |
| | 黄边幅值 | $D_y$ | 波长 560~640nm 内一阶导数最大值 | Elvidge et al.，1995 |
| | 黄边面积 | $SD_y$ | 波长 560~640nm 内一阶导数光谱的积分 | Elvidge et al.，1995 |
| | 红边幅值 | $D_r$ | 波长 670~760nm 内一阶导数最大值 | Elvidge et al.，1995 |
| | 红边面积 | $SD_r$ | 波长 670~760nm 内一阶导数光谱的积分 | 浦瑞良等，2000 |
| | 绿峰反射率 | $\rho_g$ | 波长 520~560nm 内最大波段反射率 | Elvidge et al.，1995 |
| | 绿峰面积 | $SD_g$ | 波长 520~560nm 内原始光谱所包围的面积 | Elvidge et al.，1995 |
| | 红谷反射率 | $\rho_r$ | 波长 650~690nm 内最小波段反射率 | |
| 光谱面积位置比值变量 | 绿峰反射率与红谷反射率的比值 | VI1 | $\dfrac{\rho_g}{\rho_r}$ | |
| | 绿峰反射率与红谷反射率的归一化值 | VI2 | $\dfrac{\rho_g - \rho_r}{\rho_g + \rho_r}$ | |
| | 红边面积与蓝边面积的比值 | VI3 | $\dfrac{SD_r}{SD_b}$ | |
| | 红边面积与黄边面积的比值 | VI4 | $\dfrac{SD_r}{SD_y}$ | |
| | 红边面积与蓝边面积归一化值 | VI5 | $\dfrac{SD_r - SD_b}{SD_r + SD_b}$ | |
| | 红边面积与黄边面积的归一化值 | VI6 | $\dfrac{SD_r - SD_y}{SD_r + SD_y}$ | |

续表

| 类型 | 变量名词 | 缩写 | 计算公式 | 文献 |
|------|---------|------|---------|------|
| 植被指数 | 比值植被指数 | RVI | $\dfrac{\rho_{NIR}}{\rho_{Red}}$ | |
| | 归一化植被指数 | NDVI | $\dfrac{\rho_{NIR}-\rho_{Red}}{\rho_{NIR}+\rho_{Red}}$ | |
| | 增强植被指数 | EVI | $\dfrac{\rho_{NIR}-\rho_{Red}}{\rho_{NIR}+C_1\rho_{Red}-C_2\rho_B+L}(1+L)$ | |
| | 差值植被指数 | DVI | $\rho_{NIR}-\rho_{Red}$ | |
| | 垂直植被指数 | PVI | $\dfrac{\rho_{NIR}-a\rho_{Red}-b}{\sqrt{1+a^2}}$ | |
| | 土壤调整植被指数 | SAVI | $\dfrac{\rho_{NIR}-\rho_{Red}}{\rho_{NIR}+\rho_{Red}+L}(1+L)$ | |
| | 转换型土壤调整植被指数 | TSAVI | $\dfrac{a(\rho_{NIR}-a\rho_{Red}-b)}{a\rho_{NIR}+\rho_{Red}-ab}$ | |
| | 修改型二次土壤调整植被指数 | MSAVI2 | $\dfrac{1}{2}\left[2(\rho_{NIR}+1)-\sqrt{(2\rho_{NIR}+1)^2-8(\rho_{NIR}-\rho_{Red})}\right]$ | |
| | 再归一化植被指数 | RDVI | $\sqrt{NDVI\times DVI}$ | |
| | 三角植被指数 | TVI | $60(\rho_{NIR}-\rho_{Gre})-100(\rho_{Red}-\rho_{Gre})$ | |

注：$\rho_{NIR}$ 为近红外波段反射率；$\rho_{Red}$ 为红波段反射率；$\rho_{Gre}$ 为绿波段反射率；$a$、$b$ 为土壤线系数；$L$ 为土壤调整系数，取值范围为 0~1，一般设为 0.5。

根据地面光学模型，选择与生物量相关性较高的光谱特征参数，并将其代入到 HJ~1A 中计算与之匹配的特征参数空间值，与地上生物量建立回归模型，得到地上生物量与遥感指数的最佳遥感统计模型，其目的并不是想模拟这些波段，而是探索 HJ~1A 传感器使用的波长范围用于高寒草地生物量反演的潜力。整个大尺度色林错流域将最终模型代入到 MODIS 指数中，用于估算整个流域的高寒草原生物量。

（2）实验验证。综合分析整个生长季的测试数据后发现，若干光谱特征参数与生物量之间的相关关系达到了 0.01 极显著性检验水平，并且呈正负相关关系。使用 80 个样本数据中的 65 个样本作为建模样本，来建立与生物量之间的线性和非线性回归模型，另外 16 个样本数据被用来对模型进行检验。从中选出相关系数通过极显著性检验且大于 0.6 的 $D_r$、$\rho_r$、RVI、NDVI、EVI、VI1、VI2 和 VI3 八个变量。通过分析发现，不同光谱特征参数与生物量呈曲线相关，由回归分析得到的全部 $R^2$ 值均通过 0.01 极显著性检验水平。

经过地面光谱特征参数的筛选，将相关的 $D_r$、$\rho_r$、RVI、NDVI、EVI、VI1、VI2 和 VI3 八个变量进行对比分析，即对草地地上鲜生物量与遥感光谱特征变量的相关性进行对比分析，用于比较与地面光谱特征变量的相同性。由表 5.11 可以看出，从高光谱遥感影像中提取出来的特征变量中，仅位置面积比值与若干植被指数相关关系比较明显，基于位置和面积的变量都不明显。其中，基于位置面积比值的 VI1、VI2 呈正相关，而

VI3~VI6 呈负相关；基于植被指数的 NDVI、RVI 呈正相关，3 个土壤指数都呈负相关。为了与地面光谱特征变量进行比较，仅选择 VI1、VI2、VI3、NDVI 和 RVI 与生物量建立模型（表 5.12）。

**表 5.11　地上鲜生物量与遥感光谱特征变量的相关性**

| 光谱位置面积变量 | 相关系数 $r$ | 基于植被指数 | 相关系数 $r$ |
|---|---|---|---|
| VI1 | 0.567** | RVI | 0.485** |
| VI2 | 0.63** | NDVI | 0.495** |
| VI3 | −0.655** | EVI | 0.272 |
| $\rho_r$ | −0.092 | $D_r$ | 0.264 |

**表 5.12　遥感特征参数的生物量估算模型**

| 特征变量 | 回归方程 | 拟合 $R^2$（$n$=65） | $F$ | 估计标准误差 | 估测 $R^2$（$n$=15） |
|---|---|---|---|---|---|
| VI1 | $y = 22.98x - 17.612$ | 0.811 | 69.1 | 0.593 | 0.812 |
|  | $y = 0.0009e^{8.864x}$ | 0.76 | 62.5 | 0.631 | 0.743 |
|  | $y = -75.33x^2 + 160.4x - 80.091$ | 0.854 | 58.6 | 0.521 | 0.811 |
| VI2 | $y = 42.21x + 5.32$ | 0.823 | 63.0 | 0.573 | 0.795 |
|  | $y = 6.528e^{16.4x}$ | 0.783 | 54.2 | 0.602 | 0.754 |
|  | $y = -192.2x^2 + 23.44x + 5.023$ | 0.849 | 65.2 | 0.423 | 0.822 |
| VI3 | $y = -2.2x + 12.97$ | 0.382 | 21.3 | 1.073 | 0.333 |
|  | $y = 151.2e^{-0.092x}$ | 0.395 | 19.4 | 1.477 | 0.356 |
|  | $y = 0.68x^2 - 8.585x + 27.846$ | 0.396 | 22.2 | 1.12 | 0.420 |
| NDVI | $y = -6.358x + 3.34$ | 0.424 | 11.6 | 1.349 | 0.54 |
|  | $y = 2.99e^{-2.226x}$ | 0.419 | 9.2 | 2.24 | 0.26 |
|  | $y = 419.3x^2 - 39.6x + 3.54$ | 0.501 | 12.6 | 1.044 | 0.219 |
| RVI | $y = -2.592x + 5.904$ | 0.019 | 10.0 | 1.353 | 0.433 |
|  | $y = 7.25e^{-0.0958x}$ | 0.014 | 9.8 | 1.58 | 0.433 |
|  | $y = 95.01x^2 - 209.79x + 118.37$ | 0.207 | 12.4 | 1.211 | 0.425 |

通过遥感测量数据，与地上鲜生物量存在显著关系的仅有 VI1 和 VI2 两个函数，$R^2$ 都通过了 0.01 极显著性检验，VI1 和 VI2 最适合的拟合模型仍为二次多项式方程，$F$ 检验值较大，估计标准误差最小（表 5.11，图 5.14）。

回归模拟：应用逐步回归分析方法确定与生物量相关的光谱变量值，输入实测生物量与光谱变量值，输出结果是一系列包含不同光谱变量的多元线性方程及对应的判定系数（$R^2$）和检验值（$F$）。逐步回归模型如下：

$$Y = a_0 + a_1x_1 + a_2x_2 + \cdots + a_ix_i + \cdots \tag{5.1}$$

式中，$x_i$ 为光谱变量值；$Y$ 为生物量估测值；$a_0$ 为常数项；$a_i$ 为偏回归系数。应用地上鲜生物量与高光谱原始数据和 VI1、VI2、VI3、NDVI、EVI、RVI 6 个高光谱变量之间的关系，建立多元回归模型，设置显著性水平为 0.05，则有两个因子进入回归模型，模

型如下:

$$Y = 5.324 + 42.212x_1 \quad R^2 = 0.824, \quad F = 135.36 \tag{5.2}$$

$$Y = 5.197 + 46.387x_1 + 9.326x_2 \quad R^2 = 0.869, \quad F = 92.647 \tag{5.3}$$

式中,$Y$ 为估测生物量(t/hm$^2$);$x_1$ 为地物光谱特征变量中的 VI2 $[(\rho_g-\rho_r)/(\rho_g+\rho_r)]$;$x_2$ 为 NDVI。对比以 VI2 为自变量的二项式拟合模型和多元逐步回归模型拟合系数,认为两个变量的回归模型拟合效果最优,因此确定以 VI2 和 NDVI 的二元线性模型为高寒草地地面观测生物量的最优拟合模型。

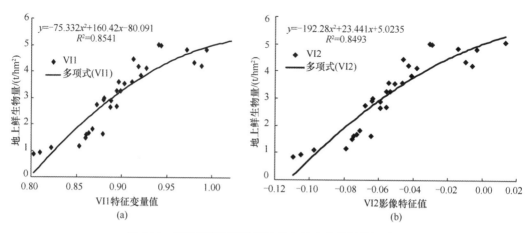

图 5.14 基于影像面积位置比值与地上生物量模拟结果

精度验证:为了与地物光谱特征参数匹配,选择 5 个高光谱特征变量所拟合的 15 个回归方程的估算精度,同样利用 15 个样本进行精度检验。估算结果的回归系数 $R^2$ 的变动范围为 0.014~0.854,但是 VI1 和 VI2 的回归系数 $R^2$ 的平均值高达 0.813,说明只有两个特征变量的 6 个回归方程的估算结果是比较理想的。同时,从表 5.12 中可以看出,估算回归系数 $R^2$ 值有 6 个大于拟合 $R^2$ 值,而有 9 个小于拟合 $R^2$ 值,存在一定程度的不稳定性。仍以绿峰反射率与红谷反射率的归一化值 VI2 和 NDVI 为变量的二元回归方程为最好,估计标准差为 0.521 kg/a,精度为 85.4%。

(3)格局分析。生物量提取:利用 HJ~1A 的估测生物量与同期 MODIS NDVI 进行回归分析,再将地面测量的 31 个样方生物量与同期 MODIS NDVI 进行回归分析,两组数据比较分析结果如图 5.15 所示。31 个 1km 采样单元内的生物量与 1km NDVI 具有极强的相关性,相关系数达到 0.80,而地面鲜生物量与 NDVI 的相关系数仅仅达到 0.45,证实了逐级尺度增大的方式更适合从点到面的低空间分辨率生物量尺度的转换。因此,采用 HJ~1A 高光谱生物量模型模拟结果与 1km 的 MODIS NDVI 进行回归分析,建立单因子低分辨率的生物量监测模型。

对比 5 种拟合模型系数(表 5.13)发现,指数模型的拟合系数最大,其次为乘幂模型,本书的研究认为,基于 MODIS NDVI 最优拟合模型为指数模型,拟合方程为

$$Y = 0.087e^{2.395x} \quad R^2 = 0.8786 \tag{5.4}$$

式中,$x$ 为 NDVI,值为 $-1$~$1$;$Y$ 为高寒草地估测生物量(t/hm$^2$)。

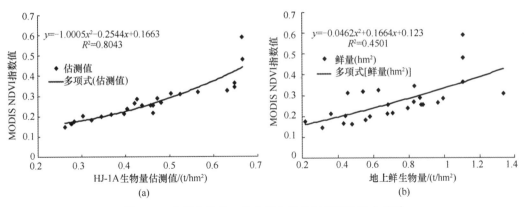

图 5.15　估测生物量、地上鲜生物量与 NDVI 拟合关系

**表 5.13　五种模型拟合系数表**

| 模型 | 线性模型 | 二项式模型 | 指数模型 | 乘幂模型 | 对数模型 |
|---|---|---|---|---|---|
| 拟合系数 | 0.77 | 0.80 | 0.87 | 0.86 | 0.72 |

模型验证：分别对 14 个验证样本进行相对误差和均方根误差分析（表 5.14），验证点的均方根误差为 75.05，相对误差为 0.09%~22.09%，平均相对误差为 10.32%，说明地面观测生物量与遥感空间尺度差异对模型精度有较大影响，但从整体看，拟合精度可以达到 89%，估测生物量与实测生物量的差值约为 5.39g/m³，拟合效果理想，认为拟合模型是有效的。

**表 5.14　MODIS 估测生物量模型结果验证**

| 序号 | 实测值/（g/m³） | 估测值/（g/m³） | 相对误差% | 序号 | 实测值/（g/m³） | 估测值/（g/m³） | 相对误差% |
|---|---|---|---|---|---|---|---|
| 1 | 722.16 | 866.52 | 19.99 | 8 | 515.82 | 506.28 | 1.85 |
| 2 | 865.24 | 878.82 | 1.57 | 9 | 554.7 | 605.55 | 9.17 |
| 3 | 688.08 | 836.3 | 21.41 | 10 | 463.04 | 417.03 | 9.94 |
| 4 | 615.93 | 571.31 | 7.24 | 11 | 448.73 | 464.26 | 3.46 |
| 5 | 821.69 | 878.82 | 6.95 | 12 | 463.04 | 417.03 | 9.94 |
| 6 | 835.67 | 982.43 | 17.56 | 13 | 384.13 | 428.84 | 11.64 |
| 7 | 729.29 | 890.36 | 22.09 | 14 | 336.49 | 336.81 | 0.09 |

格局分析：由于地域跨度大，不同区域生物分异显著，1km 分辨率的生物量数据在大尺度空间上表现出较为连续的分布特征，根据公式推导，得到 MODIS 空间生物量估测值，将色林错流域全年生物量分为 13 个等级（图 5.16），统计分析发现，300~400kg/hm² 的面积比例最高，占全区草地总面积的 42.7%，其次为 400~500kg/hm²，面积占 17%（图 5.17）。色林错流域由南向北呈逐渐减少的分布格局，东南部地区形成以巴扎乡、塔尔玛乡、新吉乡为中心的高值地带，并向北部逐渐递减。色林错流域地上干生物量主要在 200~2000kg/hm² 变化，高寒草甸生物量为高寒草原生物量的 2~3 倍，而高寒荒漠草原生物量基本控制在 800kg/hm² 之内。各等级生物量分布具有一定的地带性分布规律，尼玛

县西北部为无人区，居民较少，生物量值较低，一般为 200~300kg/hm²，而沿格仁错流域延伸到申扎杰岗山西部的狭长地带生物量为 500kg/hm² 之间，而生物量较高的地区分布在环绕塔尔玛乡北部的他玛藏布、你阿章藏布和南部的准部藏布、拉曲河流，以及东部以仁错贡玛、仁错约玛湖泊为中心的地区，地上干生物量均值多为 600~900kg/hm²，甚至达到 900kg/hm² 以上。

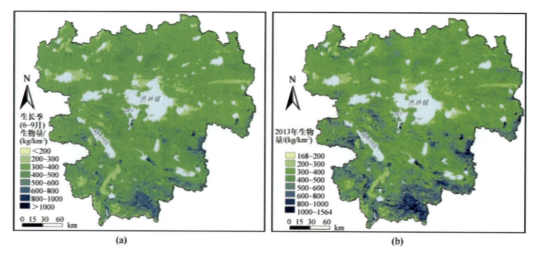

图 5.16    色林错流域 2013 年生物量和生长季（6~9 月）生物量分级图

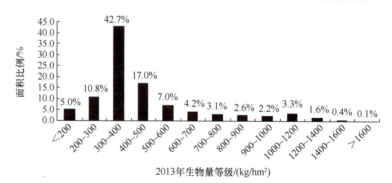

图 5.17    不同等级生物量面积百分比

藏北高寒草地生物量是随着季节的变化而增多或减少的，在 1~4 月旱季、少雨季节、比较寒冷，生物量最高值为 899kg/hm²（图 5.18），最高值基本分布在准部藏布周边；到了 5 月气温有所增加，最高值可以达到 972kg/hm²；生长季 6~9 月来临时草地生物量逐步增多，生物量最高值为达到 2200kg/hm²，最高值多发生在准部藏布、你阿章藏布和仁错贡玛附近，10 月之后生物量数据有所回落，最低生物量仅有 104kg/hm² 左右（图 5.19），最低值出现在尼玛县多玛乡、俄久乡及 301 省道。草地生物量变化明显区主要发生在水源地、湖泊等高寒沼泽草甸区域，其他草原地变化幅度较小。有部分高寒草原和荒漠草原受唐古拉山脉地形、气候等自然条件干扰，有些影像中的冰雪覆盖区（季节性积雪）影响生物量的实际监测量值。

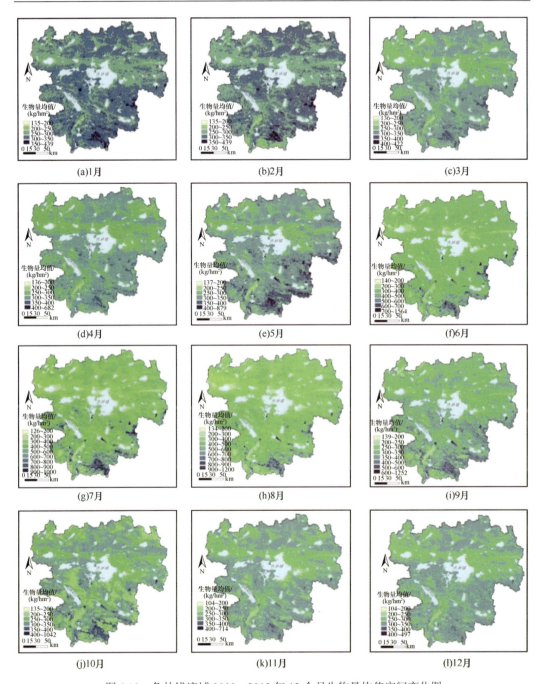

图 5.18　色林错流域 2000—2013 年 12 个月生物量均值空间变化图

2000~2013 年，藏北高原色林错流域呈缓慢上升趋势，仅在 2007 年和 2010 年生长季时生物量呈减少趋势，均值分别为 404 kg/hm² 和 424 kg/hm²，其他年份基本在 440 kg/hm² 之间变动，最高值变化在 2200 kg/hm² 之间（图 5.20）。藏北高原色林错流域 2000~2013 年生长季 6~9 月中生物量最大值为 2700 kg/hm²（图 5.21），均值为 2272 kg/hm²。沼泽和高寒草甸类为高寒草地生物量比较高的类型，生长季时生物量值能够达

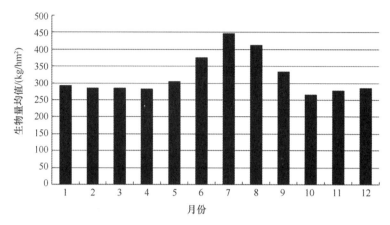

图 5.19　那曲地区 2000~2013 年 12 个月生物量均值变化

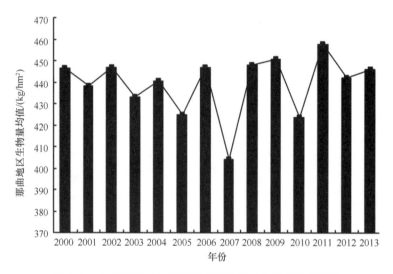

图 5.20　藏北高原色林错流域多年生长季生物量均值变化

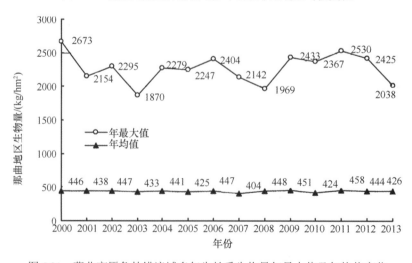

图 5.21　藏北高原色林错流域多年生长季生物量年最大值及年均值变化

到 2000 kg/hm²。2000~2010 年，高寒草地生物量均值为 407 kg/hm²，高寒草甸生物量均值为 446.3 kg/hm²，高寒草原为 407.7 kg/hm²，高寒荒漠草原为 347.2 kg/hm²。本书研究中的藏北高原以高寒草原和高寒草甸草原为主，面积占色林错流域的 87.65% 之多，其次为沼泽草甸和高寒荒漠草原，本书计算了色林错流域的多年生物量均值为 439 kg/hm²，与冯琦胜等（2011）估算的 2001~2010 年色林错流域草地生长状况相吻合。随着海拔的升高，水热梯度分异，草地类型逐渐由高寒草甸过渡到高寒草原，再过渡到高寒荒漠，草地生物量也出现明显的垂直分异现象。4400m 以下草地生物量一般高于 800kg/hm²，是藏北高原草地生物量的高值区，也是高寒草甸的主要分布区；4400~4600m 草地生物量迅速下降到 500kg/hm² 左右，该区域正是高寒草甸向高寒草原的过渡区；5000m 以上草地生物量平均值为 400kg/hm² 左右，且垂直差异不大。

### 5.1.3　气候变化对青藏高原湿地生态系统碳源汇功能的影响

全球变暖已经改变并继续改变着陆地生态系统的结构和功能，生态系统碳交换的动态变化不仅是对这种气候变化的响应，其本身也通过改变生物圈碳循环过程而反馈作用于气候系统（Oreskes，2004）。生态系统碳交换是生物地球化学循环中的关键过程之一，对全球大气二氧化碳平衡及变化具有重要作用。气温升高和降水变化共同驱动着高寒湿地生态系统的动态变化。因此，研究增温和水位变化对生态系统碳交换各个组分的影响，不仅有助于正确认识和理解陆地生态系统碳平衡对气候变化的响应、完善碳循环的动态平衡机制，而且对如何科学应对气候变化和人类干扰的双重影响也具有重要意义（Klein et al.，2004，2008）。目前，针对青藏高原气温和降水变化及两者的相互作用对草地生态系统碳交换及其组分影响的研究日益增多（周华坤等，2000，2008；李英年等，2004；赵新全，2009；李娜等，2011；Wang et al.，2012），对高寒湿地的研究相对较少。

在全球碳循环乃至大气温室气体平衡（GHG）的研究中，高寒沼泽湿地是一个虽小但不容忽视的组分。青藏高原是研究生态系统对气候变化响应的天然实验室，这种极端环境下的植被和土壤对水分和温度的变化尤为敏感。藏北高原是青藏高原的核心，面积约占西藏土地面积的 3/5，平均海拔在 4500m 以上，气候严寒干燥，降水量少，蒸发量大，沼泽湿地多分布于地势低洼的湖滨和山间盆地。其主要代表物种为耐湿耐寒的嵩草属，包括藏北嵩草、矮生嵩草等（图 5.22）。

近 50 年来，藏北的气温上升、降水量增加，蒸散减弱，增温幅度达到 0.397℃/10a，降水增幅达到 13 mm/10a，高于西藏的平均增温幅度。藏北高原的气候变化还存在着自身的特点，增温表现出非对称性，冬季和夜间升温是主要原因，冬季平均气温呈现为逐年代升高的趋势，近三十年来冬季增温更为强烈，冬季增温比西藏其他区域显著。为认识气候变暖和人为干扰对青藏高原东缘高寒草甸生态系统碳交换的影响，本试验采用开顶式气室法（open top chamber，OTC）来模拟气候变暖，同时采用空间水位条件不同模拟水分条件变化，目的是通过研究增温和水分变化对生态系统碳交换各组分（即净生态系统碳交换、生态系统呼吸、生态系统光合及土壤呼吸速率）的影响，揭示气候变化的相关生态学过程。

(a)藏中-拉萨　　　　　　　　　　　　　(b)藏北-阿里

(c)藏南-日喀则　　　　　　　　　　　　(d)藏北-那曲

图 5.22　西藏高寒湿地野外调查实例图片

　　野外实验在中国科学院成都山地灾害与环境研究所藏北申扎高寒草原与湿地生态系统观测试验站（30°57′29″N，88°42′41″E，海拔为 4675m）进行。格仁错湖区南面分布着中高山区，海拔一般为 5000~5600m，高差 500~1100m；湖区周围广泛分布着低山丘陵区，并呈较窄的长条形延伸，四周山地和高低发育的河流汇入格仁错，河流进入湖盆后，因地势低平，水流漫散或排水不畅，加之潜水溢出带的影响，在近山麓和沿河岸带形成众多沼泽湿地。沼泽地表常有季节性积水，土壤主要为泥炭沼泽土、草甸沼泽土和腐殖质沼泽土。该区域植被群落以藏北嵩草为优势种群，伴生有莎草科、毛茛科、景天科植物种群（表 5.15）。

## 1. 水位变化对高寒沼泽湿地碳排放的影响

### 1）研究方法

　　按水分条件将样区分为 3 种类型：常年积水区（PW）、季节性积水区（SW）（每年6~10 月积水）和无积水区（NW）。藏北高原雨热同期，7~9 月为植物生长季且雷雨天气多，选取天晴且无雨的早上（8:00~11:00）采样。$CO_2$ 及 $CH_4$ 通量采用静态箱法测定，连测两年，同时测定土壤水分。

表 5.15　藏北高寒湿地植物群落实验样地主要植物种群名称

| 序号 | 种名 | 科名 | 属名 |
|---|---|---|---|
| 1 | 藏北嵩草 *Kobresia littledalei* C. B. Clarke | 莎草科 Cyperaceae | 嵩草属 *Kobresia* |
| 2 | 青藏薹草 *Carex moorcroftii* Falc. ex Boott | 莎草科 Cyperaceae | 薹草属 *Carex* |
| 3 | 矮生嵩草 *Kobresia humilis* | 莎草科 Cyperaceae | 嵩草属 *Kobresia* |
| 4 | 海乳草 *Glaux maritima* L. | 报春花科 Primulaceae | 海乳草属 *Glaux* L. |
| 5 | 柔小粉报春 *Primula pumilio* Maxim. | 报春花科 Primulaceae | 报春花属 *Primula* |
| 6 | 蕨麻委陵菜 *Potentilla anserina* L. | 蔷薇科 Rosaceae | 委陵菜属 *Potentill* |
| 7 | 三裂碱毛茛 *Halerpestes tricuspis* | 毛茛科 Ranunculaceae | 碱毛茛属 *Halerpestes Green* |
| 8 | 西藏蒲公英 *Taraxacum tibetanum* Hand.-Mazz. | 菊科 Compositae | 蒲公英属 *Taraxacum* |
| 9 | 川藏风毛菊 *Saussurea stoliczkae* | 菊科 Compositae | 风毛菊属 *Saussurea* |
| 10 | 草甸雪兔子 *Saussurea thoroldii* Hemsl. | 菊科 Compositae | 风毛菊属 *Saussurea* |
| 11 | 腺毛萎软紫菀或者萎软紫菀-腺毛亚种 *Aster flaccidus* Bge. subsp. glandulosus | 菊科 Asteraceae | 紫菀属 *Asters* L. |
| 12 | 藏豆 *Stracheya tibetica* | 豆科 eguminosae | 藏豆属 *Stracheya* |
| 13 | 中亚早熟禾 *Poa litwinowiana* Ovcz. | 禾本科 Gramineae | 早熟禾属 *Poa* Linn. |
| 14 | 羊茅 *Festuca ovina* L. | 禾本科 Gramineae | 羊茅属 *Festuca* |
| 15 | 兔耳草 *Lagotis* Gaertn | 玄参科 Scrophulariaceae | 兔耳草属 *Lagotis* |
| 16 | 篦齿眼子菜 *Potamogeton pectinatus* L. | 眼子菜科 Potamogetonaceae | 眼子菜属 *Potamogeton* Linn. |

**2）研究结果**

$CO_2$ 和 $CH_4$ 排放的实验结果如图 5.23 所示。

不同水位梯度的生长季，$CO_2$ 和 $CH_4$ 的释放通量排序为无积水区（NW）>季节性积水区（SW）>常年积水区（PW）。在无积水区，$CO_2$ 和 $CH_4$ 通量的季节变化趋势一致，呈单峰的先增加后降低趋势，最高点分别出现在 7 月 16 日和 8 月 23 日。在季节性积水区，$CO_2$ 和 $CH_4$ 通量的季节变化趋势呈先增加后降低趋势，有最高峰，最高点均出现在 6 月 20 日左右。在常年积水区，$CO_2$ 和 $CH_4$ 通量的季节变化趋势均呈先增加后降低趋势，有最高峰，最高点出现在 6 月 18 日和 6 月 14 日左右。在无积水区，$CO_2$ 和 $CH_4$ 日排放量呈单峰的先增加后降低趋势，最高点出现在 14 点左右。在季节性积水区，积水后 $CO_2$ 和 $CH_4$ 日排放量日变化较小，几乎没有峰值。总的来说，随着水位的增高，$CO_2$ 和 $CH_4$ 日排放量和季节排放量均呈减少趋势。

**2. 水位变化对高寒沼泽湿地碳氮储量的影响**

**1）研究方法**

采样方法同 1. 水位变化对高寒沼泽湿地碳排放的影响。

计算方法如下：

土壤剖面第 $i$ 层有机碳和总氮的密度（SOCD 和 TND，$kg/m^3$）与单位面积一定深度内有机碳和总氮储量（SOCS 和 TNS，$kg/a$）的计算公式为

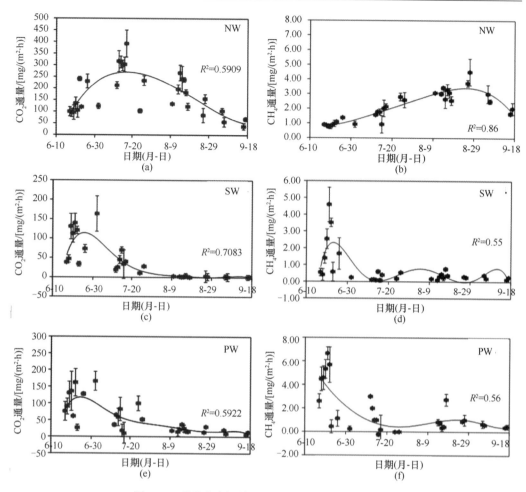

图 5.23　藏北高寒湿地 $CO_2$ 和 $CH_4$ 的生长季节排放

NW，无积水区；SW，季节性积水区（水位 2~5cm）；PW，常年积水区（水位 25~30cm）

$$SOCD_i = SOC_i \times BD_i \tag{5.5}$$

$$TND_i = TN_i \times BD_i \tag{5.6}$$

$$SOCS = \sum_{i=1}^{n} SOCD_i \times d_i \tag{5.7}$$

$$TNS = \sum_{i=1}^{n} TND_i \times d_i \tag{5.8}$$

式中，$BD_i$ 为第 $i$ 层土壤容重（$g/cm^3$）；$SOC_i$ 和 $TN_i$ 分别为第 $i$ 层土壤有机碳和总氮含量（$g/kg$）；$d_i$ 为第 $i$ 层土壤厚度（cm）。

**2）研究结果**

经初步分析可知，藏北高寒沼泽湿地的土壤基本理化性质见表 5.16，土层含水率随土层深度变化的规律如图 5.24 所示。

表 5.16　藏北申扎高寒沼泽湿地土壤基本理化性质

| 土壤属性 | 无积水区 | 季节性积水区 | 常年积水区 |
|---|---|---|---|
| 体积含水率（TDR）/% | 45.18 | 53.83 | 59.80 |
| pH | 8.55 | 8.67 | 9.01 |
| 容重/（g/cm³） | 0.99 | 0.82 | 0.69 |
| 有机碳/（g/kg） | 14.17 | 9.81 | 6.84 |
| 全氮/（g/kg） | 1.04 | 0.66 | 0.58 |
| C∶N | 13.39 | 14.73 | 12.49 |

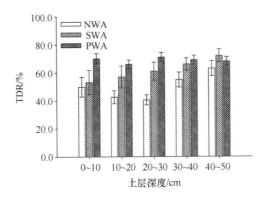

图 5.24　不同水分条件下藏北高寒沼泽土层体积含水率（TDR）的垂直分布情况

NW，无积水区；SW，季节性积水区；PW，常年积水区

　　不同水分条件下，各土层体积含水率的平均值表现为常年积水区>季节性积水区>无积水区（表 5.16），而且各土层体积含水率随土层深度的变化趋势不同。在无积水区，0~50cm 野外实测的土层体积含水率随着土层深度的增加呈现先减小后增大的趋势，20~30cm 是 0~50cm 土层中体积含水率最小的，0~10cm 土层含水率大于 10~20cm 土层，这与研究区域生长季经常性雷阵雨天气有关；在季节性积水区，0~50cm 土层体积含水率随着土层深度的增大而增大；在常年积水区，各土层体积含水率变化不大（图 5.24）。

　　3 类水分条件下的土壤有机碳和总氮含量差异显著（$P<0.05$），其平均值均为常年积水区<季节性积水区<无积水区。各土层剖面的土壤碳氮含量变化规律相似，但下降的幅度略有差异。在无积水区，湿地土壤碳氮含量随着土层深度的增加而明显减少；在季节性积水区，湿地土壤碳氮含量随着土层深度的增加而略有减少；在常年积水区，不同土层深度的土壤碳氮含量变化不大。0~10 cm 土壤有机碳含量差别较大，排序为无积水区（31.35 g/kg）>季节性积水区（14.82 g/kg）>常年积水区（7.22 g/kg）；0~10 cm 土壤总氮含量排序为无积水区（2.23 g/kg）>季节性积水区（0.97 g/kg）>常年积水区（0.59 g/kg）；3 类水分条件下，40~50 cm 土层有机碳和总氮含量均差别不大，分别约为 6.20 g/kg 和 0.51 kg/kg（图 5.25）。

　　不同水分条件下的藏北高寒嵩草沼泽湿地土壤有机碳和全氮密度都很低。无积水区、季节性积水区和常年积水区 0~50cm 的有机碳储量分别为 7.60 kg/a、4.11 kg/a 和 2.35 kg/a，全氮储量分别为 0.56 kg/a、0.28 kg/a 和 0.19 kg/a。随着土层深度的加深，不同水分条件下的土壤有机碳和全氮密度也随之变化，变化趋势与土壤有机碳和全氮含量变化趋势一致，无积水区的湿地土壤碳氮密度随着土层深度的增加而明显减小，季节性积水区的土壤碳氮密度随着土层深度的增加而略有减小，常年积水区的土壤碳氮密度在不同土层深度变化不大（图 5.26）。

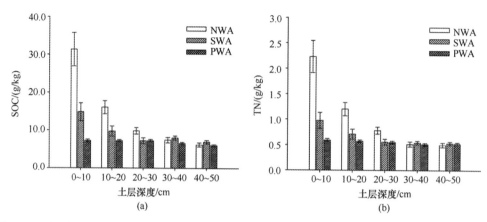

图 5.25　不同水分条件下藏北高寒沼泽湿地土壤有机碳（SOC）和总氮含量（TN）的垂直分布规律

NW，无积水区；SW，季节性积水区；PW，常年积水区

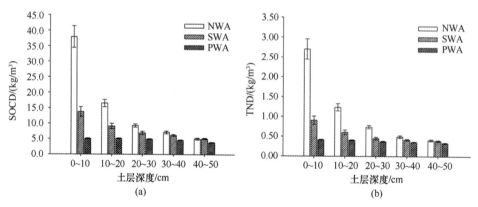

图 5.26　不同水分条件下藏北高寒沼泽湿地土壤有机碳密度（SOCD）和全氮密度（TND）的分布规律

NW，无积水区；SW，季节性积水区；PW，常年积水区

3 种水分条件下，0~10cm 的表层土壤有机碳和全氮密度差别较大，40~50cm 土层深度的土壤碳氮密度几乎已经降到一致。对于无积水区湿地来说，土壤有机碳和全氮集中分布 0~30cm 土壤内，有机碳和总氮的密度为 6.38kg/m³ 和 0.47kg/m³，分别占 0~50cm 土壤剖面总密度的 84.01% 和 83.94%；对于季节性积水区湿地来说，0~30cm 有机碳和总氮的平均密度为 4.11kg/m³ 和 0.20kg/m³，分别占 0~50cm 土壤剖面总密度的 72.67% 和 70.98%。对各土层土壤有机碳和总氮密度作差异显著性检验的结果表明，无积水区五层土壤有机碳和全氮的密度均差异显著（$P<0.05$），季节性积水区 0~30cm 内的有机碳和全氮密度分层差异显著（$P<0.05$），其余两层差异不显著（$P>0.05$）。对于常年积水区湿地来说，0~50cm 各层土壤有机碳和全氮的密度差异均不显著（$P>0.05$），说明不同

水分条件对表层土壤有机碳和全氮密度有较大影响,而对中下层土壤的有机碳和全氮密度影响较小。

在无积水区和季节性积水区,有机碳(SOC)和全氮(TN)的垂直分布均表现为表土层(0~10cm)含量最高,沿土壤剖面呈下降趋势,同一水位梯度下,水分和气温同时影响土壤碳氮的垂直分布,低气温抑制表层土壤呼吸,使得表层碳氮输出量减少。随着土层的加深或者水位的增高,土壤的过湿环境加剧,土壤的碳氮储量逐渐减小。总体而言,随着水位梯度的升高,高寒湿地土壤碳氮含量逐渐减少。

### 3. 短期增温对高寒沼泽湿地碳排放的影响

#### 1)研究方法

根据现场试验条件,模拟气温升高不同梯度下沼泽湿地的碳交换过程。增温试验采用国际冻原计划(International Tundra Experiment,ITEX)普遍采用的一种被动增温法——开顶式气室法(opentop chamber,OTC)完成,在试验区架设小型气象站采集试验区室外气象数据。增温类型分为 3 类,利用不同的 OTC 高度实现,垂直地面高度分别为 60cm、80cm、100cm。不同气温条件下,对 OTC 内近地表空气温湿度、太阳辐射、土壤不同深度处温度、水分含量进行观测记录,测定高寒沼泽湿地土壤的气体通量、生物量、净碳交换通量、不同深度土壤温度和水分含量。

在申扎高寒草原与湿地生态系统观测试验站的试验用地中选取地势平坦、植被分布相对均一的高寒沼泽湿地(20m×20m)作为试验样地,在试验样地内随机布设增温样方和对照样方各 3 个(2m×2m)。$CO_2$ 及 $CH_4$ 通量采用静态箱法测定,目前连续监测两年。

#### 2)研究结果

短期增温后,增温装置运行参数见表 5.17。由于 OTC 的增温作用,在整个生长季内,沼泽湿地月平均气温分别较对照提高 1.41℃(OTC60)、1.60℃(OTC80)和 2.42℃(OTC100),5cm 处土层温度分别增加 1.63℃(OTC60)、1.82℃(OTC80)和 2.40℃(OTC100),5cm 处土层水分分别减少 40.36%(OTC60)、53.82%(OTC80)和 63.27%(OTC100)。随着 OTC 高度的增加,5cm 的土层温度升高,变化更显著的是土层水分,均减少 40%以上。对土层温度和湿度的影响已经超过 25cm(表 5.17)。

表 5.17　藏北 OTC 增温梯度基本参数

| 类型 | 气温/℃ | 土层(5cm)温度/℃ | 土层(15cm)温度/℃ | 土层(25cm)温度/℃ | 土层(5cm)水分/(m³/m³) | 土层(15cm)水分/(m³/m³) | 土层(25cm)水分/(m³/m³) |
|---|---|---|---|---|---|---|---|
| OTC 60 | 12.594 | 14.381 | 13.339 | 11.880 | 0.164 | 0.140 | 0.167 |
| OTC 80 | 12.790 | 14.575 | 13.643 | 12.106 | 0.127 | 0.119 | 0.165 |
| OTC 100 | 13.607 | 15.154 | 13.995 | 12.480 | 0.101 | 0.112 | 0.162 |
| OTC 外 | 11.187 | 12.753 | 12.117 | 11.485 | 0.275 | 0.269 | 0.284 |

生长季 OTC 内外 $CO_2$ 和 $CH_4$ 排放结果如图 5.27 所示。模拟增温两个生长季后,与对照样地相比,生长季两种气体的排放通量增大。

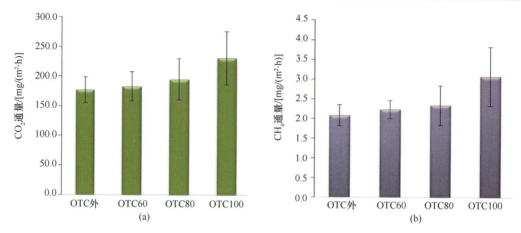

图 5.27  不同增温条件下藏北高寒沼泽湿地生长季土壤碳排放情况统计

Outdoors 代表 OTC 的外部环境；OTC60、OTC80、OTC100 分别代表不同高度的增温梯度

## 4. 短期增温对高寒沼泽湿地碳储量的影响

### 1）研究方法

同 3. 短期增温对高寒沼泽湿地碳排放的影响。

另测定植物群落结构及土壤有机碳含量、地上生物量及地下生物量。

### 2）实验结果

3 种增温梯度下，总生物量均增加。生长季 OTC 内外地上、地下生物量对比结果如图 5.28 所示，土壤有机碳对比结果如图 5.29 所示。

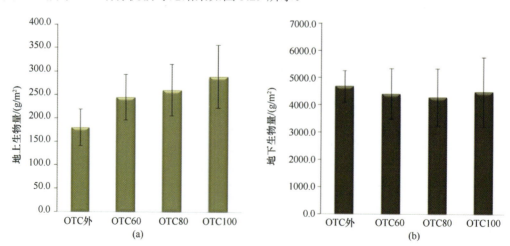

图 5.28  不同增温条件下藏北高寒沼泽湿地生长季植物地上、地下生物量情况统计

Outdoors 代表 OTC 的外部环境；OTC60、OTC80、OTC100 分别代表不同高度的增温模式

模拟增温两个生长季后，受温度升高的影响，植物地上生物量明显增加，地下生物量变化不显著；土壤有机碳储量变化不显著。模拟增温两个生长季后，受温度升高的影

响，与对照样地相比，群落种群高度、密度、盖度、频度和重要值均发生一定改变。增温处理使高寒湿地莎草科（藏北嵩草、矮生嵩草等）和报春花科（海乳草、柔小粉报春等）盖度减少，使菊科（西藏蒲公英、川藏风毛菊等）和禾本科（中亚早熟禾、羊茅等）盖度略有增加。

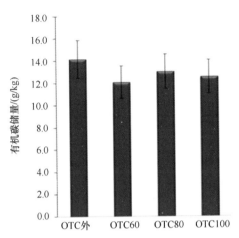

图 5.29　不同增温条件下藏北高寒沼泽湿地生长季土壤有机碳分布情况统计

Outdoors 代表 OTC 的外部环境；OTC60、OTC80、OTC100 分别代表不同高度的增温模式

目前，关于高寒生态系统碳交换过程的研究日益增多，众多学者越来越关注气候变化影响下青藏高原的特殊性。但是随着区域和实验方式的不同，研究结果的差距很大。本实验部分总体研究结果表明，在实验期，增温和水位显著影响了高寒湿地生态系统碳交换的各个组分，并呈现不同的变化趋势。增温促进了生态系统碳交换，增加了生态系统呼吸和土壤呼吸，增加了植物群落生物量，增加了季节性平均净生态系统碳交换和生态系统光合作用效率，这种效果在生长季尤为明显。水位增高降低了生态系统呼吸和土壤呼吸，改变了植物群落结构，使其由陆生植物向水生植物演替，减少了植物群落生物量，从而降低了季节性平均净生态系统碳交换。增温和放牧总体上存在显著的交互作用，在一定条件下增温和水分增加的作用可能有相互抵消的效应，长期增温结果还有待于后续观测。

## 5.2　气候与非气候因素对湿地生态系统影响区分

### 5.2.1　气候变化对湿地生态系统的影响

#### 1. 青海湖流域

#### 1）对草地的影响

在整个青海湖流域广泛分布着高寒草甸和牧草，其生产力水平受自然环境的制约极为明显，尤其受降水的影响极大。当线性升温率达到 0.28℃/10a，降水量呈波动变化、无明显增加时，植被的蒸散力大于降水的补给量，干旱胁迫加重；因此，水分成为高寒草甸及牧草生长的限制因素。因而，从某种意义上讲，如果气温上升，降水量无明显增长趋势，将造成高寒草甸分布区域地表及植被蒸散力的加大；而降水的增长明显滞后，整个流域干旱现象明显，水分不足终将限制高寒草甸及牧草生产力的提高（陈亮等，2011）。

牧草返青期的早晚与上一年度的气候、土壤水分储存量及牧草生长状况有关。在牧草返青期，春季环青海湖地区大风天气多，加剧了土壤水分的蒸发，浅层土壤水分处于低值期，但深层 40~60cm 土壤水分会不断向浅层输送，储存在 40~60cm 土层中的土壤水分可能来自上一年度土壤封冻前土壤水分储存，其主要取决于上一年度秋季降水量（张国胜等，1999）。就环青海湖地区而言，牧草返青所需的光照条件容易得到满足，但水分和温度条件会成为返青的关键因子，所需的水分除了当月降水能给予部分补给外，主要依赖于根系土壤中储存的水分；而牧草的枯黄期与前期生长状况，秋季温度和水分条件相关密切。近四十四年来，春季气温回升速度趋缓，影响到牧草返青期至生长前期，而秋季降温趋于加快，常影响到牧草的后期生长及枯黄期。冬、春、秋 3 个季节降水变率增大，冬季降水变率增大了雪灾的概率，还会影响次年春季草地土壤墒情，春季降水的波动将会影响牧草的正常返青，秋季降水变率会影响土壤封冻前的底墒，从而影响次年牧草生长季前期深层土壤水分向浅层土壤水分的补给，夏季降水量年际波动时空分布不均，使牧草在营养期生长不良。

由于环青海湖地区属半干旱、半湿润地区，生长季降水量通常不能满足牧草生长发育的要求，加之近几十年来气温显著升高，且降水变率大，铁卜加站和海晏站年降水量最大变率分别为 44%和 36%，造成牧草地上生物量年际间有较大波动。一般情形下，牧草生物量与降水量呈正相关，海晏站和铁卜加站牧草地上生物量与当年总降水量存在线性关系，相关系数分别为 0.56 和 7.8（李凤霞和伏洋，2008）。

另有研究表明，2000~2010 年青海湖流域草地净初级生产力（net primary productivity，NPP）年际变化明显，近十一年呈现出明显的增加趋势，增加区域主要分布在环湖地区；年内季节变化显著，夏季 NPP 占到全年的 57.36%；通过对 NPP 和气象站点太阳辐射、气温、降水数据进行相关性分析，发现影响青海湖流域草地 NPP 变化的主要驱动力是气温（郑中等，2013）。

### 2）对湿地的影响

引起湿地景观改变的原因之一是温度和降水量的变化，而温度的变化又影响着水面蒸发的强度。青海湖流域温度的不断升高导致蒸发面饱和水汽压不断增大，饱和差越大，蒸发就越快，从而导致湿地面积减少。青海湖流域 3 个站中天峻站年平均温度在 20 年间上升了 2.05℃，年平均升高约 0.1℃，由于布哈河上游的天峻站温度上升幅度较快，导致布哈河源头的冰川积雪、季节性河流和永久性河流湿地大面积萎缩。从 1990~2010年青海湖流域天峻站、海晏站和刚察站的年降水量可以看出（祁永发，2012），青海湖整个流域的降水分布情况比较复杂。流域降水的时空分布受到"湖泊气候效应"的影响。据对站点历年和同年各站资料的对比分析，3 个站的降水量在 20 年间变化不均匀，但是总体上降水量都有所增加，天峻站的降水量增加是最快的，但是变化也是最复杂的，基本上没有规律可循；海晏站降水量的增加不是太明显，从 2001 年开始刚察站和海晏站降水量基本上都在增加，尤其是刚察站降水量增加较快，但是从 2009 年开始 3 个站点的降水量减少。天峻站和刚察站的降水量增加较快，其中布哈河发源和流经天峻县，沙柳河、哈尔盖河发源和流经刚察县，并且都是这两个县的主要河流，灌丛沼泽和草甸沼泽也集中分布在该河流流域内，降水的增多使湿地面积有所增加，尤其是使草甸沼泽面积有所增加。

**3）对青海湖的影响**

1976~2004 年的气象资料表明，年降水量总体上呈先升后降的趋势，年降水量波动很大，但下降幅度不大，因此，降水量变动不是青海湖水位下降的主要原因。气温变化则是影响青海湖水量变化的主要原因，在降水量不变的前提下，气温升高 4℃，径流量则减少 15%左右（杨川陵，2007）。近 50 年以来，青海湖流域出现的持续增温趋势，使湖区小气候向暖干化方向发展，导致湖泊面积下降、水位降低。冯钟葵和李晓辉（2006）分析了 1986~2005 年青海湖水域面积与同期湖区气象因子的关系，发现湖区水域面积与地表蒸发量、气温及地表温度的年度变化呈负相关，且变化的趋势有较好的一致性。同时，青海湖湖面面积与区域降水、气温和蒸发量的主成分分析、回归分析的结果显示，青海湖地区降水量减少、气温升高、蒸发量增加是近期湖水面积逐年减少的主要原因（刘瑞霞和刘玉洁，2008）。青海湖水位变化与降水量的相关关系表明，当年青海湖水位变化量与上一年不同强度降水的累积量呈显著正相关关系，说明湖水水位受降水量滞后的影响（伊万娟等，2010）。2004 年以来，湖水水位的逐渐上升，体现出青海湖流域气候变化逐渐由"暖干"向"暖湿"化方向发展（白爱娟等，2014）。

## 2. 三江源区

### 1）对冰川、冻土的影响

近几十年来，气候变暖和降水减少造成三江源区水环境恶化，其中三江源区冰川呈现不同程度的退缩，部分冰川开始出现消融、雪线上移的现象，20 世纪 90 年代比 80 年代后退 500~1000m，雪线上升 50~300m；沱沱河和当曲河源的冰川退缩速率分别为每年 8.25m 和 9m，退缩率达 8.30%~9.9%；长江源各拉丹冬的岗加曲巴冰川的冰舌部的冰舌末端，1970~1990 年至少后退了 500m，年均后退 25m（表 5.18）（徐小玲，2007）。

表 5.18　长江、黄河源区典型冰川面积变化

| 区域 | 冰川类型 | 年份 | 冰川面积/km² | 变化面积/km² | 面积变化率/% |
|---|---|---|---|---|---|
| 长江源各拉丹冬冰川区 | 极大陆型冰川 | 1969 | 915.57 | | |
| | | 2000 | 899.98 | −15.59 | −1.7 |
| 黄河源阿尼玛卿山冰川区 | 亚大陆型冰川 | 1969 | 125.5 | | |
| | | 2000 | 103.8 | −21.7 | −17.3 |

　　长江源区河流水量主要由降水及冰川融雪补给，由于全球气候变化的影响，冰川退缩使冰川融雪增多，其径流的 80%靠冰川融雪补给，冰川进退变化对沱沱河径流年际变化影响较大，从而增加了河流径流的补给量，与整个河源区的情况不一样的是，沱沱河年径流量（以 5~10 月的累计代替）呈增加趋势，这主要是因为冰川加速消融的速度超过了降水减少的速度（吕爱锋等，2009）。

　　进入 21 世纪后，长江源区春季平均气温降低，夏、秋季平均气温升高趋缓，而冬季增温趋势十分明显。近二十年来，长江、黄河两大源区受气候变暖的影响，江河源区多年冻土总体上保存条件不利，区域上呈退化趋势。岛状多年冻土和季节冻土区年均浅层（0~40 cm）地温升高 0.3~0.7℃，大片冻土区连续多年升幅较小，为 0.1~0.4℃。多年冻土上限以 2~10 cm/ a 的速度加深（杨建平等，2004）。

### 2）对草地（草原草甸）的影响

　　三江源保护区内主要的生态系统类型为占 65.4%的草地（高寒草原草甸），其属高寒气候，地表风化强烈、土层薄、质地粗，气候寒冷，植物生长期短，自身的调节能力很弱，恢复能力极差，生态系统极为脆弱和敏感，源区主要受气候暖干化趋势的影响，草地覆盖度退化明显，"黑土滩"现象随处可见。2002~2010 年，三江源区的草地 NPP 总体上呈现出略微增加的趋势，2010 年草地 NPP 平均值为 497.923g/a，与 2002 年草地 NPP 平均值 477.539 g/a 相比较，增加了 4.27%，但 2002~2010 年，三江源草地 NPP 分布极不平衡，2005 年和 2008 年分别有两次明显的下降，下降幅度分别为 0.837%和 3.14%；而在 2006 年有一次明显的升高，与 2005 年相比较增加幅度为 3.279%；2008~2010 年，三江源草地的 NPP 呈现出逐渐增加的趋势，增加幅度达 4.89%（李惠梅等，2014）。

　　三江源地年均 NPP 与年均气温（$T$）和降水量（$R$）的回归分析表明，三江源草地气温对 NPP 具有正效应，而降水量对气候生产潜力具有负效应；三江源草地的 NPP 主要受到气温的影响，水分则表现出微弱的限制作用；回归模型的弹性系数表明，年平均气温每升高或降低 1℃，将使三江源草地的 NPP 增加或减少 34.083g/a（李惠梅等，2014）。

$$NPP=34.083T-0.056R+362.398 \tag{5.9}$$

### 3）对沼泽湿地的影响

　　三江源区是世界上海拔最高、面积最大、湿地分布最集中的地区，湿地总面积达 7.33 万 km$^2$，沼泽湿地分布率大于 2.5%，三江源区是全球生态环境最为敏感和脆弱的地区之一。1977~2007 年，长江源区湿地变化与区域气候的灰色关联分析表明（刘华等，2013），年平均气温与沼泽湿地变化关联程度最高，关联度为 0.7649，其余几个因子对沼泽湿地消长变化的影响相对较小，但关联度也都在 0.5 以上，其与这段时期内区域气温明显升高、蒸发量和降水量略微增大、相对湿度基本稳定有关。同时，长江源区不同湿地类型与气候因子的关联度不完全相同（表 5.19），沼泽湿地与年平均气温关联度最大，而河流受相对湿度的影响最为显著；长江源区暖干化的气候变化趋势使沼泽湿地呈现出数量减少、质量退化的响应特征。

表 5.19　长江源区各湿地面积与气候因子关联度

| 气候因子 | 河流面积 | 湖泊面积 | 沼泽湿地面积 | 滩地面积 | 所有类型湿地 |
|---|---|---|---|---|---|
| 年平均气温 | 0.5984 | 0.6758 | 0.7649 | 0.679 | 0.7193 |
| 年降水量 | 0.7265 | 0.5705 | 0.5772 | 0.535 | 0.5777 |
| 年蒸发量 | 0.7503 | 0.5966 | 0.5853 | 0.5461 | 0.5866 |
| 相对湿度 | 0.8269 | 0.559 | 0.5618 | 0.5345 | 0.5609 |

三江源区沼泽湿地主要是沼泽化草甸和泥炭沼泽，区内受气候暖干化趋势的影响，出现沼泽植被衰亡，高寒沼泽化草甸草场演变为高寒草原和高寒草甸化草场、泥炭沼泽干涸等现象，沼泽湿地退缩的同时向大气中释放大量的温室气体，加快了气候变暖的速度。20 世纪 80 年代初黄河源区有沼泽面积 3895.2km²，90 年代面积减少到 3247.45km²，平均每年递减达 58.89km²，长江源区的沼泽湿地在杂多县、治多县及称多县分布较多，许多山麓及山前坡地上的沼泽湿地已停止发育，部分地段出现沼泽泥炭地干燥裸露的现象（徐新良等，2008）。从整体上看，三江源区中北部受气候暖干化的影响最为严重，沼泽化草甸向草原草甸转变、泥炭沼泽干涸是源区生态系统类型变化的典型特征，长江源区湿地退化最为严重，黄河源区湿地退化相对较弱。

**4）对径流的影响**

目前，三江源区河流量明显减少。例如，黄河上游年平均流量为 677m³/s，而 1990~1996 年年平均流量下降到 527m³/s，减少 22.2%。21 世纪初，黄河的年平均流量较 20 世纪 80 年代初减少了 24%，1992~1997 年共出现断流 69 次，特别是 1997 年首次在汛期出现断流，断流时间长达 226 天，成为历史上黄河断流最早、断流时间最长的一年（李林等，2004）。三江源区人口稀少，人类活动对下垫面要素的影响较小，三江源区中黄河源区的气候变化对径流的贡献率达到 70%，而人类活动的影响仅有 30%（常国刚等，2007），因此气候条件的变化就成为该地区径流变化的主要驱动要素，大气降水量是地表水资源的补给来源，径流的分布与降水分布基本一致（王菊英，2007）。降水和气温是气候变化的主要体现要素，气温的变化引起流域潜在蒸发和实际蒸发的变化，降水的年内与年际变化作用在下垫面上引起流域水分的垂向和横向再分布，从而影响流域径流的情势变化（张士锋等，2011）。

**5）对湖泊的影响**

扎陵湖与鄂陵湖水面的变化取决于两湖的补水与失水过程。两湖主要的补水来源是降水与地表径流，气候向暖干化方向发展使两湖区域降水趋于减少，但加快了黄河源区积雪冻土融水等，最终呈现出短期内增加了两湖补水量。从长期趋势来看，冰雪融水补给湖水，气候向暖干化方向发展，减少了冬季降水量；从 20 世纪 90 年代中期开始，黄河源头巴颜喀拉山积雪的减少趋势显著，而在黄河源区，春季径流靠冰雪融水补给 48%。降水量和积雪量减少导致对径流补给减少，在出湖径流保持不变时会使得两湖水面范围缩小。湖泊失水主要是由于湖面蒸发和出湖径流（张博等，2010）。

扎陵湖为典型的萎缩型湖泊，水面下降后形成裸露地表或发育植被，由于地表蒸发量小于水面蒸发量，2000~2007年湖泊萎缩地区蒸发量明显下降；而鄂陵湖萎缩面积较小，属于稳定型湖泊，湖泊变化区域蒸发量变化较小。湖泊萎缩区域的蒸发量变化显著，蒸发量对水体萎缩扩张的反应比较敏感（表5.20）（赵静等，2009）

表5.20　扎陵湖与鄂陵湖湖泊萎缩区域蒸发量变化统计

| 湖泊 | 面积变化 | 湖泊萎缩对应蒸发量 | | |
| --- | --- | --- | --- | --- |
| | | 2000年月蒸发量/mm | 2007年月蒸发量/mm | 变化率/% |
| 扎陵湖 | 31.67 | 364.94 | 306.65 | 15.97 |
| 鄂陵湖 | 0.95 | 370.97 | 342.31 | 7.73 |

## 3. 色林错流域

### 1）对冰川的影响

唐古拉山冰川是色林错流域内最大的冰川，冰川面积变化与生长季气温、非生长季气温、生长季降水量和生长季蒸发量相关性很强，利用距唐古拉山冰川较近的安多县气象站当年的气象资料与对应年的唐古拉山冰川面积进行相关分析，结果表明（图5.30），冰川面积与生长季气温、非生长季气温和生长季小型蒸发量呈显著线性负相关，与生长季降水量呈微弱正相关，说明气温升高、蒸发量增加导致冰川面积减小，而降水量增加虽然增加了冰川物质，但对于同期气温升高和蒸发量增加而言，并不能改变冰川萎缩的趋势。

以冰川面积（$G_S$）为因变量，以生长季平均气温（$T_生$）、非生长季平均气温（$T_非$）、生长季降水量（$P_生$）和生长季小型蒸发量（$E_生$）为自变量构建的线性回归方程[式（5.10）]显示，多元回归复相关系数$r=0.94$，说明回归方程拟合度较好。但回归方程未通过显著性检验（$P=0.221$），可能的原因是该回归方程采用2001年、2003年、2005年、2007年、2009年、2011年和2013年对应的变量构建了7个方程，而待估系数项和常数项共5个未知数，仅两个多余观测数，所以显著性稍差，在条件允许的情况下增加多余观测数，有望提高回归方程的显著性水平。

$$G_S=51.545+9.951T_生-8.250T_非+0.038P_生-0.097E_生 \tag{5.10}$$

将唐古拉山冰川面积与气象要素多年移动平均值做相关性分析发现，冰川面积与5年移动平均生长季气温、4年非生长季气温移动平均值和3年生长季小型蒸发量移动平均值高度相关（表5.21），且相关系数均大于唐古拉山冰川面积与对应的当年气象要素的相关系数。这一方面说明了当年气象要素的波动性和多年气象要素移动平均值所代表趋势的相对稳定性，另一方面也表明唐古拉山冰川面积的持续萎缩与区内气温升高和蒸发量增加具有重要的关系。

以冰川面积（$G_S$）为因变量，以5年生长季气温移动平均值（$T_{生5a}$）、4年非生长季气温移动平均值（$T_{非4a}$）和3年生长季小型蒸发量移动平均值（$E_{生3a}$）为自变量构建

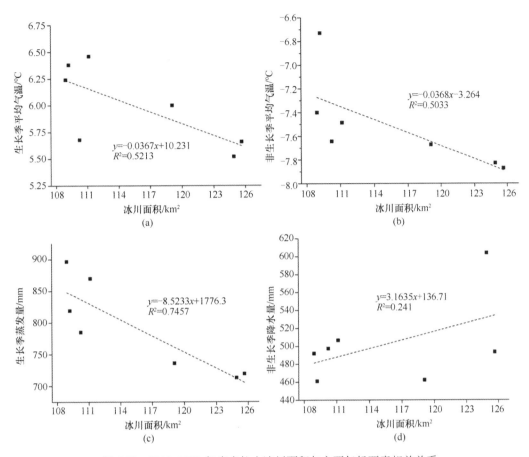

图 5.30　2001~2013 年唐古拉山冰川面积与主要气候要素相关关系

表 5.21　唐古拉山冰川面积与气象因子相关系数

| 气象因子 | 相关系数 | 气象因子 | 相关系数 |
|---|---|---|---|
| 2 年移动平均生长季气温 | −0.831 | 2 年移动平均非生长季降水量 | 0.511 |
| 3 年移动平均生长季气温 | −0.805 | 3 年移动平均非生长季降水量 | 0.361 |
| 4 年移动平均生长季气温 | −0.662 | 4 年移动平均非生长季降水量 | 0.786 |
| 5 年移动平均生长季气温 | −0.871 | 5 年移动平均非生长季降水量 | 0.722 |
| 2 年移动平均非生长季气温 | −0.798 | 2 年移动平均生长季小型蒸发量 | −0.89 |
| 3 年移动平均非生长季气温 | −0.849 | 3 年移动平均生长季小型蒸发量 | −0.946 |
| 4 年移动平均非生长季气温 | −0.88 | 4 年移动平均生长季小型蒸发量 | −0.74 |
| 5 年移动平均非生长季气温 | −0.839 | 5 年移动平均生长季小型蒸发量 | −0.712 |
| 2 年移动平均生长季降水量 | 0.531 | 2 年移动平均非生长季小型蒸发量 | −5.35 |
| 3 年移动平均生长季降水量 | 0.448 | 3 年移动平均非生长季小型蒸发量 | −0.043 |
| 4 年移动平均生长季降水量 | 0.47 | 4 年移动平均非生长季小型蒸发量 | −0.784 |
| 5 年移动平均生长季降水量 | −0.005 | 5 年移动平均非生长季小型蒸发量 | −0.613 |

的线性回归方程［式（5.11）］显示，多元回归复相关系数 $r=0.996$，经显著性检验，达到显著性检验水平（$P<0.05$），说明回归方程拟合度比用对应年的气象要素要高。

$G_S=165.629–4.069T_{生5a}–4.369T_{非4a}–0.074E_{生3a}$（$r=0.996$，$P=0.001$）　　　（5.11）

**2）对草甸（草地）、湿地的影响**

　　气温是植物生长发育的基本因素，降水的季节性分配是植物生长发育的重要的气象要素。近 50 年（1966~2013 年）色林错流域气温增温趋势明显，且非生长季气温升温速率大于生长季；降水量也表现为增加趋势，且主要集中于下半年，占全年降水量的 80%~85%。用月降水量与月平均气温的比值表示区域水热因素的综合水热指数，研究发现，2000~2013 年，色林错流域安多、班戈、申扎 3 个气象站生长季综合水热指数略呈减少趋势（图 5.31），具体表现为，安多气象站综合水热指数大于班戈气象站和申扎气象站，该气象站 2001~2004 年综合水热指数变化比较大，呈明显降低趋势；2004~2013 年综合水热指数在 50~85 横向振荡。班戈气象站多年综合水热指数整体略大于申扎气象站，但这两个气象站在 2001~2013 年的综合水热指数在 30~70 横向振荡。3 个气象站的最大振幅比例［式（5.12）］为安多气象站 77.6%、班戈气象站 79.13%、申扎气象站 88.7%。

$$\frac{\mathrm{Max}-\mathrm{Min}}{\mathrm{Mean}}\times100\%$$　　　（5.12）

式中，Max 为各气象站 2001~2013 年综合水热指数的最大值；Min 为各气象站 2001~2013 年综合水热指数的最小值；Mean 为各气象站 2000~2013 年综合水热指数的平均值。

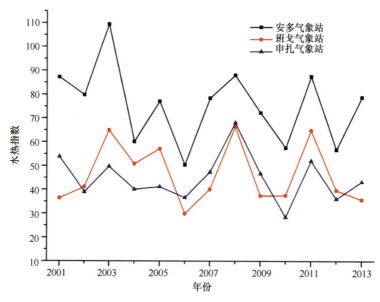

图 5.31　2000~2013 年安多、班戈、申扎气象站生长季综合水热指数

　　在这样的综合气候背景下，色林错流域内草甸（草地）的 NDVI 变化和河流湿地的面积变化整体以振荡为主，最大振幅比例普遍小于区内各气象站生长季的综合水热指数（表 5.22）。其中，样方 1 偏高的原因是 2000 年 NDVI 值低值偏多，导致多年 NDVI 平均值偏低，若剔除 2000 年的影响，则样方 1 在 2001~2013 年 NDVI 的最大振幅比例为

33.54%，恢复为各样方多年振幅比例的正常水平。

**表 5.22　2000~2013 年色林错流域主要样地 NDVI/面积最大振幅比例**

| 样方/湿地 | NDVI 最大振幅比例（%） | 面积最大振幅比例（%） | 植被名称 | 备注 |
|---|---|---|---|---|
| 样方 1 | 70.12 | | 高寒草甸 | 33.54%（剔除 2000 年） |
| 样方 2 | 32.81 | | 高寒草甸 | |
| 样方 3 | 35.87 | | 高寒草甸、沼泽化高寒草甸 | |
| 样方 4 | 29.83 | | 高寒草甸 | |
| 样方 5 | 28.41 | | 高寒草原 | |
| 样方 6 | 57.48 | | 沼泽化高寒草甸 | 吴如错湖滨湿地 |
| 样方 7 | 30.13 | | 沼泽化高寒草甸 | 木纠错湖滨湿地 |
| 样方 9 | 30.75 | | 沼泽化高寒草甸 | |
| 样方 10 | 24.83 | | 沼泽化高寒草甸 | |
| 样方 11 | 51.17 | | 沼泽化高寒草甸 | 越恰错湖滨湿地 |
| 样方 12 | 19.36 | | 沼泽化高寒草甸 | 查藏藏布河流湿地 |
| 查藏藏布湿地 | | 11.51 | 沼泽化高寒草甸 | |
| 窝扎藏布湿地 | | 9.64 | 沼泽化高寒草甸 | |
| 木纠藏布湿地 | | 9.41 | 沼泽化高寒草甸 | |
| 雄梅湿地 | | 20.37 | 沼泽化高寒草甸 | |
| 嘎荣藏布湿地 | | 12.43 | 沼泽化高寒草甸 | |

**3）对湖泊的影响**

色林错流域内所研究的 10 个典型湖泊中（表 5.8），一级和二级湖泊由于补给来源相对较稳定，又存在外泄通道，近十三年（2001~2013 年）来湖泊面积变化不大。由于色林错和果忙错均属于内流湖，且分属于本书分类的三级湖泊和独立湖泊两种类型，近年来这两个湖泊湖面面积呈明显增长趋势，选择色林错和果忙错作为重点研究对象，以探讨区域气候变化与湖面增长的关系。

孟恺等（2012）的研究表明，色林错湖面面积变化同 5 年（长期）移动年均温变化显著相关，而与年降水量变化的相关性不明显。将与湖泊面积相关的气温、降水量和蒸发量（小型蒸发皿蒸发量，下同）气象要素划分为生长季和非生长季，对 2 年、3 年、4 年、5 年诸气象要素的移动平均值与湖面面积做相关性分析。其中，分析色林错的气象因子来自安多、班戈和申扎 3 个气象站各要素的平均值，分析果忙错的气象因子来自班戈和申扎气象站各要素的平均值。结果表明（表 5.23），色林错湖面面积与 5 年移动平均非生长季气温和 5 年移动平均非生长季降水量高度相关，与 5 年移动平均生长季气温、5 年移动平均生长季降水量、2 年移动平均生长季小型蒸发量和 5 年移动平均非生长季小型蒸发量显著相关；果忙错湖面面积与 5 年移动平均非生长季降水量高度相关，与 5 年移动平均生长季气温、5 年移动平均非生长季气温、4 年移动平均生长季降水量和 5 年移动平均生长季小型蒸发量显著相关。

表 5.23　色林错湖面面积与气象因子相关系数

| 气象因子 | 色林错 | 果忙错 | 气象因子 | 色林错 | 果忙错 |
|---|---|---|---|---|---|
| 2 年移动平均生长季气温 | 0.561 | 0.622 | 2 年移动平均非生长季降水量 | −0.486 | −0.531 |
| 3 年移动平均生长季气温 | 0.406 | 0.407 | 3 年移动平均非生长季降水量 | −0.703 | −0.672 |
| 4 年移动平均生长季气温 | 0.54 | 0.623 | 4 年移动平均非生长季降水量 | −0.849 | −0.773 |
| 5 年移动平均生长季气温 | 0.644 | 0.774 | 5 年移动平均非生长季降水量 | −0.942 | −0.839 |
| 2 年移动平均非生长季气温 | 0.64 | 0.492 | 2 年移动平均生长季蒸发量 | 0.649 | 0.55 |
| 3 年移动平均非生长季气温 | 0.819 | 0.738 | 3 年移动平均生长季蒸发量 | 0.504 | 0.33 |
| 4 年移动平均非生长季气温 | 0.893 | 0.763 | 4 年移动平均生长季蒸发量 | 0.427 | 0.421 |
| 5 年移动平均非生长季气温 | 0.947 | 0.773 | 5 年移动平均生长季蒸发量 | 0.378 | 0.562 |
| 2 年移动平均生长季降水量 | 0.007 | −0.04 | 2 年移动平均非生长季蒸发量 | −0.069 | −0.324 |
| 3 年移动平均生长季降水量 | 0.299 | 0.44 | 3 年移动平均非生长季蒸发量 | 0.261 | −0.003 |
| 4 年移动平均生长季降水量 | 0.542 | 0.721 | 4 年移动平均非生长季蒸发量 | 0.532 | 0.114 |
| 5 年移动平均生长季降水量 | 0.734 | 0.587 | 5 年移动平均非生长季蒸发量 | 0.648 | 0.162 |

在以上相关关系中，尚存在"真相关"与"伪相关"的辨别，所谓"真相关"就是与基本规律相一致的相关关系，而"伪相关"就是与基本规律不一致的相关关系。例如，色林错湖面面积与 2 年移动平均生长季蒸发量、5 年移动平均非生长季蒸发量的显著正相关关系和果忙错湖面面积与 5 年移动平均生长季蒸发量的显著正相关关系就属于"伪相关"，湖面蒸发是湖泊水体耗损的主要途径，在不考虑其他因素的前提下，蒸发量增加，湖水水体减少，最终导致湖面面积减小；反之，蒸发量减少，在其他条件不变的情况下，则对应湖面面积相对增加；因此，湖面面积与蒸发量应该呈负相关关系。又如，大气降水是湖泊补给的来源之一，在其他条件不变的情况下，降水量增加，湖面面积相对增加；降水量减少，湖面面积相对萎缩，降水量与湖面面积呈正相关关系；统计所得的区域 5 年移动平均非生长季降水量与湖面面积的高度负相关关系也属于"伪相关"范畴。由此，色林错和果忙错湖面面积的持续增长主要与区域气温的持续升高和生长季降水量的增加有关。

对于色林错而言，近十三年来的湖面扩大受到长期区域气温升高趋势的控制，由于色林错流域内唐古拉山冰川、甲岗冰川和巴布日冰川融水经过河、湖径流最终流入色林错，气温升高，冰川融水增加，河湖径流量增加，从而导致色林错湖面水位上涨与扩大。特别是进入 20 世纪 80 年代以来，气温快速升高，高原冰川末端在近几十年间出现了快速退缩（蒲健辰等，2004）。区内唐古拉山冰川属各拉丹冬冰川的一部分，各拉丹冬冰芯的 $\delta^{18}O$ 研究表明，该冰川在 20 时间 90 年代以来的增温率约为 70 年代以来的两倍，表明近期的增温有加速趋势且高海拔区域对全球变暖的响应更为敏感（康世昌等，2007）。流域内冰川总面积与色林错面积的相关分析表明，两者呈高度相关关系（图 5.32），且达到显著性检验水平（$r=0.891$，$P=0.007$）。此外，在蒸发量减少的同时，降水量的持续增加也有助于湖面面积的扩大。

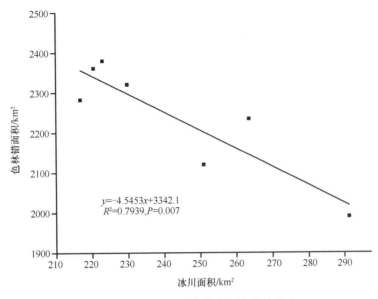

图 5.32　冰川面积与色林错面积线性拟合

此外，在蒸发量减少的同时，降水量的持续增加也有助于湖面面积的扩大。选择主要气象因子构建色林错湖面面积（$L_S$）预测模型：

$$L_S=3031.568+42.855T_{生5a}+266.946T_{非5a}+1.019P_{生5a} \tag{5.13}$$

式中，$T_{生5a}$ 为 5 年移动平均生长季气温；$T_{非5a}$ 为 5 年移动平均非生长季气温；$P_{生5a}$ 为 5 年移动平均生长季降水量。所建立的色林错面积多元回归预测模式复相关系数为 0.949，达到显著性检验水平（$P<0.000$）。

果忙错湖面面积与气象要素的相关分析表明，该湖湖面面积与气温和降水量呈显著相关关系。降水量增加导致果忙错湖面面积增长；而区域气温长期升高的趋势，导致果忙错流域冻土冻融速率提高，增加了入湖河流的径流量，最终导致果忙错湖面面积呈小速率扩张趋势。由此构建的果忙错湖面面积（$L_S$）预测模型也达到显著性水平（$r=0.888$，$P=0.001$）。

$$L_S=-82.424+17.003T_{生5a}-1.327T_{非5a}+0.186P_{生4a} \tag{5.14}$$

式中，$T_{生5a}$ 为 5 年移动平均生长季气温；$T_{非5a}$ 为 5 年移动平均非生长季气温；$P_{生4a}$ 为 4 年移动平均生长季降水量。

## 5.2.2　非气候因素对湿地生态系统的影响

### 1. 青海湖流域

青海湖流域是青海省重要的牧业区，其工农业发展程度较低，土地覆盖类型以草地为主。20 世纪 50 年代后，青海湖流域曾发生过三次大规模的移民入青活动，前后 1000 多万亩[①]冬春草场被开垦，青海湖地区约 4.49 万 km² 的草场被开垦，最终弃耕撂荒，造

---

① 1 亩≈666.67m²。

成土地沙化。草地沙化导致鲜草产量降低，1963~1996 年鲜草产量减少到 1089.6kg/hm²，33 年间下降了 37.4%。因草场面积减少、产草量下降，年损失牧草 2762 万 kg，相当于每年减少 1.9 万只羊单位（陈桂琛和彭敏，1995）。

同时，草地长期处于超牧状态。根据 1977 年出版的《青海草场资源》，刚察、海晏、共和 3 县草场可利用面积合计 20.22 万 hm²，理论载畜 223.8 万只绵羊单位。到 1985 年 3 县牲畜数量已达 316.38 万只绵羊单位，超载率为 41.3%。1997 年的资料显示，青海湖地区草场牲畜平均超载率为 40%，其中，贵南县达到 70.89%。由于长期超载放牧，草场平均产量较 20 年前下降了 50%。据对海晏县草场的调查测定，1973~1980 年，可食性青草平均亩产由 145.98kg 减少到 95.8kg，下降了 34.37%，全县年损失牧草量 1.78 亿 kg，相当于 12.17 万只羊单位一年的食草量。由于牧草产量大幅度下降，牲畜数量却未能相应地减少，所以草场供应与牲畜需求矛盾不断增大，牲畜正常营养供给不足，牲畜个体变小，畜产品产量下降（陈新海，2005）。

1977~2004 年，青海湖流域内高覆盖草地减少，低覆盖草地增加，影响了流域的产流能力。例如，布哈河流域的产流系数已从 20 世纪 60 年代的 0.19 降为 90 年代的 0.12，沙柳河流域的产流系数已从 80 年代的 0.59 下降为 90 年代的 0.57，这将减少湖水的径流补给量（孙永亮和李小雁，2008）。另外，据 Li 等（2007）统计，青海湖水位变化与地表径流呈显著正相关关系（$r=0.89$，$P=0.000$），人类活动耗水占河流径流量的 4.8%。近 25 年来，人类生产、生活耗水又加剧了湖水亏损的速度（杨川陵，2007），导致流域内湿地、水域及冰川积雪等景观面积不断减少。

整体而言，人类生产、生活强度的增加和地域范围的扩张，造成草地退化；草地退化使流域的产流能力降低；人类活动耗水加剧了河流和湖水的亏损速度；人类活动成为青海湖流域草地、湿地和水域面积不断减少的原因之一。

## 2. 三江源区

人类活动强度是人类社会经济行为对生态环境干扰程度的综合测度指标，三江源区人类活动强度的主要因子是人口的迅速增长和过度放牧，综合活动强度较高的县主要有同德、玛沁、泽库、兴海 4 县和河南、班玛、玉树 3 县，以及甘德、久治和囊谦 3 县（徐小玲，2007）。1952~2010 年，三江源区各县人口呈迅猛增长趋势，平均增长率达 1119.72%，近六十年年间人口增长最快的格尔木市 2010 年人口是 1952 年人口的 107.4 倍，增长最慢的同德县也几近翻倍。1995 年的资料显示，三江源区超过半数的县畜牧均已超载，其中巴青县实际畜牧量超过理论载畜量两倍，丁青县和类乌齐县实际畜牧量也超过理论载畜量 1 倍，这 3 个县位于源区最南部海拔较低且水热充足、植被覆盖较丰富的地区，同时也是环境恶化最为严重的区域（马艳，2006）。

20 世纪 70 年代以前，三江源区草畜处于相对平衡的状态，草地生态系统保持稳定。到 80 年代期间，牲畜数量急剧增加，草畜矛盾日渐突出，超载严重。其中，超载最为严重的是海南藏族自治州，其超载率为 126.90%，尤其是冬春草场的过度放牧抑制了优良牧草的正常发育，使大量毒杂草和不可食杂草滋生蔓延，加速草地退化现状，降低草地生产能力（李穗英等，2007）；至 2013 年仍有玉树藏族自治州、海南藏族自治州和黄南藏族自治州超载，其中以海南藏族自治州和黄南藏族自治州为甚，这两个州自 20 世纪 80 年代至今长期处于超牧状态（表 5.24）。

表5.24　三江源牧区牲畜超载情况统计表

| 地区 | 可利用草地面积*/万 hm² | 平均产草量*/（kg/hm²） | 理论载畜量*/万羊单位 | 实际载畜量**/万羊单位 | 超载率/% |
|---|---|---|---|---|---|
| 玉树藏族自治州 | 956.98 | 1363.05 | 571.78 | 672.97 | 17.70 |
| 果洛藏族自治州 | 625.53 | 1787.85 | 490.22 | 414.26 | — |
| 海南藏族自治州 | 323.78 | 2083.2 | 295.67 | 787.71 | 166.42 |
| 黄南藏族自治州 | 141.38 | 3450.6 | 213.85 | 427.78 | 100.04 |
| 海西蒙古族藏族自治州 | 722.53 | 1303.05 | 412.7 | 363.46 | — |

*数据来源于李穗英等（2007）；**数据来源于 2013 年青海省年鉴资料。

1975~2007 年，三江源区沙化土地面积增加了 0.27 万 km²，到 2007 年沙化面积已达 293.33 万 hm²，且每年仍以 0.52 万 hm² 的速度在扩大（李穗英和孙新庆，2009）。长江源区土地沙化面积最大，占三江源区沙化土地总面积的 72%，澜沧江源区土地沙化基本保持稳定，黄河源区是三江源区沙化土地面积增加最明显的地区（路云阁等，2010）（表 5.25）。

表5.25　1975~2007 年长江、黄河、澜沧江源区沙化土地面积　　　（单位：km²）

| 源区 | 1975 年 | 2000 年 | 2007 年 |
|---|---|---|---|
| 长江源区 | 1.99 | 2.03 | 1.95 |
| 黄河源区 | 0.25 | 0.62 | 0.57 |
| 澜沧江源区 | 0.19 | 0.17 | 0.18 |

李穗英和孙新庆（2009）依据青海省气象局和青海省统计年鉴（2003 年）提供的气候和社会经济数据，优选了 6 个草地退化因子（表 5.26）对三江源区草地退化的影响开展主成分定量分析，得到 3 个主成分方程：

$$Y_1=0.654X_1+0.246X_2+0.302X_3+0.901X_4+0.925X_5+0.014X_6 \text{（贡献率为 56.777\%）} \quad (5.15)$$
$$Y_2=0.826X_1+0.747X_2+0.190X_3+0.044X_4+0.274X_5+0.513X_6 \text{（贡献率为 19.075\%）} \quad (5.16)$$
$$Y_3=0.501X_1+0.665X_2+0.880X_3-0.075X_4-0.099X_5-0.900X_6 \text{（贡献率为 13.104\%）} \quad (5.17)$$

表5.26　三江源区草地退化因子

| 因子分类 | 影响因子 |
|---|---|
| 气候因素 | 温度（$X_1$）、（降水量 $X_2$）、蒸发量（$X_3$） |
| 人口因素 | 人口数（$X_4$） |
| 放牧因素 | 超载量（$X_5$） |
| 灾害因素 | 鼠害有效洞数（$X_6$） |

根据主成分方程中各因子系数大小，可将 3 个主成分方程分别称为人为因素方程、气候因素方程和鼠害因素方程。人为因素方程的贡献率是 56.777%，表明人口和牲畜的

增加加大了对草地生态环境的压力，草地退化面积扩张，退化程度加深，主要是由于人类不合理的各种经济活动。另外，牲畜数量增加加重了草地载畜的负担，长时期的超载放牧使草地很难得到休息，在牲畜啃食、践踏中，严重破坏草地赖以生存的土壤，使土壤沙化，最终加快了草地退化的速度。

从区域尺度上来看，2001~2010 年三江源区植被生长呈好转趋势，植被增长从东南向西北递减；在 10 年的时间尺度上，气候变化是影响植被生长的决定性因素，但人类活动可在短期内加快植被变化速率，气候要素和人类活动对植被生长的贡献率分别为79.32%和 20.68%，降水和气温对植被生长的影响程度相当，其中受春季和秋季的降水和气温的影响最大，尤其是植被生长季前后一个月（4 月和 10 月）的气候条件，与林地和灌丛相比，高寒草地受气候条件的抑制作用更为明显，其中高寒草甸受气候变化的影响最大，NDVI 与降水和气温均有较高的相关性，高寒草原受气温的影响比较大，而高寒植被受降水的抑制作用更为明显（李辉霞等，2011）。

## 3. 色林错流域

### 1）非气候因子选择

色林错流域大部分位于申扎县境内，申扎县是一个纯牧业县，以饲养牦牛、绵羊和山羊为主。2008 年全县人口 1.8 万余人，以乡村从业人员为主；1999~2013 年统计的牧业人员占乡村从业人员的 70%~90%。县内生产总值以第一产业总值为主（牧业），占各产业总值的 90%以上。1999~2013 年该县牧业从业人员数量经历了 3 个阶段（图 5.33），即 1999~2003 年的稳定减少阶段、2004~2007 年的急剧增加阶段和 2008~2013 年的快速增加阶段，但整体呈增加趋势。申扎县 1999~2013 年除 2008 年外，牧业产值呈明显的线性增加趋势（图 5.34），其增加速率远大于牧业从业人员增加的速率。在 2003~2004年和 2007~2008 年牧业人员两次"断崖式"减少期间，对应 2005 年和 2008 年牧业产值也大幅回落，牧业产值明显受到牧业从业人员的控制。

草地理论载畜量是用家畜单位来表示草地的承载能力，指在一定的放牧时间内，在一定的草地面积上，在保证草地植被及家畜正常生长发育的前提下，所能容纳的最大牲畜数量（畅慧勤等，2012）。其计算公式如下：

$$A_{wk} = \frac{Ga \cdot Ew}{Susw} \qquad (5.18)$$

式中，$A_{wk}$ 为某类型放牧草地全年可承载放牧的羊单位；Ga 为放牧草地面积（亩）；Ew为放牧草地有效利用率；Susw 为 1 羊单位全年需放牧的草地面积（亩/羊单位）。

为了方便统计，各牲畜都折合成羊，用羊单位来表示牲畜量。其中，一只绵羊折 1.0个羊单位、一只山羊折 0.8 个羊单位、一头黄牛折 4.5 个羊单位、一头牦牛折 4.0 个羊单位（辛有俊等，2011）。据报道，目前申扎县土地面积约为 2.5 万 km²，草地面积为2974 万亩，占土地总面积的 72.6%，可利用草地面积为2754 万亩，按可放牧草地最大有效利用率为 70%（辛有俊等，2011），草地理论载畜能力为 31 亩/绵羊单位（刘宏和达瓦，2015），经计算得到申扎县最大理论载畜量为 62.18 万只羊单位。

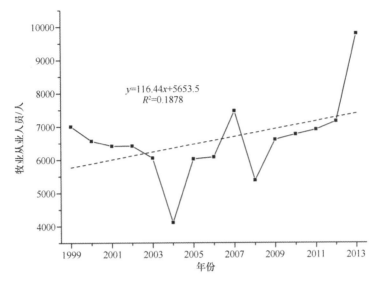

图 5.33　1999~2013 年申扎县牧业从业人员变化趋势

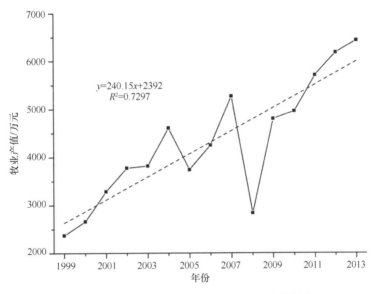

图 5.34　1999~2013 年申扎县牧业产值变化趋势

　　1999~2013 年，申扎县牲畜年末存栏头数整体略有增长（图 5.35），大牲畜以牦牛为主，自 2007 年以后略有减少。羊主要是绵羊和山羊，长期保持在 50 万~60 万头。以 1 头大牲畜 4 只羊单位换算的年末总存栏头数表明，自 1999 年起，申扎县草地已呈超牧状态，1999 年超牧 14.41 万绵羊单位，占理论载畜量的 23.17%。1999~2013 年最大超牧年份为 2004 年，当年超牧 31.95 万绵羊单位，超载率高达 51.38%。近 15 年来，按年末牲畜存栏头数计，申扎县草地多年平均超牧 22.49 万绵羊单位，超载率达 36.18%。
　　肉类产量方面，1999~2013 年申扎县牛肉产量和羊肉产量均呈稳定增长趋势（图 5.36），肉类总产量 15 年间（1999~2013 年）增加 4256.1t，增长比例超过 249%，增长速率为

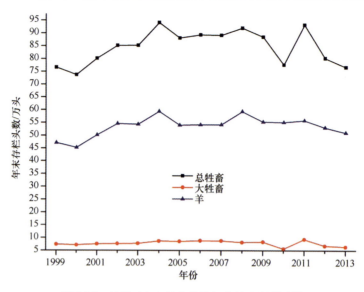

图 5.35　1999~2013 年申扎县年末牲畜存栏头数

346.55t/a。特别是 2001~2008 年，肉类总产量增加速率最快，达到 495.08t/a；2008~2013 年，肉类总产量增加速率有所减缓，为 183.05t/a。

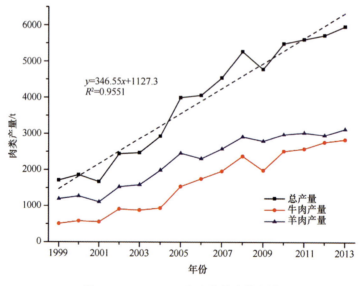

图 5.36　1999~2013 年申扎县肉类产量

　　牧业从业人员基本代表了申扎县历年人口增长的基本趋势，该指标既是人口基数增长的体现，又反映了投入牧业生产的劳动力情况。人口的自然增长增加了人类活动的范围与区域，增加了人类向大自然的索取；同时，牧业生产人数的增加势必导致畜牧头数的增加，因此，牧业从业人员是一个综合性指标。牧业生产总值因与价格有关，易受市场波动的干扰。年末牲畜存栏头数的变化与牲畜幼畜繁育、成畜死亡和肉畜生产有关，特别是屠宰量大往往导致存栏头数减少。存栏头数的长期趋势可以体现区内存量牲畜的草量需求情况。每年的肉类总产量是该年由草类植物能量转换为动物肉类能量的一个反映，代表了能量的输出与转换。年内牲畜的需草量应该由存量牲畜、死亡前的牲畜、被屠宰前的牲畜和出生后的牲畜加和计算得到，而其中的某些信息几乎是不可能得到的。年末牲畜存栏头数和年内肉类总产量基本可以代表年内牲畜的牧草需求量。综上所述，由于申扎县是一个纯牧业县，所以选择牧业从业人员、年末存栏头数和年内肉类总产量作为非气候因素来研究非气候因素对湿地生态系统产生的影响。

**2）非气候因素对湿地系统的影响**

以申扎县境界为参考，将截取的位于申扎县境内及其周边的色林错流域范围作为研究区。根据前面的研究，选取 2000~2013 年 MODIS MOD13Q1 NDVI 值 0.22~1 作为潜在可食牧草范围（简称"草场"），该范围基本涵盖了区内高寒草甸、高寒草原和沼泽化高寒草甸植被覆盖类型。经统计，2000~2013 年申扎县可食牧草面积多年平均值为 18088.07km$^2$，约合 2699.71 万亩草场，与刘宏和达瓦（2015）所报道的申扎县可利用草地面积 2756 万亩相当，该数据可作为研究区牧草资源多年动态变化研究的基础。

结果表明，2000~2013 年申扎县草场整体呈萎缩趋势（图 5.37）。具体表现为，2000~2002 年，随着年末牲畜存栏头数的增加，草场面积略微减少；至 2003 年，牲畜存栏头数与 2002 年持平，不再增加，对应该年草场面积略有回升；2004 年牲畜存栏头数比 2003 年增加了 8.91 万头，草场面积退缩了 1290.74km$^2$；2005 年存栏头数回落，草场面积回升；2006~2008 年，牲畜存栏头数在 2005 年的基础上略有增加，但草场面积在 2006 年出现"断崖式"退缩，比 2005 年减少了 3707km$^2$，可能是由 2000~2005 年长期超牧的累积效应所致，此后至 2008 年草场面积略有增加；2009~2013 年，牲畜年末总存栏头数振荡减少，回落至 1999 年水平，但草场面积因长期超牧，一直处于振荡退缩趋势。2000~2013 年，申扎县草场退缩 1673km$^2$，退缩率约占草场多年平均面积的 10%。

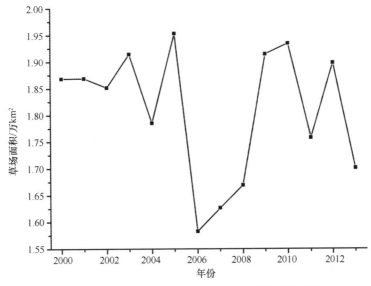

图 5.37　2000~2013 年申扎县 MODIS 估算草场面积

2000~2013 年利用 MODIS 估算的申扎县草场面积中，草场面积的年际变化规律，特别是线性趋势并不显著，其中 2000~2008 年估算的草场面积变化趋势略具显著线性相关（$r$=0.6914），截取 2000~2008 年 MODIS 估算的草场面积与牧业从业人员数量、年末牲畜存栏头数和年内肉类总产量进行相关分析，结果表明（表 5.27），2000~2008 年草场面积与 4 年移动平均年末牲畜总存栏头数和 3 年移动平均年肉类总产量呈显著负相关关系（$|r| \geqslant 0.6$），与牧业从业人员数量微弱相关，说明申扎县草场面积主要与牧业活动有关，草场面积的变化受牲畜数量多少的影响比较大。

表 5.27　申扎县草场面积与非气候因子相关系数

| 非气候因子 | 相关系数 | 非气候因子 | 相关系数 |
|---|---|---|---|
| 牧业从业人员数量 | −0.063 | 3 年移动平均年末牲畜总存栏头数 | −0.558 |
| 2 年移动平均牧业从业人员数量 | −0.264 | 4 年移动平均年末牲畜总存栏头数 | −0.629 |
| 3 年移动平均牧业从业人员数量 | 0.05 | 年肉类总产量 | −0.652 |
| 4 年移动平均牧业从业人员数量 | 0.297 | 2 年移动平均年肉类总产量 | −0.722 |
| 年末牲畜总存栏头数 | −0.48 | 3 年移动平均年肉类总产量 | −0.739 |
| 2 年移动平均年末牲畜总存栏头数 | −0.421 | 4 年移动平均年肉类总产量 | −0.695 |

### 5.2.3　色林错流域气候与非气候因素对湿地生态系统影响区分

2000~2008 年 MODIS 估算的草场面积与气候因子的相关分析表明，草场面积与非生长季气温、生长季降水量和生长季水热系数高度相关（表 5.28）。

表 5.28　申扎县草场面积与非气候因子相关系数

| 气候因子 | 相关系数 | 气候因子 | 相关系数 |
|---|---|---|---|
| 2 年移动平均生长季气温 | −0.691 | 2 年移动平均非生长季降水量 | 0.868 |
| 3 年移动平均生长季气温 | 0.527 | 3 年移动平均非生长季降水量 | −0.5 |
| 4 年移动平均生长季气温 | 0.235 | 4 年移动平均非生长季降水量 | −0.595 |
| 5 年移动平均生长季气温 | 0.29 | 5 年移动平均非生长季降水量 | −0.71 |
| 2 年移动平均非生长季气温 | 0.448 | 2 年移动平均生长季水热系数 | −0.903 |
| 3 年移动平均非生长季气温 | 0.836 | 3 年移动平均生长季水热系数 | 0.177 |
| 4 年移动平均非生长季气温 | 0.914 | 4 年移动平均生长季水热系数 | 0.304 |
| 5 年移动平均非生长季气温 | 0.927 | 5 年移动平均生长季水热系数 | 0.587 |
| 2 年移动平均生长季降水量 | 0.982 | 2 年移动平均非生长季水热系数 | 0.704 |
| 3 年移动平均生长季降水量 | 0.35 | 3 年移动平均非生长季水热系数 | 0.22 |
| 4 年移动平均生长季降水量 | 0.479 | 4 年移动平均非生长季水热系数 | 0.251 |
| 5 年移动平均生长季降水量 | 0.833 | 5 年移动平均非生长季水热系数 | 0.334 |

　　以 MODIS 估算的草场面积作为申扎县湿地生态系统的代表，该 MODIS 草场包含了沼泽化草甸及湖滨湿地和河流湿地等大部分湿地类型，此外也包括了高寒草甸和高寒草原。根据气候要素、非气候要素与草场面积的相关性（表 5.27，表 5.28），结合各要素的代表性、数据的观测数量及可产生足够多观测数量的可能性，优选气候要素和非气候要素，建立了 MODIS 草场的对应估算模式：

$$S_{非}=48835.583-1.593 \text{人}_{2a}-256.623 \text{畜}_{3a}+0.225 \text{肉}_{3a}$$
$$（r=0.831,\ P=0.16,\ m=1026.195）\tag{5.19}$$

$$S_{气}=23262.287-2505.982T_{生3a}+7.379P_{生2a}-2195.882T_{非5a}$$
$$（r=0.837,\ P=0.089,\ m=924.449）\tag{5.20}$$

$$S_{草}=693433.08-337.087Y\quad（r=0.691,\ P=0.039,\ m=1031.376）\tag{5.21}$$

式中，$S_{非}$ 为根据非气候因素估算的申扎县草场面积（$km^2$）；人$_{2a}$ 为 2 年移动平均从业人员数量（人）；畜$_{3a}$ 为 3 年移动平均年末牲畜总存栏头数（万头）；肉$_{3a}$ 为 3 年移动平均年内肉类总产量（t）；$S_{气}$ 为根据气候因素估算的申扎县草场面积（$km^2$）；$T_{生3a}$ 为 3 年移动平均生长季气温（℃）；$P_{生2a}$ 为 2 年移动平均生长季降水量（mm）；$T_{非5a}$ 为 5 年移动平均非生长季气温（℃）；$S_{草}$ 为根据 2000~2008 年 MODIS 估算草场面积拟合的与年份有关的预测草场面积（$km^2$）（图 5.38）；$Y$ 为年份。

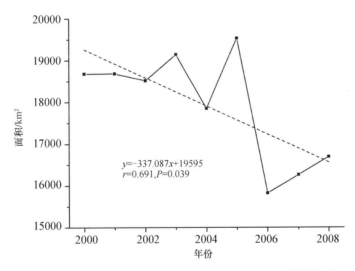

图 5.38　2000~2008 年申扎县 MODIS 估算草场面积线性拟合

　　设 MODIS 估算的草场面积为 $S$，气候因素、人为因素和草场自身因素对草场面积的影响分别为 $I_{气}$、$I_{非}$ 和 $I_{草}$，当讨论一种草场估算模式时不考虑其本身的影响，则有

$$S-S_{草}=I_{气}+I_{非}\tag{5.22}$$
$$S-S_{非}=I_{气}+I_{草}\tag{5.23}$$
$$S-S_{气}=I_{非}+I_{草}\tag{5.24}$$

可得

$$I_{气}=（S+S_{气}-S_{草}-S_{非}）/2\tag{5.25}$$
$$I_{非}=（S+S_{非}-S_{草}-S_{气}）/2\tag{5.26}$$

$$I_{草} = (S + S_{草} - S_{非} - S_{气}) / 2 \qquad (5.27)$$

同理，可求得估算年各因素对草场面积的影响百分比（简称"影响率"）：

$$(I_{气} / S) \times 100\% \qquad (5.28)$$

$$(I_{非} / S) \times 100\% \qquad (5.29)$$

$$(I_{草} / S) \times 100\% \qquad (5.30)$$

利用以上预测模式对申扎县 2009~2013 年草场面积的预估表明（图 5.39），非气候因子预测的草地面积（$S_{非}$）最大，2009~2013 年 $S_{非}$ 的变化趋势与 MODIS 获取的草场面积趋势较一致，$S_{非}$ 与 $S$ 的相关性 $r=0.846$，显示出高度相关关系。利用 2000~2008 年 MODIS 草地自身面积得到的预测模式预测 2009~2013 年申扎县的草场面积（$S_{草}$）呈直线下降趋势，这与模式本身有关，该模式是以时间（年份）为自变量的一元函数，随着时间的增加，草场面积必然呈线性递减趋势，根据递减速率，预计到 2057 年申扎县草地面积将减少为 0，这显然是不现实的，因此该模式的预测时间在 5 年以内为宜。

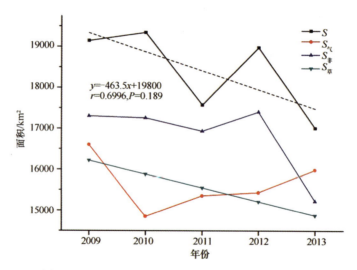

图 5.39　2009~2013 年申扎县不同模式估算的草场面积

另外，有趣的是 $S_{草}$ 预测模式的斜率在短时间内（如 5 年）与 2009~2013 年 MODIS 估算的草地面积线性趋势斜率大致平行（图 5.39），按 2009~2013 年草地面积的线性趋势发展，预计到 2050 年申扎县草地几乎完全退化。气候因子估算的草地面积（$S_{气}$）表明，自 2010 年开始，估算的草地面积开始增加，至 2013 年面积增加了 1133.59km$^2$。其主要原因可能是，在生长季降水没有明显降低的情况下，2009~2013 年生长季温度保持升高趋势，良好的水热条件使估算的草地面积略有回升。但是基于 MODIS 监测的 2010~2013 年草地面积却呈波动下降趋势，这部分的理论亏损面积可能是由草场受到非气候因素的胁迫所致。

由此得到各类因素对申扎县 2009~2013 年草场面积的影响率（表 5.29），其中，申扎县牧业生产活动对草场的影响最大，多年平均影响率为 10.81%；其次是气候因素，多年平均影响率为 4.62%。非气候因素对草地面积的影响是气候因素的 2.34 倍。

表 5.29　各因素对申扎县草场的影响

| 草场面积及各因素对其影响 | 2009 年 | 2010 年 | 2011 年 | 2012 年 | 2013 年 |
|---|---|---|---|---|---|
| $S/\mathrm{km}^2$ | 19142.99 | 19342.46 | 17574.86 | 18976.69 | 17008.37 |
| $S_{湿}/\mathrm{km}^2$ | 16603.02 | 14850.63 | 15352.83 | 15431.64 | 15984.22 |
| $S_{非}/\mathrm{km}^2$ | 17303.64 | 17255.40 | 16934.27 | 17403.57 | 15219.84 |
| $S_{草}/\mathrm{km}^2$ | 16219.27 | 15882.18 | 15545.09 | 15208.00 | 14870.91 |
| $I_{湿}/\mathrm{km}^2$ | 1111.55 | 527.76 | 224.17 | 898.38 | 1450.92 |
| $I_{非}/\mathrm{km}^2$ | 1812.17 | 2932.52 | 1805.60 | 2870.31 | 686.54 |
| $I_{草}/\mathrm{km}^2$ | 727.80 | 1559.31 | 416.42 | 674.74 | 337.61 |
| $I_{湿}/S/\%$ | 5.81 | 2.73 | 1.28 | 4.73 | 8.53 |
| $I_{非}/S/\%$ | 9.47 | 15.16 | 10.27 | 15.13 | 4.04 |
| $I_{草}/S/\%$ | 3.80 | 8.06 | 2.37 | 3.56 | 1.98 |

# 5.3　气候变化对青藏高原湿地生态系统影响风险评估

## 5.3.1　青藏高原湿地生态系统风险评估研究进展

当前，全球气候变化研究已经取得了重要进展，包括气候变化的科学基础、影响和脆弱性、适应和减缓等（IPCC，2007c）。科学预估未来气候变化的可能影响是开展适应行动的前提。风险是不利事件发生的可能性及其后果的组合（刘燕华等，2005）。科学评估气候变化风险，开展有针对性的风险管理行动，是应对气候变化的有效途径。定量风险损失与风险等级相结合是研究风险评估的重要途径。气候变化风险评估应该既可以估算气候变化对不同领域的定量风险损失，也可以识别区域气候变化风险的不同等级，即定量风险损失与风险等级相结合。在不同领域的气候变化风险评估中，定量风险损失的评估有利于适应行动的有效开展；在综合风险评估中，风险等级则能更直观地反映气候变化风险的空间差异分布（吴绍洪等，2011）。

### 1. 基于 NDVI、EVI

青藏高原大部分地区属干旱和半干旱区，近四十年来，青藏高原年平均气温升幅明显高于全国乃至全球增幅，再加上人类活动的日渐深入，生态环境面临的威胁日益严重。作为全球变化的敏感区和脆弱区，青藏高原植被系统行为往往比周围地区更早、更明显地预兆全球变化。寻求科学有效的方法，准确评估青藏高原湿地生态系统的状态对青藏高原的生态建设及生态安全屏障计划的实施有重要意义。归一化植被指数（NDVI）对植被的生长势和生长量非常敏感，能较准确地反映地表植被状况；增强型植被指数（EVI）能够同时减少来自大气和土壤噪声的影响，使植被指数与不同覆盖程度植被的线性关系得到明显改善。

### 1）草地覆盖度时空变化

丁明军等（2010a，2010b）利用 GIMMS 和 SPOT VGT 两种 NDVI 数据对青藏高原地区 1982~2009 年草地覆盖的时空变化进行研究，结果如下：①青藏高原草地植被覆盖度的年际变化趋势存在显著的空间差异。趋于升高的区域主要分布在西藏的北部和新疆的南部；具有降低趋势的区域主要分布在青海的柴达木盆地、祁连山、共和盆地、江河源地区及川西地区。②青藏高原草地覆盖度年际变化趋势分析表明，在90%的显著性检验水平上，降低和增加面积的比率为 0.31，草地植被覆盖总体趋于升高态势。③以 10 年为步长的分析表明，草地盖度呈现持续增加的区域主要分布在西藏北部；阿里地区草地盖度表现为先减后增；雅鲁藏布江流域草地盖度呈现先增后减；而持续减少的区域主要分布在青海省及川西地区，其中青海省分布最广。总的来说，青藏高原大部分草地盖度具有升高的态势。于惠（2013）构建了依据 NOAA/AVHRR 计算的 GMMS NDVI 与 MODIS NDVI 之间的转换算法，延长了 GIMMSNDVI 时间序列。在此基础上，分析了青藏高原草地植被时空变化规律。青藏高原草地生长季最大 NDVI 空间分布差异显著，总体而言呈东高西低的状况。草地生长季最大 NDVI 存在明显的经度地带性，由西向东呈台阶式上升趋势。不同草地类型生长季最大 NDVI 差异较大，山地草甸、热性草丛和沼泽生长季最大 NDVI 多年平均值较高，植被状况较好。低地草甸、高寒荒漠草原和高寒荒漠植被状况最差。高寒草甸生长季最大 NDVI 年际变化幅度较大，为 0.15~0.72。青藏高原西北部和北部植被稀疏区最大 NDVI 年际变化最为剧烈，而青藏高原东南部年际波动较小。在生长季初期、中期和末期，青藏高原草地 NDVI 波动状况空间分布格局不同，主要差异表现在青藏高原的东南部中期波动最弱，而西南部中期波动较其他两个时期剧烈。

### 2）干湿状况及其与植被变化的关系

已有研究发现，部分地区植被生长对气温的敏感性在下降，而对降水的季节性变化、降水偏少与过多的发生频率和持续时间，以及极端气象事件的发生都非常敏感。地表干湿气候变化对植被活动的影响也因此成为气候变化背景下的又一个研究热点。王敏等（2013）利用地面气象台站观测数据和 MODIS EVI 数据集，得到青藏高原 2001~2010 年生长季干湿状况。近十年来整个青藏高原地区有 25%的区域在逐渐变干，主要集中在青藏高原南部，特别是青藏高原腹地、柴达木盆地、青海湖及西藏东部等部分区域变干趋势最为明显。然后，对青藏高原干湿状况与植被覆盖变化的关系进行了分析与探讨，并得到以下结果：①青藏高原整体上呈现由东南向西北逐渐变干的趋势，干旱及半干旱区占青藏高原总面积的 67%。十年间青藏高原有 25%的区域在逐渐变干，且南北差异明显。②青藏高原生长季 EVI 的空间格局与干湿格局相近，且东西部界线分明。十年间青藏高原植被活动由东南向西北整体上呈现"退化—增强—变化不大"的规律。③区域干湿程度对 EVI 空间格局差异有显著影响，特别是在占青藏高原面积 44%的半干旱区，两者相关性最大。人为干扰对青藏高原 EVI 变化的作用不明显，但 EVI 与干湿程度相关性相对偏小的区域人为干扰程度往往较大。④从青藏高原 96 个气象站点生长季 EVI 对干燥度指数变化的敏感性来看，敏感程度较大的气象站点主要集中在高原东北部、高原中部及雅鲁藏布江中上游区域，60%以上的气象站点随着干旱程度的加深，植被呈退化趋势。丁明军等以青藏高原自然植被对气温、降水的响应关系为主线，通过高原面和植被类型两个层面分析了水热条件的季向变化同 NDVI 变化之间的相关关系。结果表明：①除高寒荒漠植被、森林植被外，青藏高原植被 NDVI 与同期旬均温和旬降水的相关性均呈高度正的相关，其中中等覆盖度的植被受水、热影响表现得更为强烈，如中、东部的草甸、草原植被。②青藏高原植被 NDVI 对气温和降水有滞后效应，且滞后水平存在空间差异，高原北部和高原南部植被对降水和温度的响应比较迟缓，而高寒中、东部地区植被对温度和降水的响应比较敏感。③不同植被类型对水热条件的响应程度由高到低依次是草甸、草原、灌丛、高寒垫状植被、荒漠，最后是森林。

### 3）草地植被指数变化与地表温度的关系

近二十年来，气温升高更为显著，地表是地球和大气能量交换的界面，随着气温的不断上升，地温也有着明显的响应，其变化在年代际和季节上表现得比较显著。地表温度不仅与气候关系密切，而且也受边界层（如植被、地表有机物质和雪层等）发生过程的调控。植被对浅层地温的影响很复杂，植被可以吸收大部分的太阳辐射，能够阻止到达表土层辐射的 54%~65%，极大地减少进入土层使地温升高的热量；同时，植被又能降低近地表风速，减少表土层水分蒸发及向大气放热的强度。显然，植被和地表温度二者之间是相互影响的。周婷等（2015）利用 1982~2006 年国家标准地面气象站地表温度和 GIMMS-NDVI 数据集，探讨了青藏高原高寒草地植被指数和地表温度的变化特征及其相互关系，结果表明：①1982~2006 年，NDVI 和地表温度在区域水平上均显著波动上升，年均 NDVI、生长季 NDVI、$NDVI_{max}$ 与年均地温、生长季地温上升趋势分别为 0.007/10a、0.011/10a、0.007/10a 和 0.60℃/10a、0.43℃/10a。$NDVI_{max}$ 整体呈增加趋势，局部地区明显下降；植被覆盖越好，$NDVI_{max}$ 的增加趋势越小，部分地区为负增长。地表温度上升显著，从西北向东北增温趋势逐渐变大，高地温区增温趋势较小，局部呈降温趋势。②NDVI 与地表温度的相关关系十分复杂，研究区域 70.49%的地区 $NDVI_{max}$ 与地表温度显著相关，与年均地温的相关性最强，多数地区呈正相关关系。返青期地温与当期 NDVI 呈正相关，与当年 $NDVI_{max}$ 呈负相关，即返青期地温的上升加快了植物发育速率，导致草地植物的成熟提早，实际生长期缩短，限制了干物质积累，导致 $NDVI_{max}$ 减小。枯萎期 NDVI 与地表温度呈正相关。③受海拔、植被状况等影响，NDVI 与地表温度的相互关系空间差异显著。海拔越高，NDVI 与地表温度相互影响越明显。植被覆盖差及植被退化严重的地区，$NDVI_{max}$ 与地表温度呈负相关关系；植被覆盖好的地区，$NDVI_{max}$ 与地表温度主要呈正相关关系，返青期 NDVI 与地表温度则无显著相关性。

湿地研究是当今生态学和环境科学研究的一个热点领域，湿地研究是高原表生过程研究领域的薄弱环节。目前，基于 NDVI 和 EVI 的青藏高原湿地生态系统的研究仍然停留在植被覆盖变化、草地植被指数变化与地温的关系及草地退化上，关于湿地生态系统风险评估的研究略显不足，研究深度有待于进一步提升，今后青藏高原湿地优先研究的领域应体现在建立高原湿地生态系统健康评价和生态风险评价指标体系方面。

## 2. 基于 NPP

目前,NPP 的估算模型可概括为 3 类:统计模型(statistical model)、参数模型(parameter model)和过程模型(process-based model)。3 类模型中,过程模型是机理模型,其他两种模型属于经验或半经验模型(朴世龙和方精云,2002)。其中,卡内基-埃姆斯-斯坦福方法(Carnegie-Ames-Stanford approach)模型作为生态过程模型,充分地考虑了环境条件及植被本身的特征,机理模型可靠,模型参数较少,便于计算和处理。因此,利用 CASA 模型估算 NPP 可以脱离地面条件的束缚,实现区域乃至全球尺度上植被 NPP 的估算(孙云晓等,2014)。

孙云晓等(2014)利用 CASA 模型估算了 1983~2012 年青藏高原植被的 NPP,青藏高原植被 NPP 的空间分布特征为自东南向西北逐渐递减。青藏高原西北部降水量小于 400mm 的区域内植被 NPP 的主导因子是降水,东南部降水量大于 400mm 的区域内植被 NPP 的主导因子是温度。青藏高原植被 NPP 的演变趋势存在显著的空间分异。总体上,高原西北部植被 NPP 近三十年的变化相对稳定,其中 1983~1992 年 NPP 增加区域主要分布于青藏高原中部,在青藏高原东南部则呈现减少趋势;1993~2002 年青藏高原大部分地区 NPP 呈增加趋势,减少区域集中在青藏高原东部地区;2003~2012 年青藏高原东部、南部 NPP 增加趋势明显,青藏高原东南部 NPP 呈减少趋势。总体上,1983~2012 年青藏高原 NPP 总量波动范围为 0.494~0.590Pg[①]C/a,变化率为 0.0187PgC/10a,呈现"缓慢增加—缓慢减少—快速增加"的趋势。

## 3. 基于 RCPs

政府间气候变化专门委员会(IPCC)最新的第五次评估报告(AR5)第一工作组报告指出,近年来的研究表明气候变化可能比以往认知的更为严重,1880~2012 年全球地表气温升高了 0.85℃,2003~2012 年地表气温比 1850~1900 年上升了 0.78℃,20 世纪中期以来全球地表气温的升高一半以上极有可能是由人类活动引起的;科学家们还预测,未来地表气温仍将持续增加(IPCC,2013)。国际耦合模式比较计划第五阶段(CMIP5)提供了新一代气候或者地球系统模式对未来气候变化的最新模拟结果,CMIP5 试验方案主要包括历史气候模拟试验和不同典型浓度路径情景下的未来气候模拟试验。在排放情景上,CMIP5 试验采用了新一代的典型浓度路径(RCP)情景,即用单位面积辐射强迫来表示未来百年稳定浓度的新情景,包括 RCP2.6、RCP4.5、RCP6、RCP8.5 四大类(Moss et al.,2010;van Vuuren et al.,2011)。其中,中低端辐射强迫情景 RCP4.5 是未来最有可能发生的,相应的模式试验数据提交的也最多,相对而言,对应的气候变化也更具代表性。

① 1Pg=10^{15}g。

胡芩等（2015）从 44 个 CMIP5 模式中优选了 30 个气温模式和 20 个降水模式，集中预估了 RCP 4.5 情景下青藏高原 21 世纪的气候变化，主要结果如下：①2006~2100 年，青藏高原区域年均地表气温变化趋势为 0.26℃/10a；高海拔地区的增温幅度相对较大，而在低海拔地区则相对较小；21 世纪 90 年代平均升温 2.7℃；春、夏、秋、冬季均表现为升温，变暖速度分别为 0.24℃/10a、0.24℃/10a、0.26℃/10a、0.28℃/10a，冬季温升水平相对最大；在早、中和末期，平均变暖值是 1.1℃、2.1℃和 2.7℃。②21 世纪青藏高原降水小幅增加，平均变化趋势为 1.15%/10a，90 年代较参考时段增加了 10.4%；四季降水总体上均增加，早、中和末期青藏高原区域平均的春季降水分别增加了 4.0%、8.1%、11.1%，夏季增加了 6.8%、12.2%、15.8%，秋季增加了 3.5%、6.5%、9.4%，冬季增加了 0.7%、5.0%、9.2%。

虽然目前未见 RCPs 情景下与青藏高原生态系统风险相关的研究报道，但胡芩等（2015）基于 RCP 4.5 情景对青藏高原未来气候的预估结果已经给出了重要的风险提示，即中远期青藏高原的升温趋势很可能成为现实。目前普遍认为，生态系统能够适应温度变化的幅度是 0.1℃/10a，而预估结果是可接受幅度的两倍。

### 5.3.2　色林错流域生态风险现状评估

#### 1. 数据来源与评价方法

#### 1）数据来源

NPP 来自美国 NASA EOS/MODIS 的 MOD17A3 数据，空间分辨率为 1km×1km；时间为 2000~2014 年。

NDVI 为 MODIS 的 MOD13Q1 的 NDVI 数据产品，空间分辨率为 250m×250m，时间为 2000~2014 年。

#### 2）评价方法

NPP 和 NDVI 的像元值一方面是具有生态学含义的植被指数，反映了像元范围内植被的综合生长状态；另一方面表现为时间序列的测量值。这一测量值在某个起止时间内具有最大值、最小值和平均值，最大值代表了这段时间内植被的最好生态趋势，最小值则代表了植被的最坏生态趋势，而平均值则是这段时期内某像元生态的平均趋势。

根据误差理论，在一系列等精度观测的一组误差中，绝对值大于 1 倍中误差（$\sigma$）的真误差（$\Delta$）出现的概率为 31.7%，大于 2 倍中误差（$\sigma$）的真误差（$\Delta$）出现的概率为 4.5%，大于 3 倍中误差（$\sigma$）的真误差（$\Delta$）出现的概率为 0.3%［式（5.31）］。

$$\begin{cases} p(-\sigma < \Delta < \sigma) \approx 68.3\% \\ p(-2\sigma < \Delta < 2\sigma) \approx 95.5\% \\ p(-3\sigma < \Delta < 3\sigma) \approx 99.7\% \end{cases} \tag{5.31}$$

图 5.40 为流域内某沼泽化草甸一个像元的 NDVI 时间序列值，2000~2014 年该像元大部分年份的 NDVI 值在平均值±1 倍标准差范围内波动，所有年份的 NDVI 都落在平

均值±2 倍标准差范围内。等精度观测的前提是观测仪器、观测人员和观测环境相同，NDVI 是 EOS 传感器观测波动的计算值，满足等精度观测的前两个条件，虽然传感器对同一地点观测时卫星过境的时间（Terra-MODIS 当地时间 10:30~11:00，Aqua-MODIS 当地时间 13:30 左右）大致相同，但观测环境依然受到天气状况的影响。等精度观测是对同一目标物的多次重复观测，目标物具备理论真值。因此，在不考虑卫星过境时刻大气状况和被观测像元的人为、气候环境胁迫的情况下，可以将 MODIS 获取的 NDVI 视为"准等精度观测"。

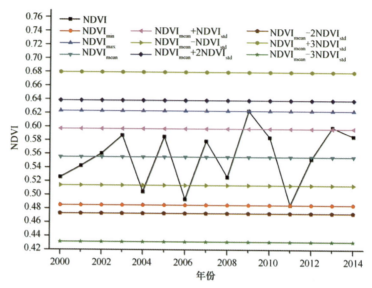

$NDVI_{min}$ 代表 NDVI 最小值；$NDVI_{max}$ 代表 NDVI 最大值；$NDVI_{mean}$ 代表 NDVI 平均值；$NDVI_{std}$ 代表 NDVI 标准差；$NDVI_{mean}$ ±$NDVI_{std}$ 代表 NDVI 平均值±1 倍标准差；$NDVI_{mean}$±$2NDVI_{std}$ 代表 NDVI 平均值±2 倍标准差；$NDVI_{mean}$±$3NDVI_{std}$ 代表 NDVI 平均值±3 倍标准差

图 5.40　RCPs 情景下 2001~2040 年色林错流域年均气温趋势

由于 NDVI 时间序列的观测时间往往有限，因此取观测时段内 NDVI 的算术平均值（$NDVI_{mean}$）代替真值，标准差（$NDVI_{std}$）代替中误差。将一个像元单位视为一个"微生态系统"，构建基于像元的"微生态系统"风险表达式为

高度向好：$NDVI_i > NDVI_{mean} + 3NDVI_{std}$

中度向好：$DVI_{mean} + 2NDVI_{std} < NDVI_i \leq NDVI_{mean} + 3NDVI_{std}$

低度向好：$DVI_{mean} + NDVI_{std} < NDVI_i \leq NDVI_{mean} + 2NDVI_{std}$

无风险区：$DVI_{mean} - NDVI_{std} \leq NDVI_i \leq NDVI_{mean} + NDVI_{std}$

低度风险：$DVI_{mean} - 2NDVI_{std} \leq NDVI_i < NDVI_{mean} - NDVI_{std}$

中度风险：$DVI_{mean} - 3NDVI_{std} \leq NDVI_i < NDVI_{mean} - 2NDVI_{std}$

高风险区：$NDVI_i < NDVI_{mean} - 3NDVI_{std}$

式中，$NDVI_i$ 为第 $i$ 年某一像元的 NDVI 值；$NDVI_{mean}$ 和 $NDVI_{std}$ 基于 $i$ 年及其之前年份所有像元值计算，为具有统计意义，时间序列一般应大于 10 年。为叙述方便，将这一风险评估方法定名为"平均值±$n$ 倍标准差"法。

## 2. 2014 年色林错流域 NDVI、NPP 风险评估

　　基于"平均值±*n* 倍标准差"风险评估法，以 2000~2014 年色林错第 241 天 NDVI 作为基准 NDVI 时间序列，评估 2014 年 NDVI 风险区域（图 5.41），为了进行方法比较，图 5.42 为以生态系统生产功能"不能接受的影响"为参考（简称"van"法）（van Minnen et al.，2002；吴绍洪等，2011），以像元单位为"微生态系统"得到的评估结果。

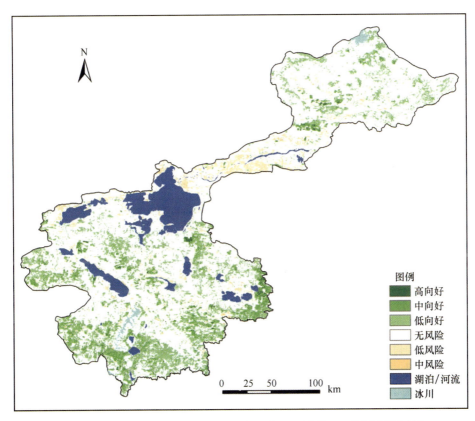

图 5.41　2014 年色林错流域 NDVI 风险评估（"平均值±*n* 倍标准差"法）

　　经对比，两种方法风险区域分布基本类似，"平均值±*n* 倍标准差"风险评估法分级层次更多、更细致，对当地经济发展布局和生态环境保护更具有针对性。

　　MODIS 的 NPP 产品是基于光能利用率模型估算日 NPP 值，然后推算得到的年 NPP 值，由于计算过程使用的模型和参数远比 NDVI 复杂，显然更难满足上述对 NDVI "准等精度观测"的假设。本书的研究对色林错流域 2014 年的 NPP 利用"平均值±*n* 倍标准差"风险评估法进行了尝试性制图（图 5.43），经与"van"法得到的 2014 年色林错流域 NPP 风险评估结果（图 5.44）比较，效果尚可。

　　NDVI 现状评估结果表明，2014 年色林错流域 NDVI 整体风险较小，各类风险评估区中，无风险区超过流域总面积的 50%；在趋势转好区中，中向好占比最高；风险区以低风险为主，主体分布在色林错北岸及扎加藏布中游河岸两侧。风险区所在的 NDVI

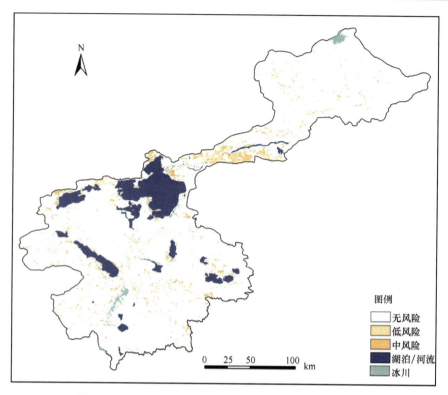

图 5.42　2014 年色林错流域 NDVI 风险评估（"van"法）

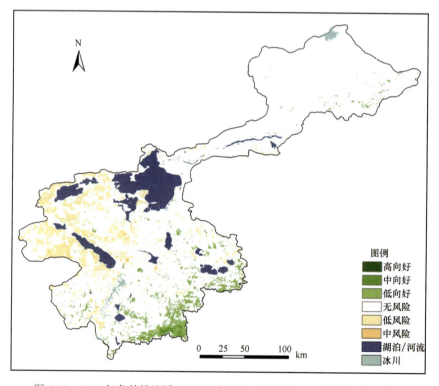

图 5.43　2014 年色林错流域 NPP 风险评估（"平均值±$n$ 倍标准差"法）

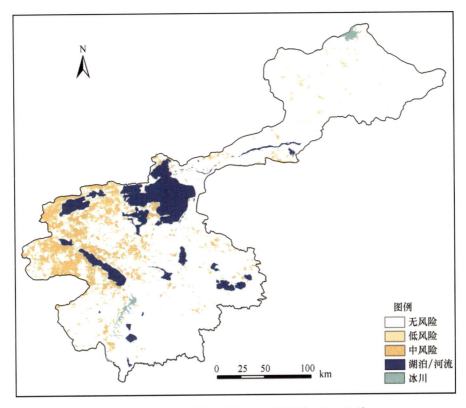

图 5.44　2014 年色林错流域 NPP 风险评估（"van"法）

值普遍低于 0.22，属荒漠、荒漠草原及其过渡地带。由于植被覆盖度低，生态极其脆弱，易受到气候及人为因素的干扰而向风险区转化。

　　NPP 的现状风险评估结果与 NDVI 风险评估结果的最大区别在于，NPP 的风险区位于格仁错到色林错一线的西部，该区域 NDVI 值位于两分级区，分别为<0.22 和 0.22~0.45；同时，该区域 NPP 多年平均值低于 400gC/m$^2$，植被覆盖主体为高寒草甸、荒漠草原和荒漠。

### 5.3.3　色林错流域 NDVI、NPP 未来趋势

#### 1. CA-Markov 模型

　　元胞自动机-马尔可夫（CA-Markov）模型是美国克拉克大学（Clark University）的克拉克实验室（Clark Lab）开发的一款 IDRISI 软件，该模型综合马尔可夫模型长期预测的优势和元胞自动机模拟复杂系统空间变化的能力，既提高了类型转化的预测精度，又可以有效地模拟类型的空间格局变化，因此 CA-Markov 又称为时空马尔可夫链（李志等，2010），被广泛探讨和应用（Jenerette and Wu, 2001；Araya, 2010；Susanna et al., 2012；刘县明，2007；吴艳艳，2009；杨洁等，2010；杨维鸽，2010）。国内外学者主要侧重于土地利用变化的预测模拟方面，王学等（2013）则利用 CA-Markov 模型与其

他模型（如 SWAT 模型），分析了白马河流域不同土地利用情景下流域径流的响应。CA-Markov 模型在 NDVI 和 NPP 领域的应用则较少。

## 2. NDVI、NPP 未来趋势预测

NPP 为来自美国 NASA EOS/MODIS 的 MOD17A3 数据产品，空间分辨率为 1km×1km，时间为 2000~2014 年。NDVI 为 MODIS 的 MOD13Q1 的 NDVI 数据产品，空间分辨率为 250m×250m，时间为 2000~2014 年。

### 1）NDVI 预测

以 2000 年（图 5.45）和 2005 年（图 5.46）NDVI 的分级图为基础，5 年为步长，预测了 2010 年（图 5.47）的 NDVI（简称 CA010NDVI）作为对模型的检验。CA010NDVI 与 2010 年 NDVI 的分级图（图 5.48）的一致性系数 Kappa=0.9005，说明 CA010NDVI 与 2010 年的实际 NDVI 分级图几乎完全一致（almost perfect）。在此基础上，用 2000 年 NDVI 分级图与 2010 年 NDVI 分级图预测了 2020 年的 NDVI 分级图（简称 CA020NDVI）（图 5.49），以 2000 年的 NDVI 和 2014 年的 NDVI 分级图为基础，预测了 2028 年的 NDVI 分级图（简称 CA028NDVI）（图 5.50）。

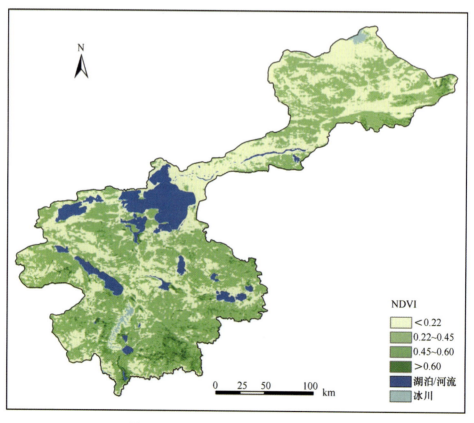

图 5.45　2000 年色林错流域 NDVI 分级图

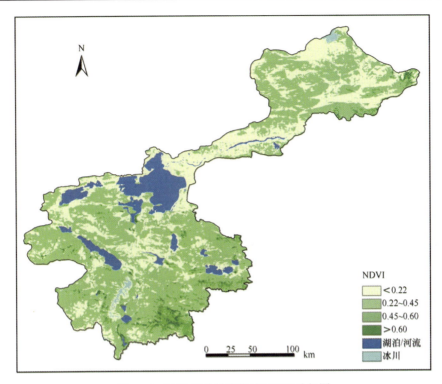

图 5.46　2005 年色林错流域 NDVI 分级图

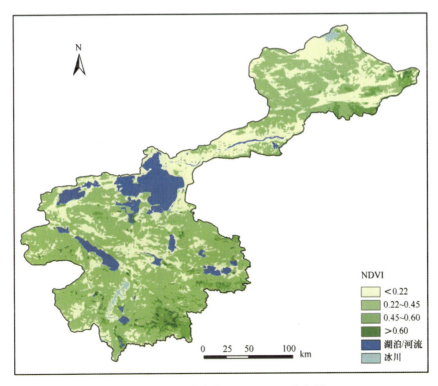

图 5.47　色林错流域 CA010NDVI 分级图

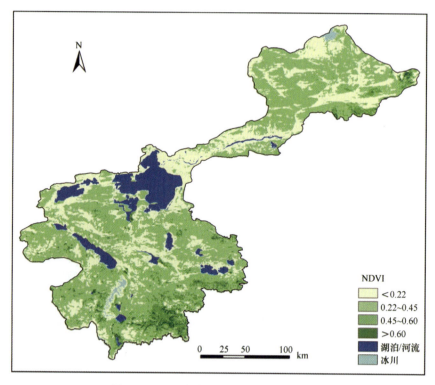

图 5.48　2010 年色林错流域 NDVI 分级图

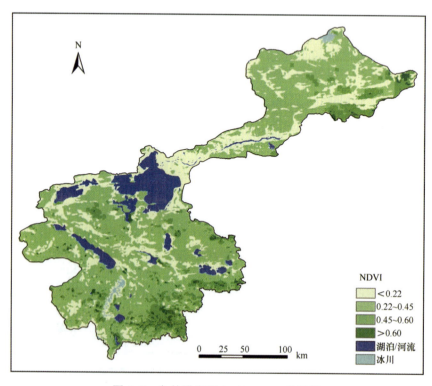

图 5.49　色林错流域 CA020NDVI 分级图

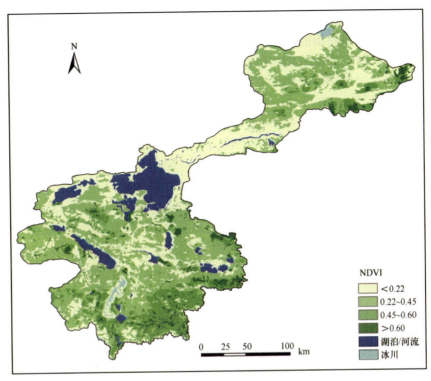

图 5.50  色林错流域 CA028NDVI 分级图

CA 是一种基于不连续的时空动态模拟模型，其特点是时间、空间和状态都是离散的，复杂的系统可以由一些很简单的局部规则产生（徐昔保，2007；李丽等，2015）。Markov 过程是指系统由一种状态转移到另一种状态的过程，该过程的特点为无后效性和稳定性（李丽等，2015）。兼顾生态系统的自发性和自组织性与 CA-Markov 模型模拟复杂时空系统的优势，项目组在色林错流域 NDVI 的预测中取得了较好的效果。

模拟结果显示，到 2020 年，色林错流域整体植被覆盖状况变化不大，主要特点是安多气象站以北 0.45~0.6 NDVI 值区间向好趋势明显。到 2028 年，色林错流域植被覆盖状况具有两种趋势，其一为低海拔植被破碎化趋势，破碎化区域具有以湖泊为中心向外扩散的特点，如木地达拉玉错、格仁错、格仁错、孜桂错、木纠错、果忙错及色林错周围，湖泊周围往往是人类活动的主要区域，植被破碎化可能与人类活动的干扰有关。其二为高海拔植被保持向好趋势，尤以 NDVI 值 0.45~0.6 向好趋势最为明显，该区域植被变化可能与气候长期的暖湿化趋势有关。

**2）NPP 预测**

以 2000 年（图 5.51）和 2005 年（图 5.52）NPP 的分级图为基础，5 年为步长，预测 2010 年的 NDVI（简称 CA010NPP）（图 5.53）作为对模型的检验。CA010NPP 与 2010 年 NPP 的分级图（图 5.54）的一致性系数 Kappa=0.7537，说明 CA010NPP 与 2010 年的实际 NPP 分级图具有高度一致性（substantial），但其预测结果比同年预测的 NDVI 的 Kappa 系数略低一个层次。在此基础上，用 2000 年 NPP 分级图与 2010 年 NPP 分级图预测了 2020 年的 NPP 分级图（简称 CA020NPP）（图 5.55），以 2000 年的 NPP 和 2014
年的 NPP 分级图为基础，预测了 2028 年的 NPP 分级图（简称 CA028NPP）（图 5.56）。

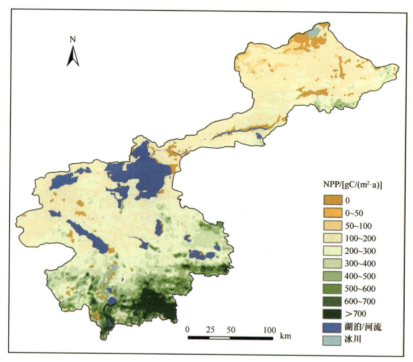

图 5.51　2000 年色林错流域 NPP 分级图

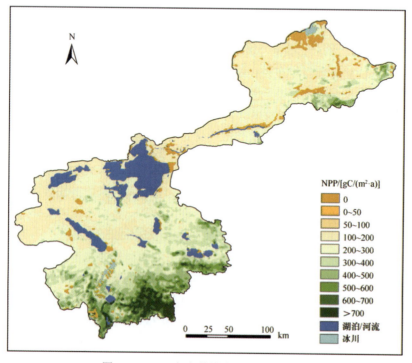

图 5.52　2005 年色林错流域 NPP 分级图

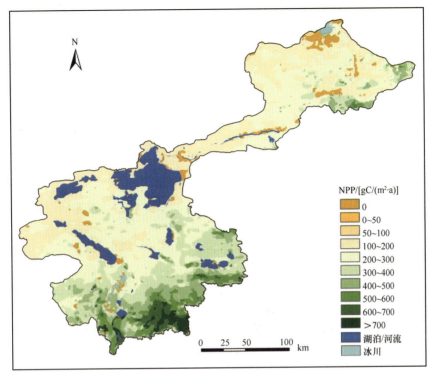

图 5.53　色林错流域 CA010NPP 分级图

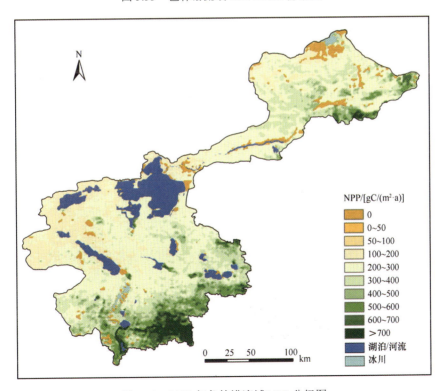

图 5.54　2010 年色林错流域 NPP 分级图

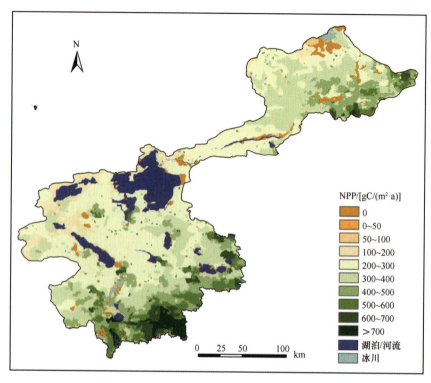

图 5.55　色林错流域 CA020NPP 分级图

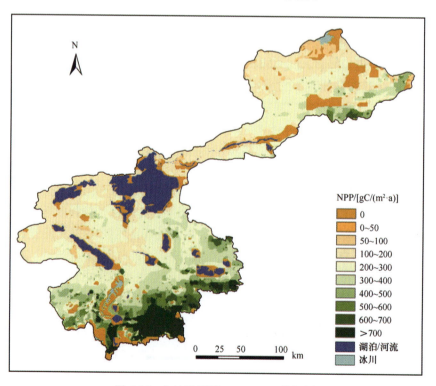

图 5.56　色林错流域 CA028NPP 分级图

NPP 的模拟预测结果稍逊于 NDVI 的预测结果。到 2020 年，NPP 低值区有所减少，特别是在安多气象站以北区域；在格仁错、错鄂和木纠错及果忙错所围成的中间地带出现了很多中值区 NPP 的散点；而在越恰错东部区域，NPP 值则具有降低趋势，形成一个较明显的降低梯度带。到 2028 年，预测 NPP 区间值的色斑呈现聚中趋势，分级过渡不够明显，特别是 NPP 的低值区与高值区过渡最不明显，可能与预测步长较长及 NPP 值分布特征有关，从而对模型预测的精度产生了一定影响。

### 5.3.4　气候变化对色林错流域湿地风险模拟研究

#### 1. 气候资料

气候要素数据来自于国家科技支撑计划项目"重点领域气候变化影响与风险评估技术研发与应用"（2012BAC19B00）提供的插值后的中国区域地面气象要素月平均资料，插值方法为距离方向加权平均法（薛振山等，2015）。该数据集来源于中国地面 824 个国家级基准、基本站的气候资料日值数据集（V3.0）。该数据水平分辨率为 0.5°×0.5°，包含 RCPs（representative concentration pathways，RCPs）4 个情景（2.6/4.5/6.0/8.5）下的月、年平均气温和降水量。由于色林错流域面积较小，利用覆盖流域面积格网数据的算术平均值得到流域 2001~2040 年年均气温、年均降水量和每年生长季、非生长季的平均气温平均降水量值。

#### 1）RCPs 情景下年均气温

不同 RCPs 情景显示，色林错流域年均气温在近期（2000~2020 年）和中期（2021~2040 年）均呈波动增温趋势（图 5.57），与时间进程的相关关系达到极显著检验水平（表 5.30），气温变化倾向率为 0.37~0.49℃/10a。其中，RCP 6.0 情景增温幅度最低，该情景模式辐射强迫稳定在 6.0 W/a，2100 年后 $CO_2$ 当量浓度约稳定在 850ppm。

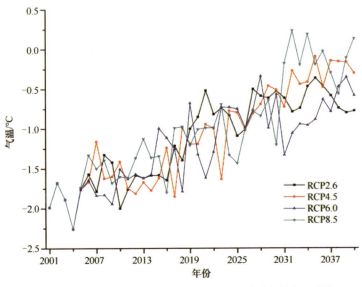

图 5.57　RCPs 情景下 2001~2040 年色林错流域年均气温趋势

表 5.30　RCPs 情景下 2001~2040 年色林错流域年均气温、年降水量线性拟合参数

| RCPs | 年均气温 | | | 年降水量 | | |
|---|---|---|---|---|---|---|
| | r | P | 变化倾向率/℃ | r | P | 变化倾向率/(mm/10a) |
| 2.6 | 0.883 | <0.00 | 0.4 | 0.339 | 0.032 | 7.68 |
| 4.5 | 0.922 | <0.00 | 0.49 | 0.448 | 0.004 | 9.10 |
| 6.0 | 0.850 | <0.00 | 0.37 | 0.390 | 0.013 | 7.30 |
| 8.5 | 0.890 | <0.00 | 0.49 | 0.596 | <0.000 | 15.64 |

## 2）RCPs 情景下年降水量

RCPs 情景下，色林错流域年降水量在近期（2000~2020 年）和中期（2021~2040 年）表现为波动增加趋势（图 5.58），但与时间进程的相关关系基本为低度相关，只有 RCP 8.5 情景下为显著相关（表 5.30）。降水量变化倾向率为 7.30~15.64mm/10a，其中，RCP 8.5 情景降水量增加最大，该情景模式辐射强迫上升至 8.5 W/a，2100 年后 $CO_2$ 当量浓度约达到 1370ppm。RCP 8.5 是温室气体排放最高的情景，该情景假定人口最多、技术革新率不高、能源改善缓慢，从而导致长时间高能源需求及温室气体排放，同时又缺少应对气候变化的政策（王绍武等，2012）。

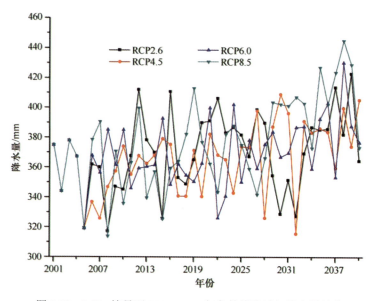

图 5.58　RCPs 情景下 2001~2040 年色林错流域年降水量趋势

## 3）RCPs 情景下生长季、非生长季平均气温

各 RCPs 情景下，色林错流域生长季平均气温和非生长季平均气温在近期和中期均表现为波动增温趋势（图 5.59，图 5.60），与时间进程的相关关系均达到显著性检验水平，其中不同 RCPs 情景下生长季平均气温达到高度线性相关（表 5.31）。生长季平均气温变化倾向率为 0.39~0.43℃/10a，与各 RCPs 情景下年均气温变化倾向率区间大致相同。非生长季平均气温变化倾向率为 0.44~0.55℃/10a，大于年均气温和生长季平均气温的变

化区间，高 0.05~0.12℃/10a，非生长季增温趋势明显高于生长季。

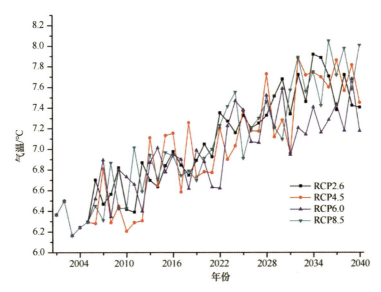

图 5.59　RCPs 情景下 2001~2040 年色林错流域生长季平均气温趋势

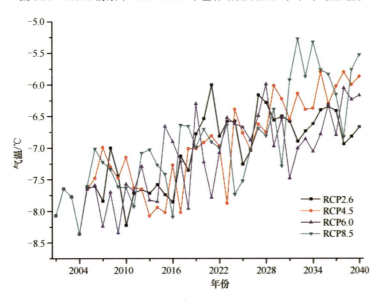

图 5.60　RCPs 情景下 2001~2040 年色林错流域非生长季平均气温趋势

表 5.31　RCPs 情景下 2001~2040 年色林错流域生长季、非生长季平均气温线性拟合参数

| RCPs | 生长季平均气温 | | | 非生长季平均气温 | | |
|---|---|---|---|---|---|---|
| | $r$ | $P$ | 变化倾向率/（℃/10a） | $r$ | $P$ | 变化倾向率/（℃/10a） |
| 2.6 | 0.927 | <0.000 | 0.39 | 0.782 | <0.000 | 0.42 |
| 4.5 | 0.887 | <0.000 | 0.41 | 0.861 | <0.000 | 0.55 |
| 6.0 | 0.833 | <0.000 | 0.28 | 0.776 | <0.000 | 0.44 |
| 8.5 | 0.925 | <0.000 | 0.43 | 0.800 | <0.000 | 0.54 |

生长季气温中，RCP 2.6 情景在 2001~2034 年升温趋势比较稳定，在 2035~2040 年气温有所回升，回升至 2028 年左右气温的水平。RCP 4.5 情景升温幅度波动较大，多年波动幅度在 0.5℃左右，在 2032 年以后气温也有所回升，最大回升幅度达 0.43℃。气温变化倾向率最高的是 RCP 8.5 情景模式，升温速率为 0.43℃/10a。非生长季气温中，2001~2020 年是 RCP 2.6、RCP4.5、RCP6.0 情景升温波动幅度最大的年份，最大振幅达 2.5℃。RCP 4.5 情景升温速率最大，达 0.55℃/10a。

**4）RCPs 情景下生长季、非生长季降水量**

RCPs 情景下 2001~2040 年色林错流域生长季、非生长季降水量在近期和中期均表现为增加趋势（图 5.61，图 5.62），生长季降水量增加速率远大于非生长季，它们与时间进程的相关关系普遍表现为微弱相关（$r \leqslant 0.3$）或低度相关（$0.3 < r < 0.5$）（表 5.32）。

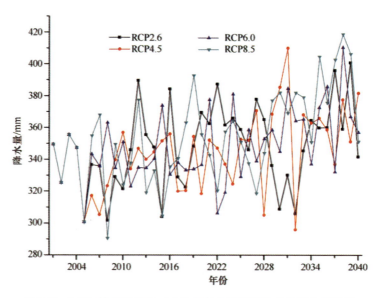

图 5.61 RCPs 情景下 2001~2040 年色林错流域生长季降水量趋势

生长季降水量变化倾向率为 7.46~14.75mm/10a。RCP 2.6 情景在 2012 年基本达到 2001~2040 年降水量的最大值，此后降水量在 300~400mm 震荡。RCP 4.5 情景在 2031 年降水量达到最大值 409.964mm，随后在 2032 年降水量又减少至 2001~2040 年的最小值 295.973mm，2027~2033 年降水量波动较大。RCP 6.0 和 RCP8.5 情景模拟的降水量趋势相对比较稳定。降水量变化倾向率最大值出现在 RCP 8.5 情景。

非生长季降水量方面，由于降水量比较少，虽具有增加趋势，但速率较小，变化倾向率为 0.23~0.39mm/10a。

**5）RCPs 情景气候资料与气象站气候资料对比**

2001~2013 年，RCPs 情景下气候数据与安多、班戈、申扎气象站观测数据对比发现（图 5.63），4 个情景的生长季平均气温在 2001~2005 年大于安多气象站气温，小于申扎和班戈气象站气温，也小于流域内 3 个气象站生长季气温的算术平均值。2005~2013

年，4 个情景生长季平均气温在安多县生长季平均气温的宽幅震荡范围内，同时低于班戈、申扎气象站和流域生长季平均气温。在气温变化趋势方面，3 个气象站生长季平均气温变化趋势保持较好的一致性，各情景下生长季平均气温在某些年份与气象站平均气温产生背离，如 RCP 2.6 的 2010 年、RCP 4.5 的 2010 年和 2013 年、RCP 6.0 的 2010~2013 年和 RCP 8.5 的 2008~2013 年。

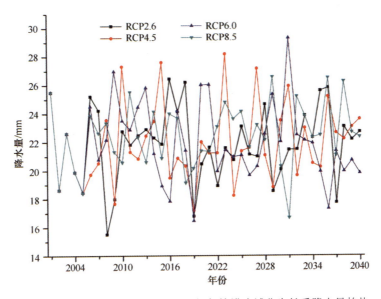

图 5.62　RCPs 情景下 2001~2040 年色林错流域非生长季降水量趋势

**表 5.32　RCPs 情景下 2001~2040 年色林错流域生长季、非生长季降水量线性拟合参数**

| RCPs | 生长季降水量 | | | 非生长季降水量 | | |
| --- | --- | --- | --- | --- | --- | --- |
| | $r$ | $P$ | 变化倾向率/（mm/10a） | $r$ | $P$ | 变化倾向率/（mm/10a） |
| 2.6 | 0.338 | 0.033 | 7.46 | 0.103 | 0.527 | 0.23 |
| 4.5 | 0.442 | 0.004 | 9.28 | 0.162 | 0.317 | 0.39 |
| 6.0 | 0.451 | 0.003 | 8.72 | 0.134 | 0.410 | 0.32 |
| 8.5 | 0.583 | <0.000 | 14.75 | 0.214 | 0.184 | 0.31 |

　　RCPs 情景模拟的非生长季平均气温普遍低于流域内各气象站非生长季平均气温（图 5.64），与流域内非生长季平均气温相比，RCP 情景数据模拟的平均气温偏低 1.5~3.3℃。各情景非生长季平均气温与气象站平均气温的主要背离情况如下：RCP 2.6 的 2004 年、2005 年和 2010 年，RCP 4.5 的 2004 年、2005 年、2007~2009 年，RCP 6.0 的 2004 年、2005 年和 2009 年。

　　RCPs 情景模拟的生长季降水量比区内平均降水量低 100mm 左右（图 5.65），非生长季降水量在 2001~2006 年偏低 10~20mm，2007~2013 年则基本与流域非生长季降水量平均值持平（图 5.66）。

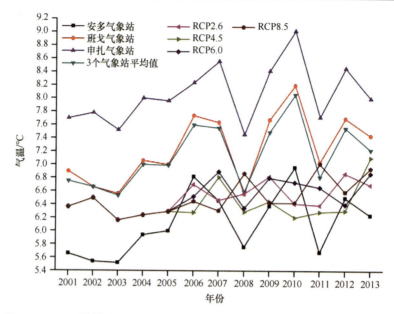

图 5.63 RCPs 情景下 2001~2013 年 RCPs 情景与气象站生长季平均气温对比

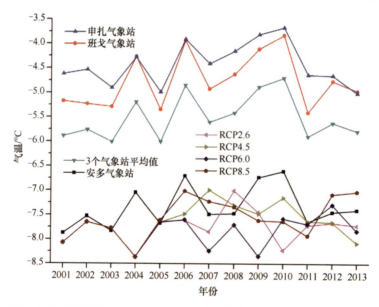

图 5.64 RCPs 情景下 2001~2013 年 RCPs 情景与气象站非生长季平均气温对比

## 2. RCPs 情景下色林错流域冰川变化

RCPs 情景模拟的气候数据虽然与气象站观测数据存有一定差异，但其模拟的长期趋势与观测数据估算的趋势基本一致，气候随时间变化模拟能力较好。为模拟色林错流域内冰川面积在近期和中期的变化趋势，以区内最大的唐古拉山冰川为例，分析了冰川面积与 RCPs 情景气候数据的相关关系（表 5.33），并基于此相关关系优选了与冰川面积关系密切的气候因子，建立了各 RCPs 情景下唐古拉山冰川面积的回归模型。其中，唐

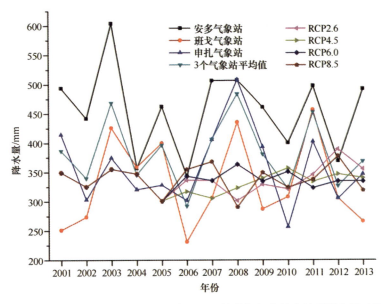

图 5.65　RCPs 情景下 2001~2013 年 RCPs 情景与气象站生长季降水量对比

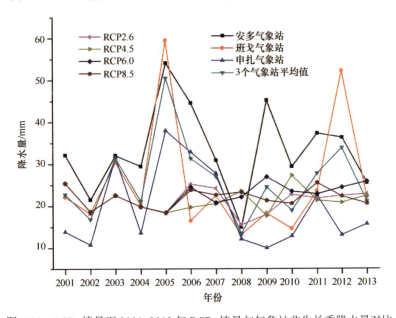

图 5.66　RCPs 情景下 2001~2013 年 RCPs 情景与气象站非生长季降水量对比

古拉山冰川面积基于美国陆地卫星影像（TM、ETM+、L8）目视解译获得（2001 年、2003 年、2005 年、2007 年、2009 年、2011 年和 2013 年）。

$$S_{26} = 285.936 - 27.396 T_{生4a} - 0.501 T_{非3a} \quad (r=0.913,\ P=0.167) \tag{5.32}$$

$$S_{45} = 312.986 - 40.374 T_{生5a} - 7.521 T_{非5a} \quad (r=0.922,\ P=0.149) \tag{5.33}$$

$$S_{60} = 281.975 - 26.012 T_{生4a} \quad (r=0.956,\ P=0.011) \tag{5.34}$$

$$S_{85} = 1.897 - 3.099 T_{生2a} - 17.192 T_{非5a} \quad (r=0.960,\ P=0.079) \tag{5.35}$$

式中，$S_{26}$、$S_{45}$、$S_{60}$ 和 $S_{85}$ 分别为 RCP 2.6、RCP 4.5、RCP 6.0 和 RCP 8.5 情景下唐古拉

表 5.33　唐古拉山冰川面积与 RCPs 情景下气候要素相关系数

| 气候因子 | RCP 2.6 | RCP 4.5 | RCP 6.0 | RCP 8.5 |
|---|---|---|---|---|
| 生长季气温 | −0.764* | −0.607 | −0.91* | −0.64 |
| 2 年移动平均生长季气温 | −0.77 | −0.454 | −0.863* | −0.779 |
| 3 年移动平均生长季气温 | −0.851* | −0.646 | −0.869* | −0.682 |
| 4 年移动平均生长季气温 | −0.913* | −0.697 | −0.956* | −0.694 |
| 5 年移动平均生长季气温 | −0.832 | −0.865 | −0.83 | −0.635 |
| 非生长季气温 | −0.583 | −0.401 | −0.246 | −0.603 |
| 2 年移动平均非生长季气温 | −0.318 | −0.477 | −0.082 | −0.585 |
| 3 年移动平均非生长季气温 | −0.636 | −0.672 | −0.051 | −0.76 |
| 4 年移动平均非生长季气温 | −0.472 | −0.783 | −0.174 | −0.873 |
| 5 年移动平均非生长季气温 | −0.68 | −0.805 | −0.316 | −0.955* |
| 生长季降水量 | 0.064 | 0.306 | 0.351 | 0.067 |
| 2 年移动平均生长季降水量 | −0.141 | 0.009 | −0.302 | −0.098 |
| 3 年移动平均生长季降水量 | 0.095 | 0.352 | 0.369 | 0.089 |
| 4 年移动平均生长季降水量 | −0.152 | −0.043 | −0.566 | −0.314 |
| 5 年移动平均生长季降水量 | 0.089 | 0.213 | −0.196 | −0.131 |
| 非生长季降水量 | 0.312 | 0.529 | −0.207 | 0.175 |
| 2 年移动平均非生长季降水量 | −0.183 | −0.428 | −0.846* | −0.701 |
| 3 年移动平均非生长季降水量 | 0.168 | 0.263 | −0.56 | −0.433 |
| 4 年移动平均非生长季降水量 | −0.462 | −0.524 | −0.846 | −0.914 |
| 5 年移动平均非生长季降水量 | 0.039 | −0.07 | −0.692 | −0.755 |

*表示通过显著性检验。

山冰川的预测面积；$T_生$、$T_非$为对应情景下生长季气温和非生长季气温。各回归方程线性拟合程度较高，达到高度相关水平，其中 $S_{60}$ 通过显著性检验。

RCPs 情景下 2001~2040 年唐古拉山冰川的模拟面积显示，该冰川近期、中期呈持续退缩趋势（图 5.67）。近期趋势中，冰川退缩比较稳定的是 RCP 2.6 和 RCP 4.5 情景。中期趋势在 2035 年以后，受区域阶段性气温降低影响，RCP 2.6 和 RCP 8.5 情景预测的冰川面积则略有回升。

不同 RCPs 情景预测的唐古拉山冰川退缩面积差异较大（表 5.34），其中，至 2040 年 RCP 4.5 情景冰川退缩面积最大，退缩率达 55.16%。RCP 4.5 情景下 2100 年辐射强迫稳定在 4.5W/a，该情景考虑了与全球经济框架相适应的、长期存在的全球温室气体和生存期短的物质排放，以及土地利用与陆面变化情况，并遵循用最低代价达到辐射强迫目标的途径（王绍武等，2012）。该情景下唐古拉山冰川的退缩速率（2.15km²/a）比 2001~2013 年观测的退缩速率（3.19km²/a）略低，而唐古拉山冰川是各拉丹冬冰川的一部分，是青藏高原腹地的大型冰川。RCP 4.5 情景下，色林错流域内比唐古拉山冰川面积更小的甲岗冰川和巴布日冰川，由于其面积较小，对气候变化的响应更为敏感，预计到 2040 年退缩率将超过 60%。

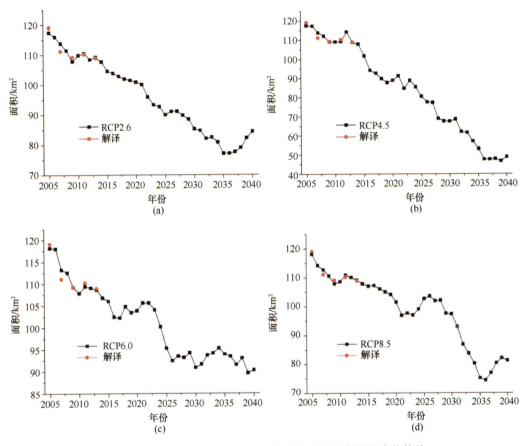

图 5.67　RCPs 情景下 2005~2040 年唐古拉山冰川面积变化趋势

表 5.34　RCPs 情景下 2013~2040 年唐古拉山冰川退缩参数

|  | RCP 2.6 | RCP 4.5 | RCP 6.0 | RCP 8.5 |
| --- | --- | --- | --- | --- |
| 2040 年冰川面积/km² | 84.36 | 48.84 | 90.30 | 81.20 |
| 退缩面积/km² | 24.56 | 60.08 | 18.62 | 27.72 |
| 退缩速率/（km²/a） | 0.88 | 2.15 | 0.66 | 0.99 |
| 退缩率/% | 22.55 | 55.16 | 17.09 | 25.45 |

## 3. RCPs 情景下色林错湖泊面积变化

RCPs 情景下各气候要素与色林错湖面面积的相关关系表明（表 5.35），色林错湖面面积与生长季气温普遍具有显著的线性相关关系。基于这些相关关系，优选 RCPs 情景下气候因子，构建了 RCPs 不同情景的色林错湖面面积线性回归预测模式，这些预测模式均达到高度线性相关水平，且均通过了显著性检验。

**表 5.35 色林错湖面面积与 RCPs 情景下气候要素相关系数**

| 气候因子 | RCP 2.6 | RCP 4.5 | RCP 6.0 | RCP 8.5 |
|---|---|---|---|---|
| 生长季气温 | 0.501 | 0.275 | 0.506 | 0.597 |
| 2 年移动平均生长季气温 | 0.583* | 0.208 | 0.557 | 0.697 |
| 3 年移动平均生长季气温 | 0.764* | 0.357 | 0.758 | 0.871 |
| 4 年移动平均生长季气温 | 0.764* | 0.316 | 0.758 | 0.93* |
| 5 年移动平均生长季气温 | 0.803* | 0.606 | 0.836 | 0.929 |
| 非生长季气温 | 0.263 | 0.232 | 0.219 | 0.514 |
| 2 年移动平均非生长季气温 | 0.239 | 0.327 | 0.428 | 0.512 |
| 3 年移动平均非生长季气温 | 0.267 | 0.361 | 0.446 | 0.465 |
| 4 年移动平均非生长季气温 | 0.354 | 0.489 | 0.726 | 0.521 |
| 5 年移动平均非生长季气温 | 0.427 | 0.492 | 0.566 | 0.486 |
| 生长季降水量 | 0.145 | −0.05 | −0.144 | −0.054 |
| 2 年移动平均生长季降水量 | 0.227 | 0.058 | −0.142 | 0.019 |
| 3 年移动平均生长季降水量 | 0.268 | 0.137 | −0.266 | 0.021 |
| 4 年移动平均生长季降水量 | 0.234 | 0.335 | 0.038 | −0.162 |
| 5 年移动平均生长季降水量 | 0.364 | 0.531 | 0.203 | 0.002 |
| 非生长季降水量 | −0.039 | −0.51 | 0.372 | 0.069 |
| 2 年移动平均非生长季降水量 | 0.034 | 0.216 | 0.571 | 0.291 |
| 3 年移动平均非生长季降水量 | 0.06 | 0.308 | 0.748 | 0.53 |
| 4 年移动平均非生长季降水量 | 0.03 | 0.656 | 0.808 | 0.631 |
| 5 年移动平均非生长季降水量 | −0.206 | 0.675 | 0.861 | 0.691 |

*表示通过显著性检验。

$$S_{26} = -1076.337 + 518.621T_{生5a} \quad (r=0.803, P=0.009) \tag{5.36}$$
$$S_{45} = -4575.786 + 820.874T_{生5a} + 4.957P_{生5a} \quad (r=0.833, P=0.028) \tag{5.37}$$
$$S_{60} = 2306.464 + 363.578T_{生5a} + 304.513T_{非4a} \quad (r=0.959, P=0.001) \tag{5.38}$$
$$S_{85} = -797.981 + 477.219T_{生5a} \quad (r=0.929, P<0.000) \tag{5.39}$$

式中，$S_{26}$、$S_{45}$、$S_{60}$ 和 $S_{85}$ 分别为 RCP 2.6、RCP 4.5、RCP 6.0 和 RCP 8.5 情景下色林错的湖面预测面积；$T_生$、$T_非$ 和 $P_生$ 为对应情景下生长季气温、非生长季气温和生长季降水量。

RCPs 情景下色林错湖面面积在近期和中期均呈快速增长趋势（图 5.68，表 5.36）。增长速率最快的为 RCP 4.5 情景，该情景下 2040 年色林错预估面积将超过 3500km²，湖面扩张速率相对于 2013 年湖面面积达 47.2%。前述 2001~2013 年色林错面积扩张了 389.38km²，扩张速率为 29.95km²/a，在现有影响因素及变化趋势不变的情况下，按该速率计算，至 2040 年色林错湖面也将达到 3218km²。同时，在 5.2 节也阐述，流域内冰川面积退缩与色林错湖面扩张具有高度线性相关关系（$r=0.891$），且通过显著性检验（$P=0.007$），前述唐古拉山冰川至 2040 年退缩面积介于 RCP 4.5 和 RCP 6.0 情景之间，再假设流域内甲岗冰川和巴布日冰川面积不变（即流域内冰川面积退缩的最低估计），将 2040 年唐古拉山冰川 RCP 4.5 和 RCP 6.0 情景对应面积分别代入冰川面积与色林错湖面面积的回归方程，得到 2040 年色林错湖面面积分别为 2931.66km²、3120.11km²。经多方验算，至 2040 年色林错湖面面积超过 3000km² 是大概率事件，这一面积位于 RCP6.0 和 RCP 4.5 情景对应的估算结果之间，2001~2013 年色林错湖面现势扩张速率也落于 RCP6.0 和 RCP 4.5 情景对应的模拟扩张速率区间。

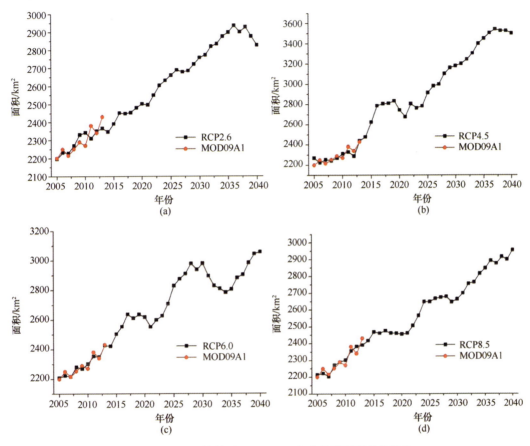

图 5.68　RCPs 情景下 2005~2040 年色林错面积变化趋势

表 5.36　**RCPs 情景下 2013~2040 年色林错湖面面积扩张参数**

| 湖面面积 | RCP 2.6 | RCP 4.5 | RCP 6.0 | RCP 8.5 |
|---|---|---|---|---|
| 2040 年面积/km² | 2827.427 | 3502.342 | 3057.519 | 2956.492 |
| 扩张面积/km² | 448.08 | 1123.00 | 678.18 | 577.15 |
| 扩张速率/（km²/a） | 16.00 | 40.11 | 24.22 | 20.61 |
| 扩张率/% | 18.83 | 47.20 | 28.50 | 24.26 |

　　RCP 4.5 和 RCP6.0 都为中间稳定路径，其路径形式均没有超过目标水平达到稳定，但 RCP 4.5 的优先性大于 RCP 6.0（IPCC，2007a）。就未来三大主要温室气体的排放量、浓度和辐射强迫时间变化趋势来看，在 RCP 4.5 情景下，其走势将在 2040 年达到目标水平，在 2070 年趋于稳定（IPCC，2007a），其时间变化与中国未来经济发展趋势较为一致，适合中国国情，符合政府对未来经济发展、应对气候变化的政策措施。

### 5.3.5 气候变化对青藏高原生态系统影响风险评估

气候变化是人类面临的最突出的风险问题之一，以全球变暖为主要特征的气候变化已经不可避免，21 世纪全球仍将表现为明显的增温，极端天气气候事件及其引发的气象灾害可能更加严重（IPCC，2007b）。气候变化所引发的生态风险正成为研究的热点。吴绍洪等（2011）基于 IPCC 排放情景特别报告中给出的 B2 情景下中国区域 21 世纪的气候变化（1961~2010 年），开展了中国陆地生态系统近期（1991~2010 年）、中期（2021~2050年）和远期（2051~2080 年）的生态系统风险评价，其中 B2 情景与 RCPs 情景中的 RCP 4.5 情景相对应，本部分内容来源于上述成果的总结。

生态系统风险包括生产功能风险和碳吸收功能风险，选择植被 NPP 的变化表征生态系统生产功能风险，选择净生态系统生产力（NEP）的变化表征生态系统碳吸收功能风险。

### 1. 数据来源与评价方法

#### 1）数据来源

未来气候数据来自中国农业科学院农业环境与可持续发展研究所气候变化研究组 SRES 的 B2 情景数据，水平格网为 50km×50km。

基准期、未来近期、中期和远期的 NPP 与 NEP 由大气-植被相互作用模型（atmosphere vegetation integrated model 2，AVIM2）模拟（Ji，1995；季劲钧和余莉，1999）。

#### 2）NPP 风险评价方法

基于 van Minnen 等（2002）提出的"关键的气候变化"方法，以生态系统生产功能"不能接受的影响"为参考，确定各生态系统的风险标准，将各生态系统分为无风险、低风险、中风险和高风险。无风险主要包括三种情况：一是某时期 NPP 大于基准期 NPP，即 NPP 呈增加趋势；二是 NPP 的无值区，大都是一些荒漠、裸岩地区；三是 NPP 减少幅度并未超过"不能接受的影响"。除无风险区域外的其他区域根据其 NPP 与所属生态系统 NPP 正常范围的关系来决定风险等级。如果某时期 NPP 与基准期 NPP 相比是减少的，并且其值小于该类生态系统 NPP 平均值的 90%时，开始产生风险，当其继续减少到小于该类生态系统 NPP 的最小值时，认为发生了高风险，介于两者之间的属于中风险。构建的风险表达式如下：

$$f(x_i) = \begin{cases} 0 & NPP_i > Mean_i \times (1\% - 10\%) \\ 1 & \left[ Min_i + Mean_i \times (1\% - 10\%) \right]/2 < NPP_i < Mean_i \times (1\% - 10\%) \\ 2 & Min_i < NPP_i < \left[ Min_i + Mean_i \times (1\% - 10\%) \right]/2 \\ 3 & NPP_i < Min_i \end{cases} \quad (5.40)$$

式中，$f(x_i)$ 为生态系统生产功能的风险等级；$NPP_i$ 为某时期 $i$ 种生态系统的 NPP（相对于基准期的 NPP 均值是减少的）；$Min_i$ 为第 $i$ 种生态系统 NPP 正常范围的最小值；$Mean_i$

为第 $i$ 种生态系统 NPP 正常范围的均值；0，1，2，3 分别代表无、低、中、高风险。

**3）NEP 风险评价方法**

对基准期和 1991~2080 年各年 NEP 构成的时间序列进行线性倾向估计，选择最小二乘法，对每个格网的 NEP 进行一元线性回归方程拟合：

$$y = ax + b \qquad (5.41)$$

式中，$y$ 为某年 NEP 的数值；$a$ 为斜率，代表 NEP 的趋势倾向，$a>0$ 时，说明 NEP 随时间的增加呈上升趋势，反之，呈下降趋势；$b$ 为方程中的常数项，代表基准期的 NEP。

## 2. 青藏高原生产功能风险空间分布格局与趋势

在 IPCC SRES 的 B2 情景下，青藏高原不同生态系统的生产功能风险空间分布格局与全国的风险空间分布格局相似，即不同预估时期具有相似的地理格局，风险范围则随着增温幅度的增加而扩展。

近期、中期和远期模拟的结果显示，青藏高原生产功能的高风险、中风险、低风险和无风险区均存在。面积比例上，青藏高原整体以高风险区和无风险区面积占优。空间格局上，以雅鲁藏布江南部的佩枯错至兹格塘错一线和兹格塘错到库赛湖一线为大致界线，界线西北部以高风险区为主，界线东部、东南部和南部大部分地区则以低风险和无风险区为主。

就不同等级风险的变化趋势而言，低风险区持续减少，而高风险区则持续剧烈扩展。全国层面，近期-中期的"逆转"主要发生在青藏高原，比例超过全国的 90%；青藏高原中期-远期的"逆转"并没有向好趋势，相反地，"逆转"趋势进一步加剧。统计数据表明，青藏高原脆弱的生态系统受气候变化的影响占全国之首，形势不容乐观。

## 3. 青藏高原碳吸收功能风险空间分布格局与趋势

与生产功能风险空间分布格局类似，不同预估时期气候变化对青藏高原不同生态系统的碳吸收功能风险区具有相似的地理格局，风险范围则随着增温幅度的增加而扩展。

近期、中期和远期模拟的结果显示，青藏高原主体为低风险区和无风险区，它们占青藏高原面积的 90% 以上。高风险区集中分布在西藏自治区错那县南部和青海省柴达木盆地区域。

不同等级风险的变化趋势方面，青藏高原绝大部分在近期-中期和中期-远期基本无变化，局部零星地区具有"强发展"的向好趋势。

综合风险是指综合考虑了生产功能风险和碳吸收功能风险，未来气候变化下青藏高原生态系统综合风险的计算方法是，某个县域内风险总值除以县域的总面积值，即单位面积上承担的风险程度。风险总值由两类风险与其对应面积乘积的加权值求得，计算结果划分为无、低、中和高 4 个等级。

青藏高原近期、中期和远期的模拟计算结果显示，无风险区和低风险区构成了青藏高原的主体。无风险区主要分布在那曲地区东部、昌都地区、林芝地区和青海省南部与西藏自治区和四川省接壤区域，以及川西北高原，该区也是三江源区的主体部分。中风险区分布在错那县南部和柴达木盆地及其周缘。除无风险区和中风险区以外的区域全部为低风险区，该区占青藏高原面积的 70%以上。不同预估时期的风险分区具有相似的地理格局，但风险范围则随着增温幅度的增加而扩展。因此，青藏高原整体风险呈上升趋势。

# 参 考 文 献

白爱娟, 黄融, 程志刚. 2014. 气候变暖情景下的青海湖水位变化. 旱区研究, 31(5): 792-797.

蔡英, 李栋梁, 汤懋苍, 等. 2003. 50 年来气温的年代际变化. 高原气象, 22(5): 64-470.

常国刚, 李林, 朱西德, 等. 2007. 黄河源区地表水资源变化及其影响因子. 地理学报, 62(3): 312-320.

畅慧勤, 徐文勇, 袁杰, 等. 2012. 西藏阿里草地资源现状及载畜量. 草业科学, 29(11): 1660-1664.

陈桂琛, 彭敏. 1995. 青海湖地区人类活动对生态环境影响及其保护对策. 干旱区地理, 18(3): 57-62.

陈国明. 2005. 三江源地区"黑土滩"退化草地现状及治理对策. 四川草原, (10): 37-44.

陈克龙, 苏旭, 王记志. 2014. 基于 RS 和 GIS 的青海湖流域湿地景观格局变化分析. 青海师范大学学报, 1(1): 63-66.

陈亮, 陈克龙, 刘宝康, 等. 2011. 近 50a 青海湖流域气候变化特征分析. 干旱气象, 29(4): 483-487.

陈亮, 陈克龙. 2011. 近 50a 青海湖流域气候变化特征分析. 干旱气象. 29(4): 483-487.

陈少勇, 董安祥. 2006. 青藏高原总云量的气候变化及其稳定性. 干旱区研究, 23(2): 327-333.

陈新海. 2005. 青海湖地区的人类活动与环境. 青海民族学院学报, 31(1): 38-43.

陈永富, 刘华, 邹文涛, 等. 2012. 三江源高寒湿地动态变化趋势分析. 林业科学, 48(10): 70-76.

戴升, 李林. 2011. 1961—2009 年三江源地气候变化特征分析. 青海气象, 1: 20-26.

丁明军, 李兰晖, 张镱锂, 等. 2014. 1971~2012 年青藏高原及周边地区气温变化特征及其海拔敏感性分析. 资源科学, 36(7): 1509-1518.

丁明军, 张镱锂, 刘林山, 等. 2010a. 1982~2009 年青藏高原草地覆盖度时空变化特征. 自然资源学报, 25(12): 2114-2122.

丁明军, 张镱锂, 刘林山, 等. 2010b. 青藏高原植被覆盖对水热条件年内变化的响应及其空间特征. 地理科学进展, 29(4): 508-512.

丁永建. 1995. 近 40a 来全球冰川波动对气候变化的反应. 中国科学(B 辑), 25(10): 1093-1098.

杜鹃, 杨太保, 何毅. 2014. 1990-2011 年色林错流域湖泊-冰川变化对气候的响应. 干旱区资源与环境, 28(12): 90-93

杜军, 边多, 鲍建华, 等. 2008. 藏北高原蒸发皿蒸发量及其影响因素的变化特征. 水科学进展, 19(6): 786-791.

杜军, 边多, 胡军, 等. 2007. 西藏近 35 年日照时数的变化特征及其影响因素. 地理学报, 62(5): 492-500.

杜军, 胡军, 陈华, 等. 2006. 雅鲁藏布江中游地表湿润状况的趋势分析. 自然资源学报, 21(2): 196-204.

杜军, 李春, 拉巴, 等. 2009. 西藏近 35 年地表湿润指数变化特征及其影响因素. 气象学报, 67(1): 678-685.

杜军. 2001. 西藏高原近 40 年的气温变化. 地理学报, 56(6): 682-690.

冯超, 古松, 赵亮, 等. 2010. 青藏高原三江源区退化草地生态系统的地表反照率特征. 高原气象, 29(1): 70-77.

冯琦胜, 高新华, 黄晓东, 等. 2011. 2001~2010 年青藏高原草地生长状况遥感动态监测. 兰州大学学报: 自然科学版, 47(4): 75-81.

冯钟葵, 李晓辉. 2006. 青海湖近 20 年水域变化及湖岸演变遥感监测研究. 古地理学报, 8(1): 131-141.

格桑, 苏雪燕, 普布卓玛. 2009. 降水距平百分率在西藏干旱判定中的验证. 西藏科技, 2: 61-62.

郭廷锋, 张陆军, 辛元红. 2009. 长江源区沼泽湿地退化的地质原因及发展趋势研究. 青海国土经略, 2009(6): 34-36.

侯文菊, 铁顺富, 张世珍. 2010. "三江源" 地区冬季积雪及气温降水的变化特征. 青海科技, 17(1): 60-66.

胡芩, 姜大膀, 范广洲. 2015. 青藏高原未来气候变化预估: CMIP5 模式结果. 大气科学, 39(2): 260-270.

季劲钧, 余莉. 1999. 地表面物理过程与生物地球化学过程耦合反馈机理的模拟研究. 大气科学, 23(4): 439-448.

康世昌, 张拥军, 秦大河, 等. 2007. 近期青藏高原长江源区急剧升温的冰芯证据. 科学通报, 52: 457-462.

李凤霞, 伏洋. 2008. 环青海湖地区气候变化及其环境效应. 资源科学, 30(3): 348-353.

李广泳, 李小雁, 赵国琴, 等. 2014. 青海湖流域草地植被动态变化趋势下的物候时空特征. 生态学报, 34(11): 3038-3047.

李辉霞, 刘国华, 傅伯杰. 2011. 基于 NDVI 的三江源地区植被生长对气候变化和人类活动的响应研究. 生态学报, 31(19): 5495-5504.

李惠梅, 张安录. 2014. 三江源草地气候生产力对气候变化的响应. 华中农业大学学报(社会科学版), 1: 124-130.

李丽, 刘普幸, 姚玉龙. 2015. 近 28 年金昌市土地利用动态变化及模拟预测. 生态学杂志, 34(4): 1097-1104.

李林, 王振宇, 秦宁生. 2002. 环青海湖地区气候变化及其对荒漠化的影响. 高原气象, 21(1): 34-43.

李林, 朱西德, 周陆生, 等. 2004. 三江源地区气候变化及其对生态环境的影响. 气象, 30(8): 18-22.

李娜, 王根绪, 杨燕, 等. 2011. 短期增温对青藏高原高寒草甸植物群落结构和生物量的影响. 生态学报, 31: 895-905.

李生辰, 唐红玉, 马元仓, 等. 2000. 青藏高原冬、夏季月平均气温及异常分布研究. 高原气象, 19(4): 520-529.

李生辰, 徐亮, 郭英香, 等. 2007. 近 34 年青藏高原年降水及其分区. 中国沙漠, 27(2): 307-314.

李穗英, 刘峰贵, 马玉成, 等. 2007. 三江源地区草地退化现状及原因探讨. 青海农林科技, 4: 29-32.

李穗英, 孙新庆. 2009. 青海省三江源草地生态退化成因分析. 青海草业, 18(2): 19-22.

李燕, 段水强, 金永明. 2014. 1956-2011 年青海湖变化特征及原因分析. 人民黄河, 36(6): 97-89.

李英年, 赵亮, 赵新全, 等. 2004. 5 年模拟增温后矮嵩草草甸群落结构及生产量的变化. 草地学报, 12: 236-239.

李志, 刘文兆, 郑粉莉. 2010. 基于 CA-Markov 模型的黄土塬区黑河流域土地利用变化. 农业工程学报, 26(1): 346-352.

林振耀, 赵昕栾. 1996. 青藏高原气温降水变化的空间特征. 中国科学( D 辑), 26(40): 354-358.

刘宏, 达瓦. 2015. 申扎县草场灌溉问题浅析. 西藏科技, 268(7): 50-51.

刘华, 鞠洪波, 邹文涛, 等. 2013. 长江源典型区湿地对区域气候变化的响应. 林业科学研究, 26(4): 406-413.

刘青春, 时兴合, 汪青春, 等. 2008. 青藏高原春夏季温度与太平洋海温的关系. 干旱气象, 26(3): 29-33.

刘瑞霞, 刘玉洁. 2008. 近 20 年青海湖湖水面积变化遥感. 湖泊科学. 20(1): 135-138.

刘县明. 2007. CA-Markov 复合模型及其在城市土地利用中的应用研究. 江西: 南昌大学硕士学位论文.

刘新伟, 赵庆云, 孙国武. 2006. 青藏高原东北侧夏季异常高温的环流特征及诊断. 干旱气象, 24(3): 42-47.

刘艳, 李杨, 崔彩霞, 等. 2010. MODIS MOD13Q1 数据在北疆荒漠化监测中的应用评价. 草业学报,

19(3): 14-21.

刘燕华, 葛全胜, 吴文祥. 2005. 风险管理——新世纪的挑战. 北京: 气象出版社.

刘禹, 安芷生, 宋慧明, 等. 2009. 青藏高原中东部过去 2485 年以来温度变化的树轮记录. 中国科学, 39(2): 166-176.

卢素锦, 石红霄, 李鹏, 等. 2009. 三江源长江地表水水环境现状评价. 环境与健康杂志, 26(7): 604-605.

路云阁, 刘晓, 张振德. 2010. 近 32 年三江源地区土地沙化特征驱动力分析. 国土资源遥感, (s1): 72-76.

吕爱锋, 贾绍凤, 燕华云, 等. 2009. 三江源地区融雪径流时间变化特征与趋势分析. 资源科学, 31(10): 1704-1709.

马艳. 2006. 三江源湿地消长对区域气候影响的数值模拟. 兰州: 兰州大学硕士学位论文.

孟恺, 石许华, 王二七, 等. 2012. 青藏高原中部色林错湖近 10 年来湖面急剧上涨与冰川消融. 科学通报, 57(7): 571-579.

牛天林, 刘雪华, 李周园, 等. 2013. 1990~2009 年间黄河源区玛多县草地格局时空变化. 环境科学与技术, 36(12): 438-442.

朴世龙, 方精云. 2002. 1982~1999 年青藏高原植被净第一性生产力及其时空变化. 自然资源学报, 17(3): 373-380.

蒲健辰, 姚檀栋, 王宁练, 等. 2004. 近百年来青藏高原冰川的进退变化. 冰川冻土, 26: 517-522.

浦瑞良, 宫鹏. 2000. 高光谱遥感及其应用. 高等教育出版社.

祁永发. 2012. 20 年来青海湖流域湿地变化研究. 西宁: 青海师范大学硕士学位论文.

任雨, 张雪芹, 李生辰, 等. 2008. 青南高原汛期降水异常与水汽输送. 冰川冻土, 30(1): 35-42.

盛文萍, 高清竹, 李玉娥, 等. 2008. 藏北地区气候变化特征及其影响分析. 高原气象, 27(3): 509-517.

孙颜珍. 2009. 青海省三江源区域水资源动态数据库系统建设研究. 电脑知识与技术, 5(21): 5928-5929.

孙永亮, 李小雁. 2008. 青海湖流域气候变化及其水文效应. 资源科学. 资源科学, 30(3): 354-361.

孙云晓, 王思远, 常清, 等. 2014. 青藏高原近 30 年植被净初级生产力时空演变研究. 广东农业科学, 13: 160-166.

唐红玉, 杨小丹, 王希娟, 等. 2007. 三江源地区近 50 年降水变化分析. 高原气象, 26(1): 47-54.

王根绪, 程国栋. 2001. 江河源区的草地资源特征与草地生态变化. 中国沙漠, 21(2): 101-107.

王海. 2010. 青海三江源区湿地类型与退化修复措施浅议. 辽宁林业科学, (2): 54-55.

王建兵, 王振国, 汪志桂. 2007. 青海高原东部边坡地带降水量变化特征及突变分析. 干旱区资源与环境, 21(5): 18-22.

王景升, 张宪洲, 赵玉萍. 2008. 藏北羌塘高原气候变化的时空格局. 资源科学, 30(12): 1852-1859.

王菊英. 2007. 青海省三江源区水资源特征分析. 水资源与水工程学报, 18(1): 91-95.

王敏, 周才平, 吴良, 等. 2013. 近 10 a 青藏高原干湿状况及其与植被变化的关系研究. 干旱区地理, 36(1): 49-56.

王启基, 来德珍, 景增春, 等. 2005. 三江源区资源环境现状及可持续发展. 兰州大学学报(自然科学版), 41(4): 50-55.

王绍武, 罗勇, 赵宗慈, 等. 2012. 新一代温室气体排放情景. 气候变化研究进展, 8(4): 305-307.

王学, 张祖陆, 宁吉才. 2013. 基于 SWAT 模型的白马河流域土地利用变化的径流响应. 生态学杂志, 32(1): 186-194.

吴绍洪, 戴尔阜, 葛全胜, 等. 2011. 综合风险防范-中国综合气候变化风险. 北京: 科学出版社.

吴绍洪, 尹云鹤, 郑度, 等. 2005. 青藏高原近 30 年气候变化趋势. 地理学报, 60(1): 3-11.

吴素霞, 常国刚, 李凤霞, 等. 2008. 近年来黄河源头地区玛多县湖泊变化. 湖泊科学, 20(3): 364-368.

吴艳艳. 2009. Markov-CA 模型支持下的武汉市土地利用变化模拟与预测. 武汉: 武汉理工大学硕士学位论文.

辛有俊, 杜铁瑛, 辛玉春, 等. 2011. 青海草地载畜量计算方法与载畜压力评价. 青海草业, 20(4): 14-22.

徐昔保. 2007. 基于 GIS 与元胞自动机的城市土地利用动态演化模拟与优化研究. 兰州: 兰州大学博士学位论文.

徐小玲. 2007. 三江源地区生态脆弱变化及经济与生态互动发展模式研究. 西安: 陕西师范大学博士学位论文.

徐新良, 刘纪远, 邵全琴, 等. 2008. 30 年来青海三江源生态系统格局和空间结构动态变化. 地理研究, 27(4): 829-838.

徐影, 赵宗慈, 李栋梁. 2005. 青藏高原及铁路沿线未来 50 年气候变化的模拟分析. 高原气象, 24(5): 700-707.

薛振山, 吕宪国, 张仲胜, 等. 2015. 基于生境分布模型的气候因素对三级平原沼泽湿地影响分析. 湿地科学, 13(3): 315-321.

鄢燕, 张建国, 张锦华, 等. 2005. 西藏那曲地区高寒草地地下生物量. 生态学报, 25: 2818-2823.

杨保, Braeuning A. 2006. 近千年青藏高原的温度变化. 气候变化研究进展, V02(03): 104-107.

杨川陵. 2007. 青海湖流域湿地系统退化现状及原因分析. 青海草业, 16(2): 21-26.

杨建平, 丁永建, 陈仁升, 等. 2004. 长江黄河源区多年冻土变化及其生态环境效应. 22(3): 278-285.

杨洁, 王雪格, 李昭阳, 等. 2010. 基于 CA-Markov 模型的吉林省西部土地利用景观格局变化趋势预测. 吉林大学学报, 3(40): 405-411.

杨萍, 刘伟东, 王启光, 等. 2010. 近 40 年我国极端温度变化趋势和季节特征. 应用气象学报, 20(1): 29-36.

杨维鸽. 2010. 基于 CA-Markov 模型和多层次模型的土地利用变化模拟和影响因素研究——以陕西省米脂县高西沟村为例. 西安: 西北大学硕士学位论文.

姚檀栋, 朱立平. 2006. 青藏高原环境变化对全球变化的响应及其适应对策. 地球科学进展, 21(5): 459-464.

伊万娟, 李小雁, 崔步礼, 等. 2010. 青海湖流域气候变化及其对湖水位的影响. 干旱气象, 28(4): 375-383.

易湘生, 尹衍雨, 李国胜, 等. 2011. 青海三江源地区近 50 年来的气温变化. 地理学报, 66(11): 1451-1465.

于惠. 2013. 青藏高原草地变化及其对气候的响应. 兰州: 兰州大学博士学位论文.

俞文政, 常庆瑞, 岳庆玲, 等. 2005. 青海湖流域草地类型变化及其结构演替研究. 中国农学通报, 21(4): 306-309.

张博, 秦其明, 孙永军, 等. 2010. 扎陵湖鄂陵湖近三十年变化的遥感监测与分析. 测绘科学, 35(4): 54-56.

张国胜, 徐维新, 董立新. 1999. 青海省旱地土壤水分动态变化规律研究. 干旱区研究, 16(2): 36-40.

张平, 高丽, 毛晓亮. 2006. 青藏高原气温与印度洋海温遥相关的初步研究. 高原气象, 25(5): 800-806.

张士锋, 华东, 孟秀敬, 等. 2011. 三江源气候变化及其对径流的驱动分析. 地理学报, 66(1): 13-24.

张文纲, 李述训, 庞强强. 2009. 青藏高原 40 年来降水量时空变化趋势. 水科学进展, 20(2): 168-176.

张占峰. 2001. 近 40 年来三江源区气候资源的变化. 青海环境, 11(2): 60-64.

赵慧, 刘伟龙, 王小丹, 等. 2014. 不同水分条件下藏北盐化沼泽湿地土壤碳氮的分布. 山地学报, 32(4): 431-437.

赵静, 姜琦刚, 陈凤臻, 等. 2009. 青藏三江源区蒸发量遥感估算及对湖泊湿地的响应. 吉林大学学报 (地球科学版), 39(3): 507-513.

赵新全. 2009. 高寒草甸生态系统与全球变化. 北京: 科学出版社.

赵宗慈, 王绍武, 徐影. 2005. 近百年我国地表气温趋势变化的可能原因. 气候与环境研究, 10(4): 808-817.

郑度, 林振耀, 张雪芹. 2002. 青藏高原与全球环境变化研究进展. 地学前缘, 9(1): 95-102.

郑淑惠. 2010. 青海三江源自然保护区高寒草原类草地基本特征分析. 青海草业, 19(4): 34-35.

郑中, 祁元, 潘小多, 等. 2013. 基于 WRF 模式数据和 CASA 模型的青海湖流域草地 NPP 估算研究. 冰川冻土, 35(2): 465-474.

周华坤, 赵新全, 赵亮, 等. 2008. 青藏高原高寒草甸生态系统的恢复能力. 生态学杂志, 27: 697-704.

周华坤, 周兴民, 赵新全. 2000. 模拟增温效应对矮嵩草草甸影响的初步研究. 植物生态学报, 24: 547-553.

周宁芳, 秦宁生, 屠其璞, 等. 2005. 近 50 年青藏高原地面气温变化的区域特征分析. 高原气象, 24(3): 344-349.

周宁芳, 屠其璞, 贾小龙. 2003. 近 50a 北半球和青藏高原地面及其高空温度变化的初步分析. 南京气象学院学报, 26(2): 219-227.

周天军, 李立娟, 李红梅, 等. 2008. 气候变化的归因和预估研究. 大气科学, 32(4): 906-922.

周婷, 张寅生, 高海峰, 等. 2015. 青藏高原高寒草地植被指数变化与地表温度的相互关系.冰川冻土, 37(1): 58-66.

邹燕, 赵平. 2008. 青藏高原年代际气候变化研究进展. 气象科技, 36(2): 168-173.

Araya Y H. 2010. Analysis and modeling of urban landcover change in Setubal and Sesimbra, Portugal. Remote Sensing, 2(6): 1549-1563.

Elridge C D, Chen Z. 1995. Comparision of broad-band and narrow-band red and near-infrared Vegetation indices. Remote SenSing of environmtent, 54(1): 38-48.

IPCC. 2007a. Climate Change 2007: Physical Science Basis Contribution. Cambridge: Cambridge University Press.

IPCC. 2007b. Summary for Policymakers of Climate Change 2007: the Physical Science Basis. Contribution of Working Group I to the Fourth Assessment Report of the Intergovernmental Panel on Climate Change. London: Cambridge University Press.

IPCC. 2007c. Climate Change 2007: Impacts, Adaptation and Vulnerability.Contribution of Working Group II to the Fourth Assessment Report of the Intergovernmental Panel on Climate Change . Cambridge, UK: Cambridge University Press..

IPCC. 2007d. Climate Change 2007: Mitigation. Contribution of Working Group III to the Fourth Assessment Report of the Intergovenmental Panel on Climate Change . Cambridge, UK and New York, NY, USA: Cambridge University Press.

IPCC. 2007e. Climate change 2007: the Physical Science Basis. Contribution of Working Group I to the Fourth Assessment Report of the Intergovernmental Panel on Climate Change. Cambridge, UK and NewYork, NY, USA: Cambridge University Press.

IPCC. 2013. Climate Change 2013: the Physical Science Basis. Contribution of Working Group I to the Fifth Assessment Report of the Intergovernmental Panel on Climate Change. Cambridge, UnitedKingdom and New York, NY, USA: Cambridge University Press.

ISO. 2009. ISO Guide 73: 2009. Geneva: International StandardsOrganization.

Jenerette D G, Wu J. 2001. Analysis and simulation of landuse change in the central arizona-phoenix region, USA. Landscape Ecology, 16(7): 611-626.

Ji J. 1995. A climate-vegetation interaction model: simulating physical physical and biological processes at the surface. J Biogeogr, 22 (2/3) : 445-451.

Klein J A, Harte J, Zhao X Q. 2004. Experimental warming causes large and rapid species loss, dampened by simulated grazing, on the Tibetan Plateau. Ecological Letter, 7(12): 1170-1179.

Klein J A, Harte J, Zhao X Q. 2008. Decline in medicinal and forage species with warming is mediated by plant traits on the Tibetan Plateau. Ecosystems, 11 (5) : 775-789.

Li X Y, Xu H Y, Sun Y L, et al. 2007. Lake-level change and water balance analysis at lake Qinghai, west China during recent decades. Water Resources Management, 21(9): 1505-1516.

Moss R H, Edmonds J A, Hibbard K A, et al. 2010. The next generation ofscenarios for climate change research and assessment. Nature, 463(7282): 747-756.

Oreskes N. 2004. The scientific consensus on climate change. Science, 306 (5702) : 1686-1686.

Stow D, Daeschner S, Hope A, et al. 2003. Variability of the seasonally integrated normalized difference vegetation index across the north slope of Alaska in the 1990s. International Journal of Remote Sensing, 24(5): 1111-1117.

Susanna T Y, Tong Y S, Ranatunga T, et al. 2012. Predicting plausible impacts of sets of climate and land use change scenarios on water resources. Applied Geography, 32 (2) : 477-489.

van Minnen J, Onigkeit J, Alcamo J. 2002. Critical climate change as an approach to assess climate change impacts in Europe: development and application. Environmental Science and Policy, 5(4): 335-347.

van Vuuren D P, Edmonds J, Kainuma M, et al. 2011. The representativeconcentration pathways: an overview. Climatic Change, 109 (1-2): 5-31.

Wang S, Duan J, Xu G, et al. 2012. Effects of warming and grazing on soil N availability, species composition, and ANPP in an alpine meadow. Ecology, 93(11): 2365-2376.

Yi G, Zhang T. 2015. Delayed response of lake area change to climate change in siling co lake, tibetan plateau, from 2003 to 2013. International Journal of Environmental Research & Public Health, 12(11): 13886-13900.

Zhao H, Wang X D, Cai Y J, et al. 2016. Wetland transitions and protection under rapid urban expansion: a case study of pearl river estuary, China. Sustainability, 8(5): 471.

# 第6章 西北内陆干旱地区气候变化对湿地生态系统的影响与风险评估

目前，我国西北内陆干旱地区的范围和界限尚无一致的划分标准。中国科学院中国自然地理编辑委员会将西北内陆干旱地区定义为年最大可能蒸发量与年降水量的比值大于 5.0 的地区，主要包括新疆全境、甘肃河西走廊、青海柴达木盆地、宁夏北部和内蒙古西部地区（王根绪等，1999）。在考虑湿地分布实际情况和代表性的同时，参照中国科学院地理科学与资源研究所的中国生态地理区划，选取西北的 4 个典型干旱区：阿尔泰山山地草地、针叶林区，准格尔盆地荒漠区，天山山地荒漠、草原、针叶林区，塔里木盆地荒漠区作为研究区，该研究区包括新疆大部分地区和甘肃西北部，面积为 148.3 万 $km^2$，约占我国陆地面积的 15.45%。由于水资源匮乏，西北内陆干旱地区是中国荒漠化发展最严重的地区（唐晓岚等，2010）。西北内陆干旱地区地貌格局表现为内陆盆地与高山相间分布，尽管降水稀少，但由于地形作用、夏季高山融雪和地下水补给形成了一些宝贵的河流、湖泊及沼泽湿地（王效科等，2004）。发源于高山地区的河流形成由高山向平原和盆地汇集的水系，以山口为界，径流形成区的水系呈树枝状，湿地广泛分布；平原地区的水系呈线状，在沿河滩地和绿洲地下水露头处有零星分布的湖泊和沼泽湿地，内陆河流最终消失在荒漠中或潴成湖泊，形成内陆盐湖和盐沼湿地（李静等，2003）。西北内陆干旱地区的湿地养育了该地区的历史文明，从多个方面为当地

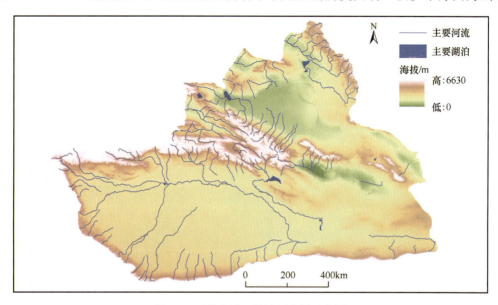

图 6.1 西北内陆干旱地区范围示意图

人民生产生活、经济可持续发展、生态系统的稳定及保护、生物多样性的保护做出了重要贡献（王效科，2010）。

# 6.1　气候变化对西北内陆干旱地区湿地生态系统影响

西北内陆干旱地区的气候具有大陆性季风气候的特点，夏季炎热而少雨，冬季严寒，春秋多风而干旱（张存杰和谢金南，2002）。由于西北内陆干旱地区地处大陆深部，太平洋的暖湿气流很难到达，降水稀少，全年降水量≤400mm，在一些地区甚至只有几十毫米；区内的蒸发量很大，干燥指数大于 2.0。由于降水稀少，西北内陆干旱地区区内水系不发达，河流较少且多为季节性的内陆河，虽然区内湖泊较多，但多为咸水湖（王效科等，2004）。区内水资源的供给主要是依靠较少的降雨和冰雪融水，补给严重不足。西北内陆干旱地区大部分湿地的形成与高山-盆地组合的地貌特征有关（李静等，2003）。高山地区降水量相对较大，蒸发量较小，如天山的降水量>400mm，蒸发量<200mm，大量积雪在春夏得以融化，形成干旱地区河流的主要水源。尽管西北内陆干旱地区低洼平坦的地貌比较广泛，如塔里木盆地、准噶尔盆地和哈密盆地等，但地表径流缺乏限制了湿地的分布，只在一些比较大的内陆河干流的中下游形成了湿地，主要是常年性或季节性的积水地段。由于盆地地形造就了内陆河系，通常在河流尾闾形成湖泊湿地（王效科等，2004）。

## 6.1.1　西北内陆干旱地区历史气候变化特征

### 1. 年平均气温

西北内陆干旱地区年平均气温在 1961~2010 年总体呈上升趋势，增温速率为 0.32℃/10a，但气温年际变化较大，具体表现为年平均气温在 1961~1967 年呈现明显下降趋势（−1.28℃/10a），而在 1968~2010 年呈现波动上升趋势（0.41℃/10a）。西北内陆干旱地区近 50 年累年平均气温为 6.37℃，年均气温的最低值和最高值分别发生在 1967 年和 2007 年，年平均气温分别为 5.10℃和 7.74℃（图 6.2）。

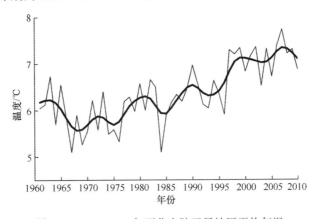

图 6.2　1961~2010 年西北内陆干旱地区平均气温

## 2. 年降水量

近 50 年来，西北内陆干旱地区多年平均降水量为 102.45mm。1961~2010 年年均降水量总体呈现增加趋势（13.74mm/10a），但年际变化较大，具体表现为降水在 1961~1975 年呈现不明显的波动变化，累年平均降水量为 76.65mm；在 1975 年之后，降水量开始明显增加，年均降水量在 1987 年达到 157.47mm；1988 年之后降水量变化较为平稳，1988~2011 年累年平均降水量为 122.09mm（图 6.3）。

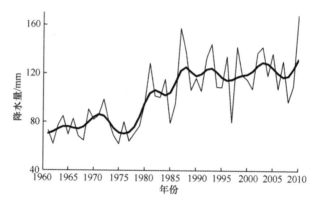

图 6.3　1961~2010 年西北内陆干旱地区平均降水量

西北内陆干旱地区年降水量为全国最少的地区，区内降水分布极不均匀，受地形的影响，平原及盆地内部降水稀少，山区降水相对较多，山区的降水量常是盆地的数倍到数十倍，塔里木盆地降水在 50mm 以下，新疆天山、阿尔泰山的中山带年平均降水量分别可达 400~600 mm 及 600~800 mm（胡汝骥等，2002a）。西北内陆干旱地区绝大部分降水量集中在山区。山地成为干旱区的"湿岛"（李静等，2003）。受大西洋和北冰洋气流影响较大的新疆西部和西北部山地，冬春季降水量占有较大比重，其余大部分地区降水均集中于夏季。天山中部、东部及阿尔泰山以东 5~9 月降水量占全年降水量的 80% 以上（胡汝骥等，2002a）。

## 3. 蒸发量

近 50 年来，西北内陆干旱地区累年平均蒸发量为 91.34mm，最高值为 131.36mm，出现在 1987 年，最低值为 58.35，出现在 1962 年。西北内陆干旱地区蒸发量在 1961~2010 年总体呈现上升趋势（10.19mm/10a），随时间变化可以分为 3 个不同阶段：1961~1975 年蒸发量变化平稳，累年平均蒸发量为 71.69mm；1975~1988 年呈现快速上升，增加速率为 40.04mm/10a；1989 年之后蒸发量维持平稳，1989~2010 年累年平均蒸发量为 105.42mm。西北内陆干旱地区日照强烈，增加了地表蒸发量，使得本地区蒸发量可能很大，由于地表覆盖物多为砾石、风成砂、砂质或粉砂质土壤，透水性强，因此干旱区的湿地在气候变暖的影响下，若受到人为破坏，可能导致湿地迅速衰退甚至演变成干地

（李静等，2003）（图 6.4）。

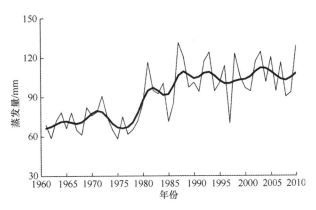

图 6.4　1961~2010 年西北内陆干旱地区蒸发量

## 4. 温暖指数

近 50 年来，西北内陆干旱地区温暖指数呈升高趋势，增加速率为 1.95℃月/10a。1961~2010 年累年平均温暖指数为 110.88℃月，温暖指数在 2008 年最高，为 122.09℃月，在 1970 年最低，为 104.15℃。近 50 年，西北内陆干旱地区平均温暖指数在 1961~1993 年呈现波动变化，平均温暖指数为 108.54；1994 年之后温暖指数快速上升，1994~2010 年累年平均温暖指数为 115.42（图 6.5）。

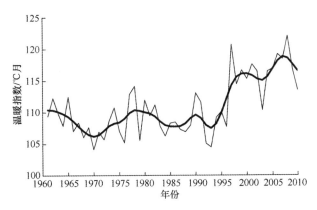

图 6.5　1961~2010 年西北内陆干旱地区温暖指数

## 5. 寒冷指数

西北内陆干旱地区寒冷指数在 1961~2010 年呈升高趋势，增加速率为 1.89℃月/10a。近 50 年，多年平均寒冷指数为 -34.24℃月，寒冷指数最低值为 -47.01℃月，出现在 1967 年，最高值为 -25.47℃月，出现在 2007 年。1961~2010 年寒冷指数变化可以分为 3 个阶段：1961~1969 年寒冷指数呈现降低趋势，1970~1990 年呈现波动上升，1990 年之后维持在较为稳定的水平，1990~2010 年累年寒冷指数为 -31.15℃月（图 6.6）。

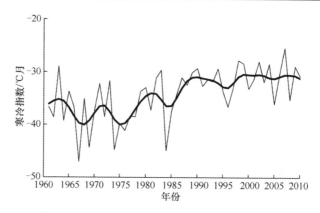

图 6.6　1961~2010 年西北内陆干旱地区寒冷指数

## 6. 湿度指数

西北内陆干旱地区湿度指数在 1961~2010 年总体呈现增加趋势（0.15 mm/℃月/10a），累年平均湿度指数为 1.33 mm/℃月。近 50 年，西北内陆干旱地区湿度指数最高值出现在 1987 年（2.13 mm/℃月），最低值出现在 1962 年（0.77 mm/℃月）。湿度指数在 1961~2010 年变化波动较大，具体表现为 1961~1976 年呈现波动变化，波动范围为 0.77~1.28 mm/℃月；1977~1988 年持续快速上升，上升速率为 0.82 mm/℃月/10a；1989 年之后再次呈现波动变化，波动范围为 0.92~2.12 mm/℃月，1989~2010 年累年平均湿度指数为 1.54 mm/℃月（图 6.7）。

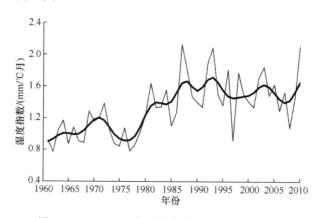

图 6.7　1961~2010 年西北内陆干旱地区湿度指数

## 7. 干燥指数

西北内陆干旱地区的干燥指数在 1961~2010 年总体变化趋势并不显著，累年平均干燥指数为 12.15℃/mm。近 50 年，西北内陆干旱地区年均干燥指数范围为 5.76~24.35℃/mm，1993 年达到最低值（5.76℃/mm），而 3 个明显最高值分别出现在 1961 年（23.43℃/mm）、1985 年（24.02℃/mm）和 2009 年（24.35℃/mm）。西北内陆干旱地区夏季炎热，风力活动强烈，所以蒸发量很大，盆地平原更为显著。塔里木盆地干燥度指数大于 16℃/mm，为极端干旱区。准噶尔盆地的干燥度指数在 4℃/mm 左右，是我国主要的干旱区（胡汝骥等，2002a）（图 6.8）。

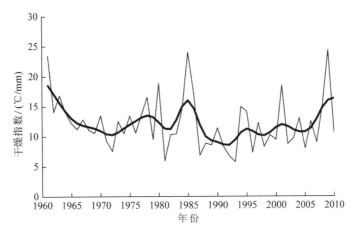

图 6.8　1961~2010 年西北内陆干旱地区干燥指数

## 6.1.2　西北内陆干旱地区生态系统变化特征

### 1. 西北内陆干旱地区

#### 1）土地利用

西北内陆干旱地区的两期（1980 年和 2000 年）土地利用类型空间分布如图 6.9 所示。由图 6.9 可以看出，西北内陆干旱地区分布大面积的沙地、戈壁和裸岩石质地；在研究区西北部及沿河流域，广泛分布着草地及少量耕地。1980~2000 年，西北内陆干旱地区草地面积减少了 108.87 万 hm$^2$，比重由 1980 年的 28.19%下降到 2000 年 27.46%；耕地面积增加了 27.63 万 hm$^2$，比重由 1980 年的 4.14%增加到 2010 年的 4.33%；林地面积增加了 23.92 万 hm$^2$，比重由 1980 年的 2.56%增加到 2010 年的 2.73%。此外，水域、居民用地在 1980~2000 年分别增加了 10.74 万 hm$^2$ 和 2.88 万 hm$^2$。

#### 2）湿地

西北内陆干旱地区的湿地主要包括湖泊湿地、河流湿地、沼泽湿地和人工湿地（唐晓岚等，2010）。湖泊湿地主要分布在各内陆河流的中下游地带，接受河流的补给或地下水补给；沼泽湿地大多位于湖泊周围，面积较小，靠湖水补给，还有一些沼泽湿地是季节性的（王效科，2010）。西北内陆干旱地区湿地由于多分布在江河源区、内陆湖滨、河滩和绿洲等生态敏感地带，面临着人类活动及自然因素，主要是气候变化的巨大威胁（刘逎发等，2005；张秀云等，2012）。

自 19 世纪末小冰期结束以来，我国西北内陆干旱地区气候环境基本处于暖干状态下（施雅风等，2002）。20 世纪 50~80 年代末，西北内陆干旱地区降水呈现减少趋势，河流与湖泊呈现出大幅萎缩状况　（胡汝骥等，2002b）。作为西北内陆干旱地区最长的内陆河流，塔里木河原有 183 条支流，在 80 年代初期除叶尔羌河、和田河和阿克苏河

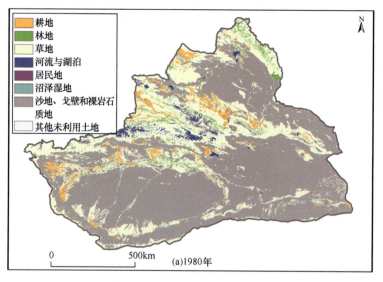

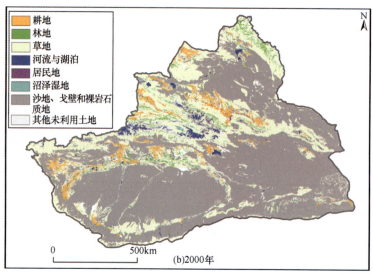

图 6.9　1980 年和 2000 年西北内陆干旱地区各土地利用类型分布

注入干流外,其他支流全部断流(陶希东等,2001)。已干涸的著名湖泊如罗布泊,湖水面积最大时达到 50 万 hm²,但已于 70 年代初干涸(王根绪等,1999)。50 年代,新疆大于 500 hm² 的湖泊有 52 个,面积达 970 万 hm²,80 年代初,湖泊面积缩小了 462 万 hm²(王效科等,2004)。区域气候的暖干化与人为因素的相互叠加,使得 50~80 年代西北内陆干旱地区湿地发生严重的退化,表现为河流断流、湖泊萎缩、湿地水质咸化、湿地面积减小、旱化湿地的沙漠化发展、生物多样性降低(李静等,2003;唐晓岚等,2010)。该时期西北内陆干旱地区湖泊干涸的原因虽然与气候变干有密切关系,但更主要的原因是人类活动的影响 (胡汝骥等,2002b)。人口骤增,耕地面积扩大,湖泊湿地上游大量的农田开发和灌溉设施建设,导致湖泊进水量减少,水位下降,湖面缩小(李静等,2003)。1958~1988 年,因工农业发展用水量急剧增加,致使进入博斯腾湖的水量减少 3 亿 m³，水位下降 3.54m，水面缩小 1.2 万 hm²（李静等，2003）。

自 20 世纪 80 年代中期以来，西北内陆干旱地区气候由暖干向暖湿转变，表现为气温持续上升，降水量明显增加，冰川萎缩，冰川融水量和径流量的增加（施雅风等，2003）。随着气候由暖干向暖湿转变，西北内陆干旱地区主要河流径流量也出现了增加的趋势。塔里木河的主要源流——阿克苏河，在 20 世纪 60~80 年代年平均径流量约为 72 亿 m³，90 年代增加到 84 亿 m³，到 1998 年达到 101 亿 m³（胡汝骥等，2002b）。随着降水量、雪冰消融量和河川径流量的连续增加，干旱区平原湖泊水位持续上升，面积逐年扩大，早已干涸的湖盆也出现生机（施雅风等，2002）。在山区径流量大幅度增加的情况下，一些多年萎缩的湖泊开始呈现湖水位上升与湖面扩大的趋势（胡汝骥等，2002b）。博尔塔拉河流域在 20 世纪 70 年代为枯水期，80 年代之后开始由枯水期向丰水期转变，20世纪 90 年代以来，流域气温和降水呈明显上升趋势，气候由暖干向暖湿转变，博尔塔拉河流域开始进入丰水期（张立山和张庆，2010）。已有研究发现，气温及降水量变化是影响博尔塔拉河流域径流量的最主要因素，在降水量不变的情况下，气温每升高 1℃时，博尔塔拉河流域径流量将增加 4.1%；而当气温不变，降水量每增加 10%时，博尔塔拉河流域径流量将增加 4.6%（迪丽努尔·阿吉等，2014）。其中，气温是影响博尔塔拉河上游和中游径流的主要因子，气温的上升对冰雪资源消融影响较大，气温升高，尤其是夏季气温的升高，导致博尔塔拉河上游和中游径流量呈现明显增加趋势（魏天锋等，2014）。而与上游相比，博尔塔拉河下游径流量与降水量相关性更为密切，博尔塔拉河下游主要以夏季降水量为补给来源。

**3）生物多样性与生态环境**

水资源匮乏、土地荒漠化加剧、沙漠化严重、植被破坏、环境脆弱、生态系统稳定性差是西北内陆干旱地区面临的主要的生态环境问题（易卫华和尚清芳，2007）。气候变化，再加上强烈的人为活动干扰，导致湿地生态环境脆弱化加剧。

湿地生态系统受损，使依附于它们的生物多样性遭受严重威胁，造成区内一些水禽种类消失，种群数量减少（刘迺发等，2005）。例如，博斯腾湖有国家一级保护动物——新疆大头鱼在内的 6 种鱼类绝迹（李静等，2003）。20 世纪 50 年代艾比湖湖滨植被茂盛，而如今超过一半的湖滨植物已经衰亡，剩余植物正逐渐变为沙漠（李文华和赵强，2000）。水域生物种类和数量的减少，使生态系统的结构向着更简化和脆弱的方向发展。西北内陆干旱地区植被生态的变化主要表现为山地森林遭到严重砍伐，林木蓄积量减少；草场载畜能力下降，面积缩小（王根绪等，1999）。胡杨林及柽柳等灌木林是西北内陆干旱地区主要的森林生态构成植物，其一般呈“走廊”式分布在河流两岸，对流域中下游生态环境具有重要作用，其也是构成荒漠天然绿洲的主要成分。50 年代以来，干旱区内陆流域中下游普遍出现天然胡杨及灌木林衰败的现象。此外，干旱平原区草地生态衰退也十分严重，牧草产量严重下降（王根绪等，1999）。人类不合理的引水灌溉，不合理的开垦、过牧和毁坏天然草地及森林活动，对湿地生物的滥捕滥杀及污染物质的排放等，加速西北内陆干旱半干旱地区生态系统的逆行演替，进而整个湿地生态环境发生难以逆转的巨大改变（缑倩倩等，2015）。自 20 世纪 80 年代中期开始，西北内陆干旱地区气候由暖干向暖湿化转变，随着降水量的增多，植被环境改善，绿洲春色盎然，沙漠化止步，沙尘暴开始锐减（施雅风等，2002）。气候由暖干向暖湿化转变既有利于干旱区植被的恢复，绿洲农牧业生产的提高，又有利于生态与环境的改善（胡汝骥等，2002b）。近二十年来，博尔塔拉河流域气温和降水量升高，气候的暖湿化转变，使该流域荒漠植被得到恢复，生态环境得到明显改善（陈志军，2014）。

## 2. 西北内陆干旱地区草原及针叶林区

植被是联结大气、土壤和水分等自然要素的纽带，其在生态系统的物质循环和能量流动中扮演着极其重要的角色，其覆盖变化能够较好地反映一个地区的生态环境总体状况（刘斌等，2015）。中国西北干旱区深居内陆，脆弱的生态环境使得生态系统生产能力相对较低，由于干旱区面积较大，其生态系统的植被碳库在全国的碳平衡中具有重要地位（潘竟虎和李真，2015）。在西北内陆干旱区，森林和草地植被主要分布在阿尔泰山草原针叶林区和天山草原针叶林区两个自然区。阿尔泰山草原针叶林区又分为阿尔泰山西北部和阿尔泰山东南部两个自然亚区。作为我国典型的西伯利亚山地南泰加林的代表，阿尔泰山分布的天然针叶林主要树种包括西伯利亚落叶松、西伯利亚云杉和西伯利亚红松（张帆等，2014）。天山草原针叶林区可分为中天山、东天山和伊犁谷地3个自然亚区。受大西洋和北冰洋水汽影响，天山北坡主要植被由山麓到山顶依次为山地草原、针叶林和高山草原。天山南坡为背风坡，降水较少且蒸发量大，南坡植被主要包括荒漠草原及山地草原。在天山中部及阿尔泰山地区，由于草原面积较大，草地植被生产力相对较高，而分布于天山、阿尔泰山的森林，由于受气候条件的限制，植被净初级生产力相对较低（陈利军等，2002）。

一般而言，植被变化是气候因素和人类活动等非气候因素共同作用的结果。随着人类活动的加剧，土地利用/覆被变化、过度放牧等导致的植被退化可能会改变生态系统的功能，因此有必要对气候因素和非气候因素在植被变化过程中起到的作用进行定量分析（曹鑫等，2006）。受人类活动等影响，当前森林及草地植被退化是我国干旱地区面临的主要生态和经济问题之一（李博，1997）。已有研究发现，在最近几十年，西北内陆干旱地区山地草原针叶林区植被覆盖发生了明显变化（潘竟虎和李真，2015），区分气候因素和非气候因素引起的草原针叶林区植被变化对区域生态系统管理具有非常重要的意义。本书通过利用西北内陆干旱区气象数据及植被数据，分析了阿尔泰山和天山草原针叶林区植被变化，同时利用残差分析方法，对气候因素及非气候因素引起的植被变化进行了定量分析。

### 1）数据来源

作为植被覆盖度及生长状况公认的最佳指示因子，归一化植被指数（NDVI）是监测区域及全球植被变化的有效指标（朴世龙和方精云，2003；Tucker et al.，2005；赵霞等，2011）。目前，NDVI数据已被广泛应用于区域和全球植被状况监测、生态环境评估等方面（Gao，1996；Dalezios et al.，2001；方精云等，2003；Piao et al.，2011；Gonsamo et al.，2016）。本书的研究同样选取 NDVI 数据来分析西北内陆干旱区植被变化，所用数据为 1982~2010 年全球监测与模型研究组（global inventory modeling and mapping studies）15 天合成 NDVI 数据集，其空间分辨率为 8 km×8 km，该数据集已经过辐射、几何及大气校正等处理（Cong et al.，2013）。为进一步减少来自云量、气溶胶及太阳高度角等带来的影响，研究采用最大值合成法（MVC）来获取逐月 NDVI 最大值，以此代表当月植被生长的最好状况（Stow et al.，2007），并最终获得 1982~2010 年逐月 NDVI 时间序列数据。在干旱及半干旱地区，生长季 NDVI 被认为与植被生产力具有很强的相关性（Wessels et al.，2004）。为了排除冬季降雪等因素对 NDVI 数值的影响，本书的研究只分析植被生长季 NDVI 变化，最终利用生长季（4~10 月）平均 NDVI 代表西北内陆干旱地区植被生长状况（Piao et al.，2011；Zhao et al.，2011）。本书的研究所用气象数据来自国家科技支撑计划项目 2012BAC19B00 "重点领域气候变化影响与风险评估技术研发与应用" 提供的中国地面气象要素月平均资料（薛振山等，2015）。数据处理方面，为实现植被指数与气象数据的逐像元空间分析，研究将插值后的气象数据重采样至 NDVI 数据分辨率，并将所有数据的投影坐标进行了统一。

**2）分析方法**

研究利用 1982~2010 年 GIMMS NDVI 数据和气象数据，采用趋势分析和残差分析方法，对西北内陆草原针叶林区植被覆盖时空变化特征进行了分析，并分别计算了气候因素和非气候因素在植被变化中所起的作用。在植被变化方面，研究采用基于像元的一元线性回归分析（于伯华等，2010），通过回归方程的斜率（SLOPE）来表示植被随时间的变化，斜率为正值表明植被 NDVI 值随时间变化呈上升趋势，斜率为负值表明植被 NDVI 值随时间变化而下降，斜率绝对值越大表明变化幅度越大。由于该方法能够模拟出每个栅格像元的变化趋势，因此能够反映出整个区域植被的时空变化规律（神祥金等，2015）。斜率计算公式如下：

$$\text{SLOPE} = \frac{n \cdot \sum_{i=1}^{n} i \cdot \text{NDVI}_i - \left( \sum_{i=1}^{n} i \right)\left( \sum_{i=1}^{n} \text{NDVI}_i \right)}{n \cdot \sum_{i=1}^{n} i^2 - \left( \sum_{i=1}^{n} i \right)^2} \tag{6.1}$$

式中，SLOPE 为研究时间段 NDVI 的变化斜率；$n$ 为研究时间段的年数；$i$ 取 1~$n$，为研究时间段内年份的序号；$\text{NDVI}_i$ 为第 $i$ 年 NDVI 的平均值。

在分析植被变化影响因素方面，Evans 和 Geerken 于 2004 年首次提出残差分析法（又称残差趋势法）来分离气候因素和非气候因素对植被变化的影响（Evans and Geerken，2004；Geerken and Ilaiwi，2004）。该方法是在像元尺度对每个栅格像元对应的 NDVI 值与气象因子值做回归分析，根据回归分析结果，利用气象数据得到每个像元 NDVI 的预测值，以此表示气候因素对 NDVI 的影响值；然后，将测到的 NDVI 真实值减去该预测值，得到 NDVI 残差，并通过计算残差的趋势来得出非气候因素对植被 NDVI 的影响，从而剥离开气候因素和人类活动等非气候因素对植被覆盖的影响。NDVI 残差计算公式如下：

$$\varepsilon = \text{NDVI 真实值} - \text{NDVI 预测值} \tag{6.2}$$

式中，$\varepsilon$ 为 NDVI 残差，表示 NDVI 由非气候因素所贡献的部分。将研究时间段内逐年残差值 $\varepsilon$ 按年序排列，以线性回归方程拟合残差年际变化趋势，如果拟合趋势为正，表明去除气候变化的影响，非气候因素导致植被 NDVI 值逐年增大；如果拟合趋势为负，表明非气候因素导致植被发生退化；如果拟合趋势为 0 或接近于 0，表明非气候因素对植被干扰较小（王静等，2009）。目前，残差分析法已被广泛应用于分离气候因素和非气候因素对植被影响的研究（曹鑫等，2006；卓莉等，2007；王静等，2009；彭飞等，2010；黄森旺等，2012；孙建国等，2012；刘斌等，2015）。

**3）西北内陆草原及针叶林区植被变化**

图 6.10 为西北内陆干旱地区 1982~2010 年植被生长季 NDVI 平均值及变化趋势值空间分布图，从图 6.10 中可以看出，西北内陆干旱地区植被覆盖度较高的地区主要集中在阿尔泰山和天山草原针叶林区，生长季内植被覆盖度最高的区域位于中天山地区［图6.10（a）］。1982~2010 年，阿尔泰山和天山草原针叶林区域植被生长季平均 NDVI 分别为 0.34 和 0.40。此外，在准噶尔盆地荒漠区西南部，由于大面积农作物的种植，植被生长季平均 NDVI 在该地区也相对较高。

在植被变化方面，近三十年西北内陆干旱地区植被生长季平均 NDVI 总体呈现上升趋势，植被退化区域主要集中在阿尔泰山和天山草原针叶林区（图 6.10b），这与以往研究得出的结论相一致（赵霞等，2011；潘竟虎和李真，2015）。尽管草原针叶林区植被存在退化，但区域植被覆盖总体均呈上升趋势（图 6.11）。1982~2010 年，阿尔泰山和天山草原针叶林区生长季平均 NDVI 上升趋势分别为 0.006/10a 和 0.008/10a，其中天山草

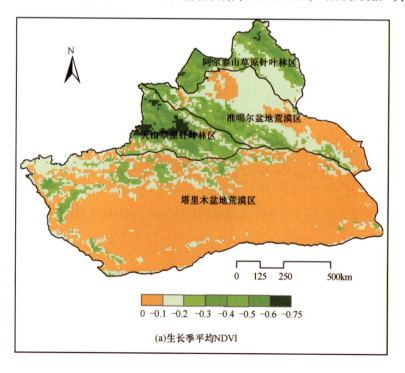

(a)生长季平均NDVI

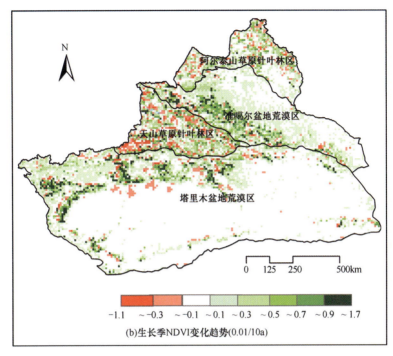

图 6.10　1982~2010 年西北内陆干旱地区植被生长季平均 NDVI 及变化趋势

原针叶林区植被变化达到显著水平（$P<0.05$）。气候变化方面，阿尔泰山和天山草原针叶林区生长季平均气温在 1982~2010 年均呈现明显上升趋势（$P=0.004$，$P=0.001$），气温升高速率分别为 0.54℃/10a 和 0.49℃/10a；近三十年，生长季累积降水量在阿尔泰山和天山草原针叶林区均呈现增加趋势，但上升趋势不显著（$P>0.05$）（图 6.11）。

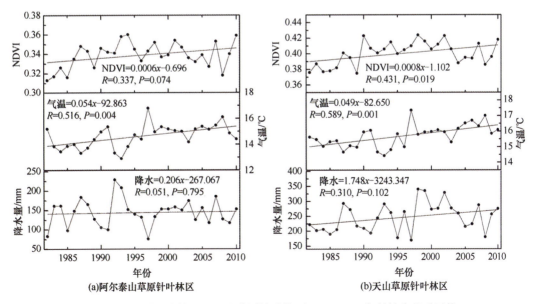

图 6.11　阿尔泰山草原针叶林区和天山草原针叶林区 1982~2010 年植被生长季平均 NDVI、
生长季平均气温和累积降水量变化

### 4）草原及针叶林区气候与非气候因素区分

残差分析方法中，通常选取与植被 NDVI 相关性较好的气象因子来建立回归方程。Evans 和 Geerken（2004）在首次提出残差分析时，利用了降水数据与每个像元 NDVI 建立关系，并以此来计算每个像元 NDVI 残差。尽管以像元作为分析尺度，充分考虑了海拔、坡度、土壤和植被等的空间差异，但由于 Evans 和 Geerken（2004）仅考虑了降水的影响，并未考虑其他气象因子，因此被认为存在着一定的不足（卓莉等，2007）。国内外许多研究表明，植被指数与水热之间具有较好的相关性（Suzuki et al.，2003；毕晓丽等，2005）。在 Evans 和 Geerken（2004）研究的基础上，后续研究在应用残差分析法区分气候与非气候因素对植被的影响时，同时考虑了气温和降水对植被的影响（曹鑫等，2006；王静等，2009）。考虑到生长季内的水热状况对植被生长可能的影响，本书的研究将 1982~2010 年草原针叶林区植被生长季平均 NDVI 与生长季平均气温和累积降水进行相关分析（表 6.1），结果发现，草原针叶林区植被生长季平均 NDVI 与生长季平均气温无明显相关性（$P>0.05$），但与生长季累积降水量呈显著正相关关系（$P<0.05$），表明生长季降水增多能够促进植被生长。

**表 6.1　1982~2010 年西北草原针叶林区区域植被生长季平均 NDVI 与平均气温和累积降水量相关系数**

| 相关性参数 | 阿尔泰山草原针叶林区 | | 天山草原针叶林区 | |
| --- | --- | --- | --- | --- |
| | 平均气温 | 累积降水量 | 平均气温 | 累积降水量 |
| 相关系数 | −0.097 | 0.412 | 0.168 | 0.582 |
| $P$ 值 | 0.617 | 0.026 | 0.385 | 0.001 |

在空间上，不同像元植被生长季平均 NDVI 与平均气温和累积降水量相关性差异较大（图 6.12）。在阿尔泰山草原针叶林区，尽管区域生长季平均气温与平均 NDVI 相关性并不显著，但在阿尔泰山西部地区，生长季平均气温与平均 NDVI 呈显著负相关，而在阿尔泰山东部主要林地分布区，生长季平均气温与平均 NDVI 呈显著正相关［图 6.12（a）］；与生长季平均 NDVI 和平均气温的相关性空间分布规律相反，在阿尔泰山西部地区，生长季平均 NDVI 与生长季累积降水量呈显著正相关，而在阿尔泰山东部主要林地分布区，平均 NDVI 与累积降水量呈现明显负相关性［图 6.12（b）］。这一结果表明，在阿尔泰山草原针叶林区东部和西部，气温和降水对植被生长所起的作用不同。在天山草原针叶林区，生长季平均 NDVI 与平均气温总体呈正相关关系，负相关区域主要集中于中天山地区［图 6.12（a）］；生长季平均 NDVI 和累积降水量总体同样呈现正相关关系，负相关区域主要集中在东天山地区［图 6.12（b）］。以上分析结果表明，水热条件是影响西北草原针叶林区植被生长的重要因素，但在空间不同区域，气温和降水所起的作用存在差异。基于以上分析，本书的研究将草原针叶林区植被生长季平均 NDVI 与生长季平均气温和累计降水量在像元尺度建立回归方程，通过计算逐像元 NDVI 残差及变化趋势来分离气候和非气候因素对植被的影响。

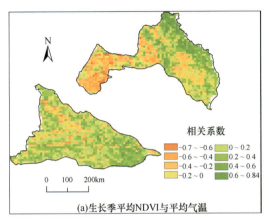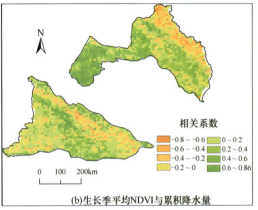

图 6.12　阿尔泰山及天山草原针叶林区植被生长季平均 NDVI 与平均气温和累积降水量相关系数

残差分析结果表明,气候变化对草原针叶林区植被 NDVI 总体起到正的促进作用(即 NDVI 残差变化趋势为正值)(图 6.13)。在阿尔泰山草原针叶林区,气候变化对植被起正作用的区域占整个区域面积的 88.48%,起负作用的区域面积占 11.52%;而在天山草原针叶林区,气候变化对植被起到正负作用的区域面积分别占了 78.25% 和 21.75%。在草原针叶林区植被发生退化区域,人类活动等非气候因素对植被退化起到主导作用,非气候因素对植被 NDVI 起负作用的区域在整个阿尔泰山和天山草原针叶林区分别占 47.61% 和 38.37%。在空间上,气候因素和非气候因素对植被变化的影响具有很大的空间异质性,气候因素导致的植被 NDVI 升高主要集中在阿尔泰山西部和东南部,以及天山中西部,非气候因素导致的植被退化主要集中在阿尔泰山西部及天山中西部地区(图 6.13)。已有研究表明,气温上升和降水量的增多、植物生长季的延长可能是西北内陆干旱区生长季(4~10 月)植被活动增强的主要原因(赵霞等,2011)。尽管受人类活动等的负面影响,如过度放牧、森林砍伐等使得草原针叶林区植被发生退化,但凭借着相对优越的水热条件,西北内陆草原针叶林区植被覆盖度仍保持增长趋势(赵霞等,2011)。此外,在气候变暖的背景下,西北内陆干旱区季节性积雪和高山冰雪融水也可能在一定程度上促进该地区植被生长(胡汝骥等,2003)。

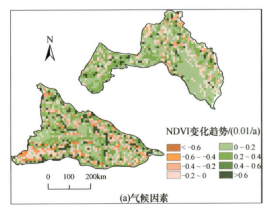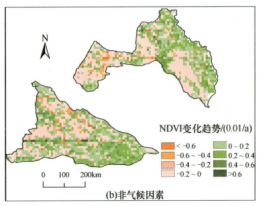

图 6.13　气候因素及非气候因素导致的阿尔泰山及天山草原针叶林区植被生长季 NDVI 变化趋势

# 6.2　气候与非气候因素对湿地影响区分

## 6.2.1　气候与非气候因素对湿地影响的分离

　　采用景观分析法来分离气候与非气候因素对湿地生态系统分布的影响程度。即采用自然湿地转化为农田、人工建筑、道路等人工景观类型面积的转化率来分离气候与非气候因素对湿地景观格局的影响。根据式（2.4）、式（2.5），利用景观分析法，可以快速分离气候与非气候因素对湿地生态系统的影响程度。

　　根据全国沼泽图（1970 年）及第二次全国湿地资源调查结果，西北内陆干旱地区沼泽湿地面积在 1970 年约为 845.3 万 $hm^2$，至 2010 年沼泽湿地面积为 158.9 万 $hm^2$。将 1970~2010 年的类型转移数据代入式（2.4）和式（2.5）计算，其结果为 1970~2010 年，沼泽湿地面积减少了 686.4 万 $hm^2$，其中气候因素与非气候因素对湿地面积变化的贡献率分别为–37.5%和–62.5%，气候与非气候因素均导致西北内陆干旱地区湿地面积减小，其中非气候因素对湿地面积的影响程度要大于气候因素的影响程度，表明非气候因素是导致湿地损失的主要原因。作为西北内陆干旱地区最大的淡水湖，博斯腾湖水域面积由 16.1 万 $hm^2$ 下降到 12.3 万 $hm^2$，面积减少了 3.8 万 $hm^2$，气候与非气候因素均导致博斯腾湖水域面积的减小，两者的贡献率分别为–82.4%和–17.6%，气候因素是导致水域面积损失的主要原因，这与整个西北内陆干旱地区湿地分离结果有所不同。需要指出的是，本书的研究只基于两期博斯腾湖的瞬时影像数据来分析博斯腾湖水域面积的变化，考虑到云量等的影响，其分析结果可能存在一定误差。也有研究发现，博斯腾湖自 1955 年有记录以来至 1986 年水位一直呈下降趋势，面积逐渐缩小；然而，1987 年以来水位转为连续上升，随着降水量的增加，河川径流量增大，农田灌溉用水略减，致使入湖水量增加（胡汝骥等，2002b；施雅风等，2003）。

## 6.2.2　气候与非气候因素对湿地影响的识别

　　利用第 2 章介绍的气候-面积法，对西北内陆干旱地区湿地面积变化的气候和非气候因素影响进行定量评估。以 1970 年西北内陆干旱地区湿地面积作为基准值（$A$），当前 2010 年的湿地面积定义为 $C$。在不考虑非气候因素影响的理想状况下，假定目前气候因子条件所对应的湿地面积为 $P$。根据式（2.2）、式（2.3），识别结果表明，1970~2010 年，西北内陆干旱地区沼泽湿地面积减少了 686.4 万 $hm^2$，气候和非气候因素均导致西北内陆干旱地区湿地丧失，其贡献率分别为–97.9%和–2.1%，气候因素对西北内陆干旱地区湿地的丧失起主要作用，这与景观分析方法得出的结论有所不同。需要注意的是，西北干旱区内部海拔与地貌差异较大，一定程度上可能会影响到气候-面积法在西北整体区域水平上计算结果的精度。

　　尽管气候因素和非气候因素对西北内陆干旱区总体湿地面积起到减少作用，但两者对西北内陆不同区域的影响存在差异（表 6.2）。例如，在博斯腾湖地区，气候因素导致本地区 76.7%的湿地面积损失。在最近几十年，由于气候和非气候因素的影响，博斯腾

湖湿地面积分别减少了 2.9 万 hm$^2$ 和 0.9 万 hm$^2$，气候和非气候因素贡献率分别为–76.7%
和–23.3%，这一结果与景观分析方法得出的结果基本一致。

表 6.2　气候与非气候因素对西北内陆干旱地区湿地面积影响识别

| 地区 | 气候贡献率/% | 非气候贡献率/% |
| --- | --- | --- |
| 西北内陆干旱区 | –97.9 | –2.1 |
| 博斯腾湖 | –76.7 | –23.3 |

# 6.3　气候变化对西北内陆干旱地区湿地
生态系统影响风险评估

## 6.3.1　2011~2040 年西北内陆干旱地区气候变化趋势分析

　　未来气候情景下西北内陆干旱地区气温均呈现出明显的升高趋势，RCP2.6、RCP4.5、
RCP6.0 和 RCP8.5 情景下，未来 30 年累年平均气温值分别为 8.13℃、7.98℃、7.93℃、
8.22℃，高于过去 50 年累年平均气温（6.37℃）。RCP2.6、RCP4.5、RCP6.0 和 RCP8.5 情
景下年均气温增加速率分别为 0.36℃/10a、0.44℃/10a、0.34℃/10a 和 0.58℃/10a，其中
RCP4.5 和 RCP8.5 情景下增温速率明显高于过去 50 年增温速率（0.36℃/10a）（图 6.14）。

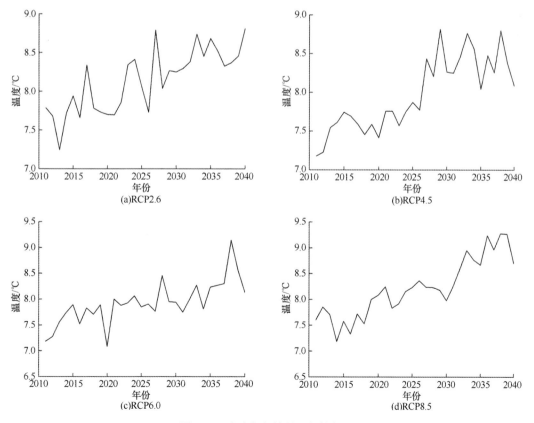

图 6.14　未来气候情景下年均气温

　　未来气候情景下，西北干旱区降水量变化微弱。RCP2.6、RCP4.5、RCP6.0 和 RCP8.5
情景下降水量变化趋势分别为–0.98mm/10a、1.42mm/10a、–0.58mm/10a 和 1.23mm/10a，
各个变化趋势均不显著（$P>0.1$）。RCP2.6、RCP4.5、RCP6.0 和 RCP8.5 情景下，未来
30 年西北内陆干旱区累年平均降水量分别为 104.72mm、101.65mm、101.89mm、
102.56mm，与过去 50 年累年年均降水量（102.45mm）大体相当（图 6.15）。

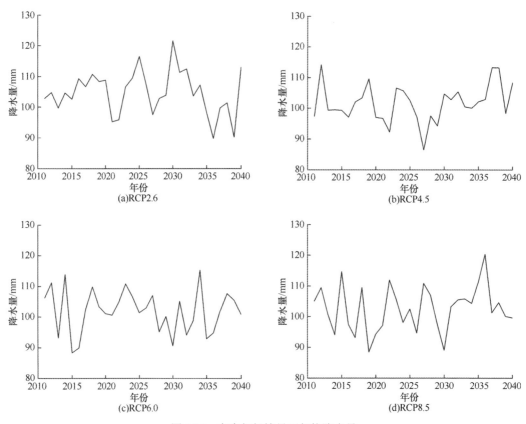

图 6.15　未来气候情景下年均降水量

　　与降水量变化相同，未来气候情景下，西北内陆干旱地区蒸发量在 4 个不同气候情
景下变化均不显著。RCP2.6、RCP4.5、RCP6.0 和 RCP8.5 情景下，蒸发量变化趋势分
别为–0.47mm/10a、1.49mm/10a、–0.01mm/10a、1.51mm/10a。西北内陆干旱地区在
RCP2.6、RCP4.5、RCP6.0 和 RCP8.5 情景下未来 30 年累年平均蒸发量分别 91.88mm、
89.68mm、89.55mm、89.91mm，均与过去 50 年累年平均值（91.34mm）大体相当（图 6.16）。

　　未来气候情景下，西北内陆干旱地区温暖指数在 4 个不同气候情景下均呈明显的
升高趋势。RCP2.6、RCP4.5、RCP6.0 和 RCP8.5 情景下，温暖指数增加趋势分别为
3.55℃月/10a、3.61℃月/10a、3.05℃月/10a、4.88℃月/10a，均显著高于过去 50 年的增
加趋势（1.95℃月/10a），其中 RCP8.5 情景下温暖指数升高速率最快。西北内陆干旱
地区在 RCP2.6、RCP4.5、RCP6.0 和 RCP8.5 情景下，未来 30 年累年平均温暖指数
分别 120.46℃月、119.60℃月、118.76℃月、121.50℃月，均高于过去 50 年累年平均值
（110.88℃月）（图 6.17）。

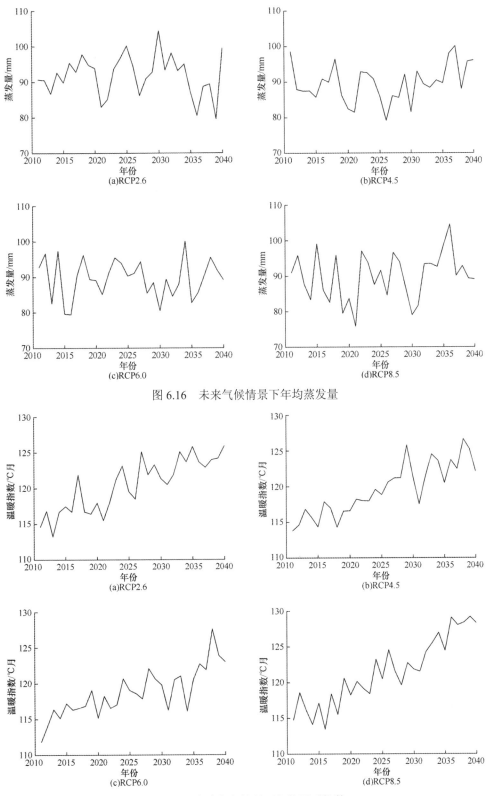

图 6.16　未来气候情景下年均蒸发量

图 6.17　未来气候情景下年均温暖指数

　　未来气候情景下，西北内陆干旱地区寒冷指数在 4 个不同气候情景下均呈明显的升高趋势。RCP2.6、RCP4.5、RCP6.0 和 RCP8.5 情景下，寒冷指数增加趋势分别为 0.78℃月/10a、1.72℃月/10a、1.08℃月/10a、2.12℃月/10a，RCP8.5 情景下寒冷指数升高速率要高于过去 50 年增加趋势（1.89℃月/10a）。西北内陆干旱地区在 RCP2.6、RCP4.5、RCP6.0 和 RCP8.5 情景下，未来 30 年累年平均寒冷指数值分别–23.87℃月、–24.93℃月、–24.65℃月、–23.84℃月，均显著高于过去 50 年累年平均值（–34.24℃月）（图 6.18）。

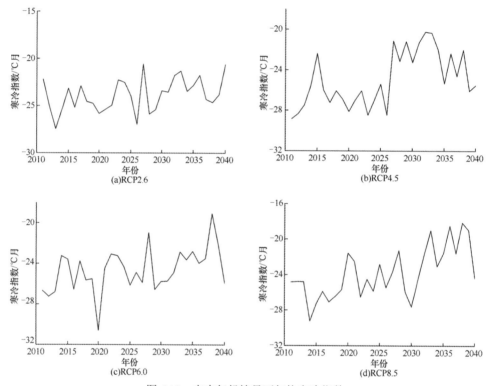

图 6.18　未来气候情景下年均寒冷指数

　　未来气候情景下，西北内陆干旱地区湿度指数在 4 个不同气候情景下均呈下降趋势，RCP2.6、RCP4.5、RCP6.0 和 RCP8.5 情景下湿度指数降低速率分别为–0.08（mm/℃月）/10a、–0.07（mm/℃月）/10a、–0.09（mm/℃月）/10a、–0.08（mm/℃月）/10a。西北内陆干旱地区在 RCP2.6、RCP4.5、RCP6.0 和 RCP8.5 情景下，未来 30 年累年平均湿度指数值分别为 1.37 mm/℃月、1.33 mm/℃月、1.35 mm/℃月、1.31 mm/℃月，均与过去 50 年累年平均值（1.33 mm/℃月）大体相当（图 6.19）。

　　未来气候情景下，西北内陆干旱地区干燥指数在 4 个不同气候情景下变化均不显著，RCP2.6、RCP4.5 和 RCP6.0 情景下，干燥指数呈现轻微的上升趋势，分别为 0.98（mm/℃月）/10a、0.02（mm/℃月）/10a、0.45（mm/℃月）/10a，而 RCP8.5 情景下干燥指数呈现轻微下降趋势 [–0.27（mm/℃月）/10a]。西北内陆干旱地区在 RCP2.6、RCP4.5、RCP6.0 和 RCP8.5 情景下，未来 30 年累年平均干燥指数值分别为 20.38℃/mm、20.77℃/mm、20.36℃/mm、21.29℃/mm，均明显高于过去 50 年累年平均值（12.15℃/mm）（图 6.20）。

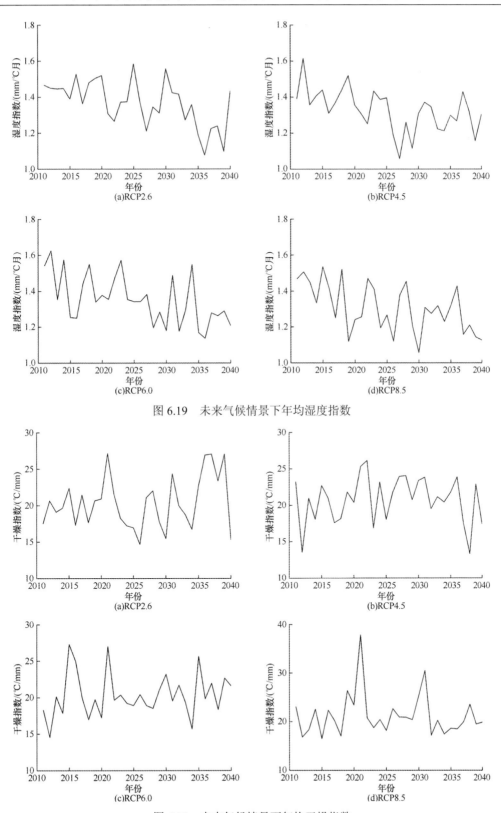

图 6.19　未来气候情景下年均湿度指数

图 6.20　未来气候情景下年均干燥指数

### 6.3.2　气候变化对西北内陆干旱地区湿地生态系统影响风险评估

#### 1. 西北内陆干旱地区

根据第 2 章描述的生态位模型，利用未来不同温室气体排放情景气候数据，模拟各情景潜在分布的湿地。在此基础上，利用潜在分布面积统计方法，对未来不同温室气体排放情景下，湿地生态系统所面临的风险进行等级划分。

对模拟结果进行统计分析得出，在耕地不扩张不退耕的前提下，西北内陆干旱地区湿地总面积在 2050 年 RCP2.6 情景下将减少 10.68 万 hm²，减少率为 6.5%，处于较低风险；在 2050 年 RCP4.5 情景下，将减少 11.1 万 hm²，减少率为 6.7%，处于较低风险；在 2050 年 RCP6.0 情景下，将减少 75.8 万 hm²，减少率为 45.9%，处于低风险；在 2050 年 RCP8.5 情景下，将减少 5.45 万 hm²，减少率为 3.3%，处于较低风险（表 6.3，图 6.21，图 6.22）。

表 6.3　未来不同温室气体排放情景下西北内陆干旱地区湿地潜在分布区面积变化

|  | 2050 年 RCP2.6 | 2050 年 RCP4.5 | 2050 年 RCP6.0 | 2050 年 RCP8.5 |
|---|---|---|---|---|
| 湿地面积变化量/万 hm² | 10.68 | 11.1 | 75.8 | 5.45 |
| 变化率/% | −6.5 | −6.7 | −45.9 | −3.3 |

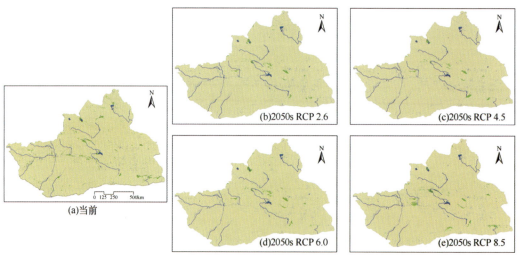

图 6.21　未来不同温室气体排放情景下西北内陆干旱地区湿地生态系统潜在分布

#### 2. 西北内陆草原及针叶林区

根据前文基于像元的残差分析回归方程结果，利用未来不同温室气体排放情景下逐月气象数据（研究利用 4~10 月平均气温和累积降水量），本书的研究模拟了未来 RCP2.6、RCP4.5、RCP6.0 和 RCP8.5 情景下，由气候变化引起的 2011~2040 年植被变化程度。不考虑人类活动等非气候因素影响的情况下，在阿尔泰山及天山草原针叶林区，气候变化引起的未来 30 年生长季平均 NDVI 变化趋势如图 6.23 所示。从图 6.23 可以看出，

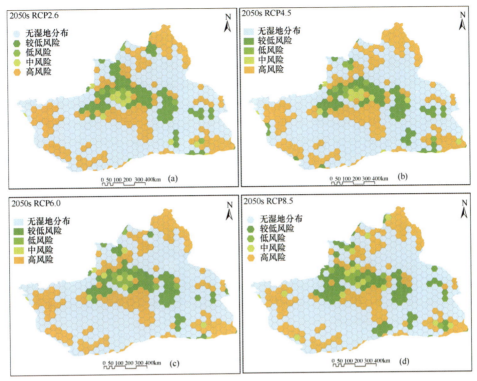

图 6.22　不同温室气体排放情景下气候变化对西北内陆干旱地区湿地生态系统影响风险分布

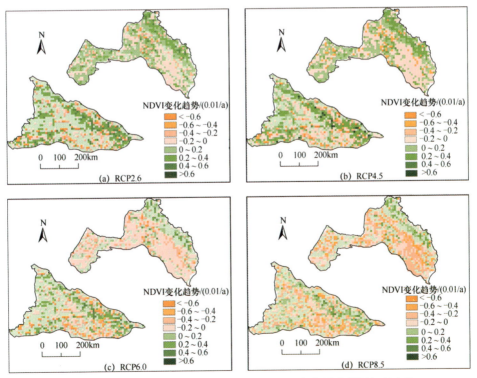

图 6.23　未来不同温室气体排放情景下，气候变化导致的阿尔泰山及
天山草原针叶林区植被生长季 NDVI 变化趋势

在未来气候情景下，气候变化对植被所起的作用具有很大的空间异质性。随着温室气体浓度的升高，气候对植被起正作用（NDVI 变化趋势为正）的区域面积在减少，而对植被起负作用（NDVI 变化趋势为正）的区域面积在逐渐增大（图 6.23）。在阿尔泰山草原针叶林区，RCP2.6、RCP4.5、RCP6.0 和 RCP8.5 情景下的未来 30 年，气候变化对植被起负作用的区域面积分别占整个区域面积的 22.61%、54.13%、73.84%和 82.67%，负作用区域主要集中在阿尔泰山草原针叶林区西部及东南部。在天山草原针叶林区，在 RCP2.6、RCP4.5 和 RCP6.0 情景下，未来 30 年气候变化对植被作用以正的促进作用为主，正效应区域所占面积分别为 71.95%、63.91%、53.60%，而在 RCP8.5 情景下，气候变化对该区域植被以负作用为主，负效应区域所占面积为 74.81%。

# 参 考 文 献

毕晓丽, 王辉, 葛剑平. 2005. 植被归一化指数(NDVI)及气候因子相关起伏型时间序列变化分析. 应用生态学报, 16(2): 284-288.

曹鑫, 辜智慧, 陈晋, 等. 2006. 基于遥感的草原退化人为因素影响趋势分析. 植物生态学报, 30(2): 268-277.

陈利军, 刘高焕, 励惠国. 2002. 中国植被净第一性生产力遥感动态监测. 遥感学报, 6(2): 129-135.

陈志军. 2014. 气候变化对博尔塔拉河上游径流量的影响分析. 地下水, 36(6): 174-176.

迪丽努尔·阿吉, 近藤昭彦, 肖开提·阿吉, 等. 2014. 博河流域气候变化及其与径流量的关系研究. 资源科学, 36(10): 2123-2130.

方精云, 朴世龙, 贺金生, 等. 2003. 近 20 年来中国植被活动在增强. 中国科学(C 辑: 生命科学), 33(6): 554-565.

缑倩倩, 屈建军, 王国华, 等. 2015. 中国干旱半干旱地区湿地研究进展. 干旱区研究, 32(2): 213-220.

胡汝骥, 樊自立, 王亚俊, 等. 2002a. 中国西北干旱区的地下水资源及其特征. 自然资源学报, 17(3): 321-326.

胡汝骥, 姜逢清, 王亚俊, 等. 2002b. 新疆气候由暖干向暖湿转变的信号及影响. 干旱区地理, 25(3): 194-200.

胡汝骥, 姜逢清, 王亚俊. 2003. 新疆雪冰水资源的环境评估. 干旱区研究, 20(3): 187-191.

黄森旺, 李晓松, 吴炳方, 等. 2012. 近 25 年三北防护林工程区土地退化及驱动力分析. 地理学报, 67(5): 589-598.

李博. 1997. 中国北方草地退化及其防治对策. 中国农业科学, 30(6): 1-9.

李静, 孙虎, 邢东兴, 等. 2003. 西北干旱半干旱区湿地特征与保护. 中国沙漠, 23(6): 670-674.

李文华, 赵强. 2000. 新疆艾北湖荒漠生态保护区建设条件评价及规划. 中国沙漠, 20(3): 278-282.

刘斌, 孙艳玲, 王中良, 等. 2015. 华北地区植被覆盖变化及其影响因子的相对作用分析. 自然资源学报, 30(1): 12-23.

刘廼发, 黄族豪, 文陇英. 2005. 西部荒漠地区的湿地和水禽多样性. 湿地科学, 2(4): 259-266.

潘竟虎, 李真. 2015. 2001~2012 年西北干旱区植被净初级生产力时空变化. 生态学杂志, 34(12): 3333-3340.

彭飞, 王涛, 薛娴. 2010. 基于 RUE 的人类活动对沙漠化地区植被影响研究——以科尔沁地区为例. 中国沙漠, 30(4): 896-902.

朴世龙, 方精云. 2003. 1982~1999 年我国陆地植被活动对气候变化响应的季节差异. 地理学报, 58(1): 119-125.

神祥金, 周道玮, 李飞, 等. 2015. 中国草原区植被变化及其对气候变化的响应. 地理科学, 35(5): 622-

629.

施雅风, 沈永平, 胡汝骥. 2002. 西北气候由暖干向暖湿转型的信号, 影响和前景初步探讨. 冰川冻土, 24(3): 219-226.

施雅风, 沈永平, 李栋梁, 等. 2003. 中国西北气候由暖干向暖湿转型的特征和趋势探讨. 第四纪研究, 23(2): 152-164.

孙建国, 王涛, 颜长珍. 2012. 气候变化和人类活动在榆林市荒漠化过程中的相对作用. 中国沙漠, 32(3): 625-630.

唐晓岚, 杜瑶, 修梅艳. 2010. 设计结合自然——应对西北干旱地区再湿地化的生态建设构想//经济发展方式转变与自主创新——第十二届中国科学技术协会年会(第四卷).

陶希东, 石培基, 巨天珍, 等. 2001. 西部干旱区水资源利用与生态环境重建研究. 干旱区资源与环境, 15(1): 18-22.

王根绪, 程国栋, 徐中民. 1999. 中国西北干旱区水资源利用及其生态环境问题. 自然资源学报, 14(2): 109-116.

王静, 郭铌, 蔡迪花, 等. 2009. 玛曲县草地退牧还草工程效果评价. 生态学报, 29(3): 1276-1284.

王效科, 欧阳志云, 苗鸿. 2004. 中国西北干旱地区湿地生态系统的形成, 演变和保护对策. 国土与自然资源研究, 1(4): 52-54.

王效科. 2010. 中国西北湿地群干旱之地的温润. 森林与人类, (8): 10-23.

魏天锋, 刘志辉, 姚俊强. 2014. 博尔塔拉河径流过程对气候变化的响应. 水资源与水工程学报, 25(5): 73-77.

薛振山, 吕宪国, 张仲胜, 等. 2015. 基于生境分布模型的气候因素对三江平原沼泽湿地影响分析. 湿地科学, 2015(3): 315-321.

易卫华, 尚清芳. 2007. 西北干旱半干旱区湿地景观生态研究进展. 河西学院学报, 23(2): 70-73.

于伯华, 吕昌河, 吕婷婷, 等. 2010. 青藏高原植被覆盖变化的地域分异特征. 地理科学进展, 28(3): 391-397.

张存杰, 谢金南. 2002. 东亚季风对西北地区干旱气候的影响. 高原气象, 21(2): 193-198.

张帆, 刘华, 方岳, 等. 2014. 新疆阿尔泰山地天然针叶林林分空间结构特征. 安徽农业大学学报, 41(4): 629-635.

张立山, 张庆. 2010. 近 50a 博尔塔拉河河源区气候变化对径流的影响. 甘肃水利水电技术, 46(5): 8-10.

张秀云, 姚玉璧, 蒲金涌, 等. 2012. 西北半干旱区主要农作物对气候暖干化的响应. 干旱区资源与环境, 26(3): 42-47.

赵霞, 谭琨, 方精云. 2011. 1982~2006 年新疆植被活动的年际变化及其季节差异. 干旱区研究, 28(1): 10-16.

卓莉, 曹鑫, 陈晋, 等. 2007. 锡林郭勒草原生态恢复工程效果的评价. 地理学报, 62(5): 471-480.

Cong N, Wang T, Nan H, et al. 2013. Changes in satellite-derived spring vegetation green-up date and its linkage to climate in China from 1982 to 2010: a multimethod analysis. Global Change Biology, 19(3): 881-891.

Dalezios N R, Domenikiotis C, Loukas A, et al. 2001. Cotton yield estimation based on NOAA/AVHRR produced NDVI. Physics and Chemistry of the Earth, Part B: Hydrology, Oceans and Atmosphere, 26(3): 247-251.

Evans J, Geerken R. 2004. Discrimination between climate and human-induced dryland degradation. Journal of Arid Environments, 57(4): 535-554.

Gao B C. 1996. NDWI-A normalized difference water index for remote sensing of vegetation liquid water from space. Remote Sensing of Environment, 58(3): 257-266.

Geerken R, Ilaiwi M. 2004. Assessment of rangeland degradation and development of a strategy for rehabilitation. Remote Sensing of Environment, 90(4): 490-504.

Gonsamo A, Chen J M, Lombardozzi D. 2016. Global vegetation productivity response to climatic oscillations during the satellite era. Global Change Biology, 22(10): 3414-3426.

Piao S, Wang X, Ciais P, et al. 2011. Changes in satellite derived vegetation growth trend in temperate and boreal Eurasia from 1982 to 2006. Global Change Biology, 17(10): 3228-3239.

Stow D, Petersen A, Hope A, et al. 2007. Greenness trends of Arctic tundra vegetation in the 1990s: comparison of two NDVI data sets from NOAA AVHRR systems. International Journal of Remote Sensing, 28(21): 4807-4822.

Suzuki R, Nomaki T, Yasunari T. 2003. West-east contrast of phenology and climate in northern Asia revealed using a remotely sensed vegetation index. International Journal of Biometeorology, 47(3): 126-138.

Tucker C J, Pinzon J E, Brown M E, et al. 2005. An extended AVHRR 8-km NDVI dataset compatible with MODIS and SPOT vegetation NDVI data. International Journal of Remote Sensing, 26(20): 4485-4498.

Wessels K J, Prince S D, Frost P E, et al. 2004. Assessing the effects of human-induced land degradation in the former homelands of northern South Africa with a 1 km AVHRR NDVI time-series. Remote Sensing of Environment, 91(1): 47-67.

Zhao X, Tan K, Zhao S, et al. 2011. Changing climate affects vegetation growth in the arid region of the northwestern China. Journal of Arid Environments, 75(10): 946-952.

# 第7章 东北三江平原气候变化对湿地生态系统的影响与风险评估

三江平原位于我国黑龙江省东北部，由黑龙江、松花江和乌苏里江冲积而成，总面积为 10.89 万 km²，平原区面积为 6.67 万 km²，是我国最大的淡水沼泽湿地分布区，同时也是重要的商品粮农业基地（刘兴土，2007）。在中华人民共和国成立初期，三江平原地区近半数面积为沼泽湿地。而至 2010 年，经过近 60 年大规模的农业开发，自然沼泽湿地仅余 0.69 万 km²，损失率为 85.9%（薛振山等，2012）。从 20 世纪 80 年代开始，三江平原地区开始大规模旱田改水田，实施大面积井灌，引起局部地区地下水位下降，水位降幅普遍达到 0.5~3.5m，个别地方达到 6.0m（刘东和付强，2008）。大量排水沟的修建，提高了区域排水水文梯度，加速了地表径流的集散过程（刘正茂等，2011）。天然沼泽湿地主要残留于河漫滩和洼地中，呈零星和边缘化分布，生态功能严重衰退（刘兴土和马学慧，2000）（图 7.1）。

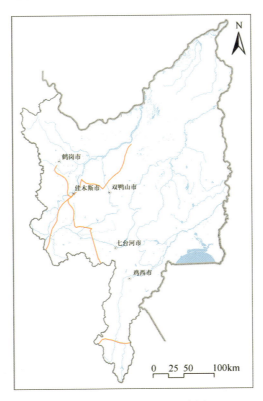

图 7.1 三江平原范围示意图

# 7.1　气候变化对东北三江平原湿地生态系统影响

## 7.1.1　三江平原历史气候变化特征

### 1. 年平均气温

　　三江平原地区 1961~2010 年多年年平均气温为 3.21℃，标准气候期选取 1981~2010 年，标准气候期多年平均气温为 3.6℃，年际变化较大，2007 年是有观测记录以来年平均气温最高的年份（4.74℃），1969 年为有观测记录以来年平均气温最低的年份（0.98℃）。1961~2010 年该地区气温整体呈线性升温趋势，增温速率为 0.34℃/10a，略高于中国大陆年均气温的升高趋势，1951~2010 年中国年均气温整体增温速率为 0.22℃/10a（《气候变化国家评估报告》编写委员会，2007）。气温经历了低温期—高温期的变化过程，以 1988 年为界，1988 年前年平均气温为 2.70℃，1988~2010 年年平均气温为 3.79℃，该时期所有年份年平均气温均高于 3℃，而此前的 27 年仅 7 年的年平均气温高于 3℃，从 5 年滑动平均来看，1988 年前后形成了两个明显的阶段，1988 年前低于 1988 年后（图 7.2）。

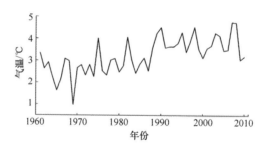

图 7.2　1961~2010 年三江平原地区年平均气温

### 2. 年降水量

　　三江平原地区多年年均降水量为 511.5mm，年际变化较大，1994 年为 1961 年以来降水量最多的年份，达 750.1mm；1979 年为历史最低，仅 332.4mm。1961~2010 年该地区年均降水量整体变化不大，呈微弱的增加趋势，线性增加速率为 13.8mm/10a。而全国 1956~2002 年 47 年年均降水量呈现小幅度增加趋势（《气候变化国家评估报告》编写委员会，2007）。年均降水量呈现出先降低后增加的趋势，以 1980 年为界，1961~1979 年年平均降水量为 463.3mm，而 1980~2010 年年平均降水量为 541.0mm（图 7.3）。

### 3. 蒸发量

　　近 50 年，三江平原地区蒸发量平均为 333.8mm，最高值为 424.0mm，出现在 1994 年，最低值为 257.8mm，出现在 1979 年，蒸发量总体上呈现出增加的趋势，增加速率为 12.0mm/10a。以 1980 年为界，1980 年前蒸发量呈现出降低趋势，1961~1979 年蒸发量平均值为 303.6mm，而 1980 年突然升高后维持在较高水平，其中 1980~2010 年蒸发量平均值高达 352.3mm，该时期内仅 2001 年蒸发量低于 300mm，而 1961~1979 年有 9 年的蒸发量低于 300mm（图 7.4）。

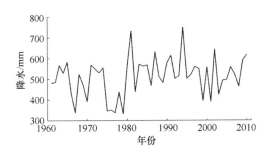

图 7.3　1961~2010 年三江平原地区年平均降水量

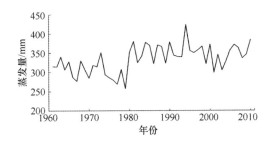

图 7.4　1961~2010 年三江平原地区年平均蒸发量

## 4. 温暖指数

近 50 年，三江平原地区温暖指数呈升高趋势，增加速率为 2.6℃月/10a。1961~2010 年平均温暖指数为 94.6℃月，温暖指数最高值出现在 1998 年，为 108.1℃月，最低值出现在 1969 年，为 80.3℃月。以 1987 年为界，前后两个时期温暖指数有明显差异，1961~1987 年，温暖指数总体偏低，最低的 5 年均出现在该时期，该时期所有年份中仅有 6 年高于 1961~2010 年的平均值，仅 1975 年 1 年的温暖指数超过 100℃月，1987 年以后，温暖指数呈显著增加趋势，1987 年以来所有年份的温暖指数仅 4 年低于 1961~2010 年的平均值，高于 100℃月的年份有 7 年（图 7.5）。

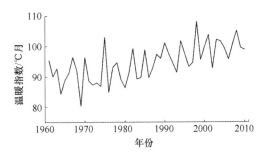

图 7.5　1961~2010 年三江平原地区温暖指数

## 5. 寒冷指数

三江平原地区寒冷指数呈升高趋势,增加速率为 1.7℃月/10a。1961~2010 年平均寒冷指数为–56.0℃月,寒冷指数最高值出现在 2007 年,为–43.8℃月,最低值出现在 1965年,为–69.2℃月。以 1987 年为界,前后两个时期寒冷指数有明显差异,1961~1987年,寒冷指数总体偏低,最低的 5 年均出现在该时期,该时期所有年份的寒冷指数均低于–50℃月,1987 年以后,寒冷指数呈显著增加趋势,有 8 年寒冷指数高于–50℃月(图 7.6)。

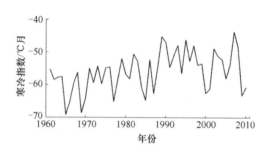

图 7.6 1961~2010 年三江平原地区寒冷指数

## 6. 湿度指数

三江平原地区湿度指数变化较为剧烈,但并未呈现出明显的降低或增加趋势。1961~2010 年,三江平原地区湿度指数为 3.4~8.0 mm/(℃月),平均值为 5.46 mm/(℃月),湿度指数最高值出现在 1981 年 [8.0 mm/(℃月)],最低值出现在 1975 年 [3.4mm/(℃月)](图 7.7)。

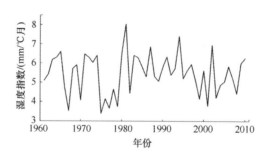

图 7.7 1961~2010 年三江平原地区湿度指数

## 7. 干燥指数

与湿度指数相似,三江平原地区干燥指数变化较为剧烈,但也未呈现出明显的降低或增加趋势。1961~2010 年三江平原地区干燥指数为 0.7~1.8℃/mm,平均值为 1.2℃/mm,干燥指数最高值出现在 1970 年(1.8℃/mm),最低值出现在 1981 年(0.7℃/mm)(图 7.8)。

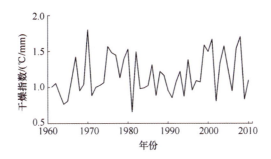

图 7.8　1961~2010 年三江平原地区干燥指数

## 7.1.2　三江平原湿地生态系统变化特征

由图 7.9 可以看出，近六十年三江平原耕地面积增加了 418.6 万 hm²，比重由 1950 年的 15.8%增加到 2010 年的 54.2%，呈持续增长趋势，其中 1950~1980 年增幅较大，而 1980~2010 年增幅减少。居民地和建设用地面积增长迅速，增加了 18.7 万 hm²，是所有土地利用类型中增长幅度最大的。湿地面积呈持续减少趋势，1950~2010 年湿地面积减少了 306.1 万 hm²，其中 1950~1986 年降幅较大，而 1986~2010 年降幅相对减少。近六十年三江平原草地和林地面积总体呈减少趋势，草地面积减少了 64 万 hm²，比重由 1950 年的 8.0%直线下降到 2010 年 2.1%，减少幅度较大，林地面积共减少 65.4 万 hm²，但减少幅度不大。近六十年水域面积增加了 3.7 万 hm²，总体增幅不大，呈现出"增加—减少—再增加—再减少"的动态变化趋势。1950~2010 年，三江平原土地利用类型空间分布图如图 7.10 所示。由图 7.10 可以看出，1950~2010 年三江平原的土地利用类型发生了显著变化，湿地、草地和林地面积逐渐减少。湿地面积减少幅度较大的地区主要集中分布在三江平原的东北部和东南部。1950 年草地主要分布在湿地和林地之间的过渡带，草地相对较易开发，致使草地面积丧失较大，2010 年仅在沿河两岸剩余少量草地。林地丧失主要发生在研究区的东北部和中南部，但减少幅度相对较小。耕地、水域和居民地逐渐增加，耕地主要通过开垦湿地和草地而来，全区耕地都有增加，主要分布在研究区的北部和东部。

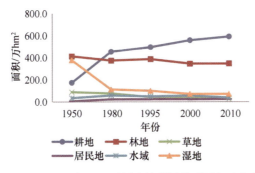

图 7.9　1950~2010 年三江平原土地利用类型面积动态变化图

# 7.2 气候与非气候因素对湿地生态系统影响区分

## 7.2.1 基于景观分析法区分气候与非气候因素对湿地生态系统影响

采用景观分析法来衡量人类活动对湿地生态系统分布的影响程度和过程，即采用湿地-农田（城市、道路）面积的转化率来表征人类活动影响所占的比重，见式（2.4）、式（2.5）。

自 20 世纪 50 年代起，三江平原湿地生态系统在高强度农业开垦下，面积不断萎缩。通过对比三江平原各时期数据可知，1950 年［图 7.10（a）］，三江平原沼泽湿地面积为

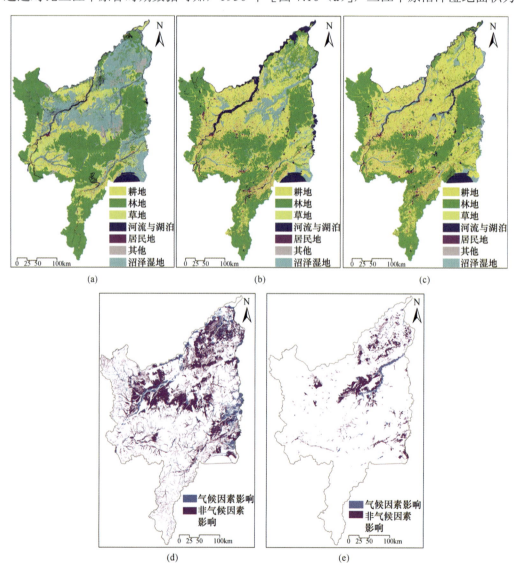

图 7.10 各时期三江平原沼泽湿地分布及转化特征

（a）1950 年土地覆被情况；（b）1980 年土地覆被情况；（c）2010 年土地覆被情况；
（d）1950~1980 年湿地转移类型；（e）1980~2010 年湿地转移类型

375.4 万 hm², 至 1980 年 [图 7.10 (b)], 其面积缩减至 110.6 万 hm², 而至 2010 年 [图 7.10 (c)], 沼泽湿地面积仅为 69.3 万 hm²。分别将 1950~1980 年和 1980~2010 年两个时期的类型转移数据 [图 7.10 (d)、7.10 (e)] 代入式 (2.4) 和式 (2.5) 计算, 其结果为 1950~1980 年, 沼泽湿地共计减少 264 万 hm², 其中, 213 万 hm² 转变为人类利用类型, 非气候因素和气候变化对湿地分布的影响分别为 80.6% 和 19.4%, 而在 1980~2010 年, 沼泽湿地共计减少 76 万 hm², 其中, 68 万 hm² 转变为人类利用土地, 非气候因素和气候变化的影响程度为 89.9% 和 10.1%。从结果上分析, 三江平原地区非气候因素对湿地的影响程度远大于气候变化的影响程度, 且非气候因素的影响程度呈逐步增强的趋势。

## 7.2.2  基于湿地分布和气候相关关系模型区分气候与非气候因素对湿地生态系统影响

根据第 2 章介绍的湿地分布与气候相关关系所构建的模型, 对近 50 年来气候变化对三江平原湿地面积消长的影响进行定量评判。三江平原是我国主要的淡水沼泽分布区之一, 位于 45°01′~48°27′56″N, 130°13′~135°05′26″E, 三江平原 1 月平均气温低于−18℃, 7 月平均气温为 21~22℃, 年降水量为 500~650mm, ≥10℃积温为 2300~2700℃ (佟守正等, 2005)。在计算时, 由于三江平原湿地主要分布在海拔为 30~80m 的范围内, 因此在使用模型计算时采取的海拔为 54m。

中华人民共和国成立初期, 三江平原沼泽湿地尚未经历大规模开发, 多数湿地处于原始或者半原始状态, 人类活动对湿地干扰较少 (张树清等, 2001), 因此以 1950 年三江平原湿地面积 353 万 hm² 为基准值 (A)。在不考虑人类活动影响的情况下, 气候变化对三江平原湿地面积变化的影响为 B, 定义为预测值 P—A; 目前实际的面积定义为 C。根据 1981 年、1985 年、1990 年、1995 年、2000 年、2005 年三江平原气温、降水变化求得人类活动及气候变化导致的湿地面积变化量。计算公式如下所示:

$$I_{\text{climate}} = \frac{P - A}{|P - A| + |C - P|} \times 100\% \qquad (7.1)$$

$$I_{\text{human}} = \frac{C - P}{|P - A| + |C - P|} \times 100\% \qquad (7.2)$$

式中, $I_{\text{climate}}$ 为气候变化对湿地变化的贡献; $I_{\text{human}}$ 为人类活动对湿地变化的贡献; 如果 $I_{\text{climate}}$ 或者 $I_{\text{human}}$ 为正值, 则代表其促进面积增加, 具有正效应; 如果为负值, 则代表减少了湿地面积, 具有负效应。

近 50 年来, 三江平原湿地面积不断减少。同 1950 年相比, 目前已经丧失了 80% 以上的湿地 (王宗明等, 2009)。然而, 对于湿地丧失的原因, 目前多数研究停留在定性方面, 定量方面的研究十分匮乏。本书的研究表明, 人类活动已经对三江平原湿地的丧失起主要作用, 而过去几十年中气候变化有利于三江平原湿地面积增加, 具有正效应, 其贡献率为 17%~30%, 非气候因素导致湿地面积丧失, 具有负效应, 其贡献率为−82%~70.1% (表 7.1)。

表 7.1　气候变化及非气候因素对三江平原湿地减少贡献

| 年份 | $P$ | $C$ | $A$ | 湿地减少量/万 hm² | $I$human/万 hm² | $I$climate/万 hm² |
|------|------|------|-----|------------------|------------------|--------------------|
| 1981 | 433.8 | 173.5 | 353 | 179.4 | −260.2 (−76.3%) | +80.8 (+23.7%) |
| 1985 | 468.1 | 120.9 | 353 | 232.0 | −347.2 (−75.1%) | +115.1 (+24.9%) |
| 1990 | 468.2 | 80.14 | 353 | 272.8 | −388.1 (−77.1%) | +115.2 (+22.9%) |
| 1995 | 415.8 | 117.3 | 353 | 235.6 | −298.5 (−82.5%) | +62.8 (+17.4%) |
| 2000 | 520.7 | 112.2 | 353 | 576.2 | −408.5 (−70.9%) | +167.7 (+29.1%) |
| 2005 | 544.3 | 95.8 | 353 | 639.8 | −448.4 (−70.1%) | +191.3 (+29.9%) |

## 7.3　气候变化对东北三江平原湿地生态系统影响风险评估

### 7.3.1　2001~2050 年三江平原地区气候变化趋势分析

未来气候情景下气温均呈现出明显的升高趋势，RCP2.6、RCP4.5、RCP6.0 和 RCP8.5 情景下，未来 30 年气温均值分别为 3.68℃、3.68℃、3.57℃、3.76℃，高于过去 50 年的年均气温（3.21℃）。RCP2.6、RCP4.5、RCP6.0 和 RCP8.5 情景下，气温增加速率分别为 0.43℃/10a、0.53℃/10a、0.36℃/10a 和 0.52℃/10a，其中 RCP6.0 情景下增温速率最慢，但仍略高于过去 50 年增温速率（图 7.11）。

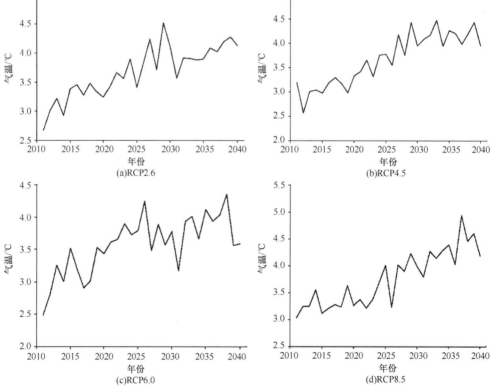

图 7.11　未来气候情景下年均气温

　　未来气候情景下降水量均略有升高趋势，但变化微弱，年际间波动较大。RCP2.6、RCP4.5、RCP6.0 和 RCP8.5 情景下，未来 30 年降水量均值分别为 631.2mm、634.5mm、612.6mm、620.0mm，高于过去 50 年的年均降水量（511.5mm）100mm 以上。RCP2.6、RCP4.5、RCP6.0 和 RCP8.5 情景下，降水量增加速率分别为 18.3mm/10a、15.9mm/10a、4.0mm/10a 和 11.3mm/10a（图 7.12）。

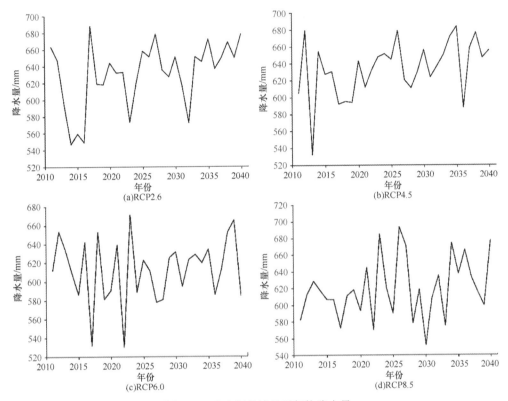

图 7.12　未来气候情景下年均降水量

　　未来气候情景下，三江平原地区蒸发量在 4 个不同气候情景下均呈明显的升高趋势。RCP2.6、RCP4.5、RCP6.0 和 RCP8.5 情景下，未来 30 年蒸发量均值分别 413.8mm、416.1mm、406.9mm、413.4mm，均明显高于过去 50 年均值（333.8mm）。RCP2.6、RCP4.5、RCP6.0 和 RCP8.5 情景下，蒸发量线性升高速率分别为 10.0mm/10a、13.3mm/10a、6.8mm/10a、12.6mm/10a，RCP6.0 情景下蒸发量升高速率低于过去 50 年，其他 3 个情景下升高速率基本与过去 50 年持平（图 7.13）。

　　未来气候情景下，三江平原地区温暖指数在 4 个不同气候情景下均呈明显的升高趋势。RCP2.6、RCP4.5、RCP6.0 和 RCP8.5 情景下，未来 30 年（2011~2040 年）温暖指数均值分别 99.6℃月、99.1℃月、98.7℃月、100.6℃月，均明显高于过去 50 年均值（94.6℃月）。RCP2.6、RCP4.5、RCP6.0 和 RCP8.5 情景下，温暖指数线性升高速率分别为 2.6℃月/10a、3.8℃月/10a、2.6℃月/10a、4.2℃月/10a，RCP2.6 和 RCP6.0 情景下温暖指数升高速率与过去 50 年基本持平，RCP8.5 情景下温暖指数升高趋势最快，其中，RCP4.5 和 RCP8.5 情景下，在 2026 年前温暖指数升高并不明显，而 2026~2040 年开始大幅升高（图 7.14）。

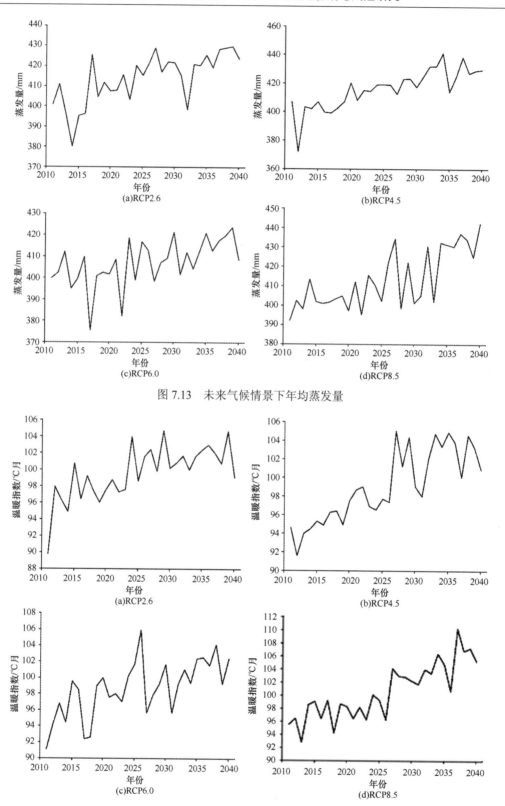

图 7.13　未来气候情景下年均蒸发量

图 7.14　未来气候情景下年均温暖指数

未来气候情景下，三江平原地区湿度指数在 4 个不同气候情景下均呈降低趋势。RCP2.6、RCP4.5、RCP6.0 和 RCP8.5 情景下，未来 30 年（2011~2040 年）温暖指数均值分别 6.44 mm/℃月、6.49 mm/℃月、6.29 mm/℃月、6.25 mm/℃月，均明显高于过去 50 年均值 [5.46 mm/（℃月）]。RCP2.6、RCP4.5、RCP6.0 和 RCP8.5 情景下湿度指数线性升高速率分别为 0.019（mm/℃月）/10a、0.092（mm/℃月）/10a、0.14（mm/℃月）/10a、0.15（mm/℃月）/10a，未来气候情景下，尤其是 RCP6.0 和 RCP8.5 两个情景下，2030 年前湿度指数波动较大，而后 10 年则较为稳定（图 7.15）。

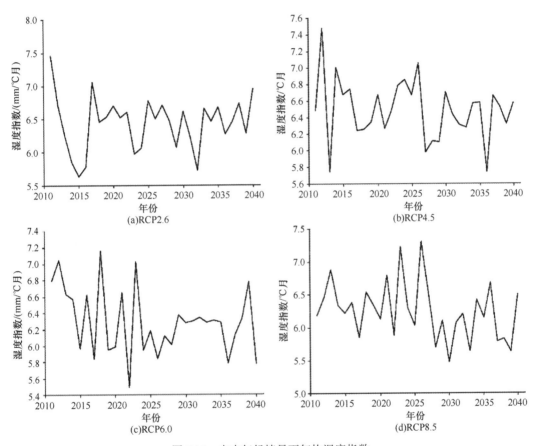

图 7.15 未来气候情景下年均湿度指数

未来气候情景下，三江地区干燥指数在 4 个不同气候情景下均未表现出明显的升高或降低趋势，较为平稳。RCP2.6、RCP4.5、RCP6.0 和 RCP8.5 情景下，未来 30 年（2011~2040 年）干燥指数均值分别 1.00℃/mm、1.00℃/mm、1.06℃/mm、1.06℃/mm，均明显高于过去 50 年均值（1.2℃/mm）（图 7.16）。

## 7.3.2 气候变化对东北三江平原湿地生态系统影响风险评估

### 1. 气候变化对东北三江平原湿地生态系统格局影响风险评估

根据第 2 章描述的生态位模型，利用未来不同温室气体排放情景气候数据，模拟各情景潜在分布的湿地。在此基础上，利用潜在分布面积统计方法，对未来不同温室气体排放情景下，湿地生态系统所面临的风险进行等级划分（表 7.2）。

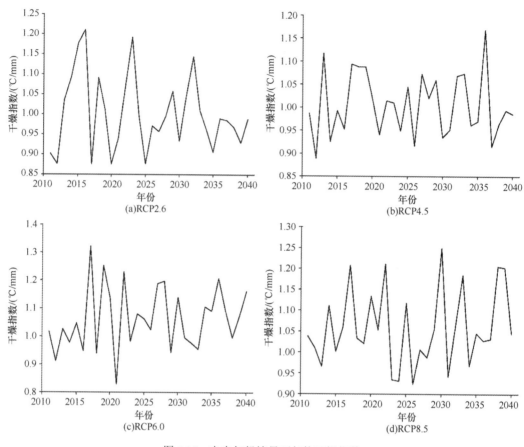

图 7.16　未来气候情景下年均干燥指数

表 7.2　气候变化对湿地生态系统影响风险等级划分

| 风险等级 | 正增益 | 负增益 | | | | |
|---|---|---|---|---|---|---|
| | | 较低风险 | 低风险 | 中风险 | 较高风险 | 高风险 |
| | >0 | （−10%，0） | （−20%，−10%） | （−30%，−20%） | （−40%，−30%） | （−100%，−40%） |

对模拟结果进行统计可知，在耕地不扩张不退耕的前提下，三江平原湿地在 2050 年 RCP2.6 情景下，将减少 18.8 万 hm²，减少率为 40.6%，处于较高风险；在 2050 年 RCP4.5 情景下，将减少 6.6 万 hm²，减少率为 14.2%，处于低风险；在 2050 年 RCP6.0 情景下，将减少 19.3 万 hm²，减少率为 41.6%，处于较高风险；在 2050 年 RCP8.5 情景下，将减少 36 万 hm²，减少率为 77.6%，处于高风险（表 7.3，图 7.17，图 7.18）。

表 7.3　未来不同温室气体排放情景下三江平原湿地潜在分布区面积变化

| | 当前 | 2050 RCP2.6 | 2050 RCP4.5 | 2050 RCP6.0 | 2050 RCP8.5 |
|---|---|---|---|---|---|
| 湿地面积/万 hm² | 46.4 | 27.6 | 39.8 | 27.1 | 10.4 |
| 变化率/% | — | −40.5 | −14.2 | −41.6 | −77.6 |

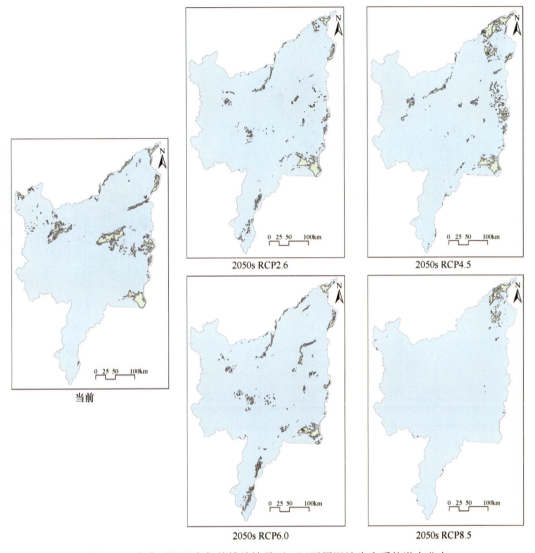

图 7.17　未来不同温室气体排放情景下三江平原湿地生态系统潜在分布

## 2. 气候变化对东北三江平原湿地生态系统 NPP 影响风险评估

### 1）基于 Miami 模型的三江平原湿地风险评估

三江平原湿地在未来气候情景下仅有极小部分地区面临较高风险。在 RCP8.5 情景下，面临高风险等级的湿地面积更大，北部地区风险等级较高，在其他 3 个气候情景下，仅西部平原区小部分湿地面临 1 级风险。三江平原湿地较西北地区和青藏高原受气候影响更小（图 7.19）。

上述风险分析结果表明，未来气候情景模式下，东北地区湿地面临着一定的风险，高风险区主要分布在三江平原湿地区、大兴安岭中部与北部湿地区、松嫩平原北部湿地区及长白山湿地区。为保护湿地生态系统的可持续性和应对全球气候变化，政府主管部门需要有意识地在气候异常年份采取必要的措施（建立濒危物种湿地保护区、湿地补水等）来保护湿地。

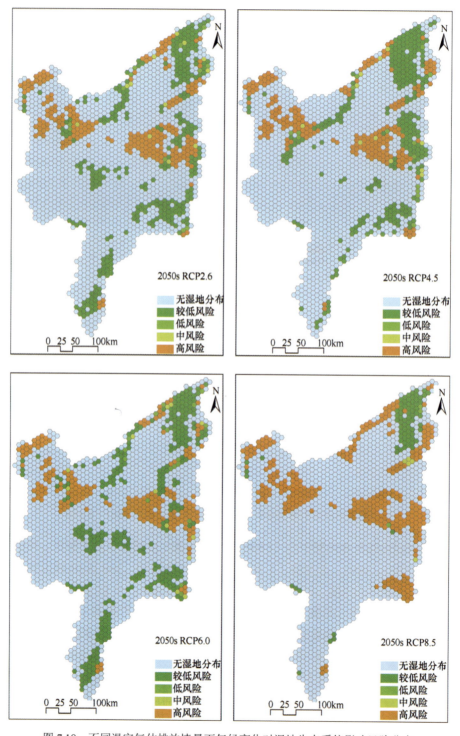

图 7.18 不同温室气体排放情景下气候变化对湿地生态系统影响风险分布

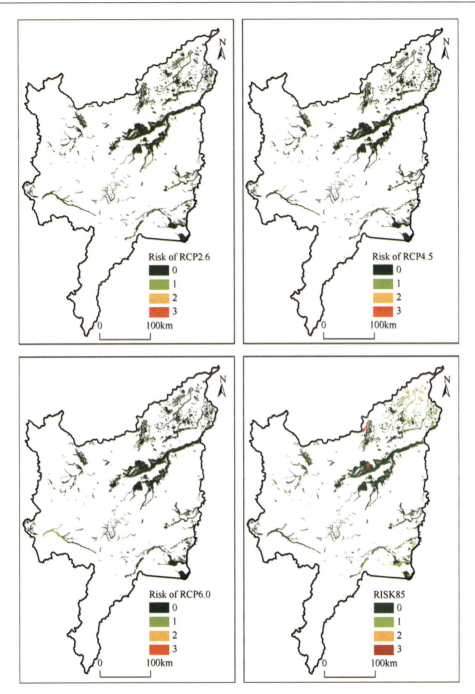

图 7.19　不同气候情景下三江平原未来 30 年湿地 NPP 风险等级分析

## 2）基于 Biome-BGC 三江平原湿地 NPP 风险评估

（1）　模型参数优化与验证

本书的研究参考 White 等（2000）测试参数敏感性的方法，以及以往研究采用的贝叶斯分析方法、模拟退火算法等方法，根据逐步优化的思想，对模型进行参数优化。具体步骤如下：①首先根据相同研究区域或相同植物类型的观测数据或直接报道数据，确定相关参数取值范围。②对没有上述数据的参数，则采用同一气候类型区域或类似植物类群的数据确定其大致取值范围，并通过蒙特卡罗（Monte Carlo method）算法优化参数，以确定参数的取值范围。③最后在每个参数取值范围内选取10个数值，用实际观测值进行验证，并从中选取最优参数，由于模型参数众多，且一些参数相互影响，因此，本步骤重复一次；经过两次优化后，对最为敏感的参数重复上述步骤，以达到最佳效果。本书的研究以中国科学院三江平原沼泽湿地生态试验站（47°35′N，133°29′E）2002~2007 年的实测 NPP 数据为基础，对模型进行参数校正。对参数进行逐步优化的结果见表 7.4。部分参数在趋于最大值或最小值时模拟结果最佳，但最终确定值都以其合理取值范围为限，有部分参数必须为整数，按照四舍五入的原则进行取值。

表 7.4　BIOME~BGC 模型参数优化结果

| 参数 | 实测值 | 优化值 |
|---|---|---|
| 大气 $CO_2$ 浓度/（ppm） | 350~400.04 | 400 |
| 有效土壤深度/m | 0.8~1.3 | 1.2 |
| 土壤砂粒百分比/% | 6.2~10.0 | 10 |
| 土壤粉砂粒百分比/% | 54.1~60.0 | 50 |
| 土壤黏粒百分比/% | 30.0~39.6 | 40 |
| 光照反射率（DIM） | 0.2~0.3 | 0.2 |
| 氮干湿沉降/［kgN/（m$^2$·a）］ | 0.00064±0.00013 | 0.00066 |
| 氮固定/［kgN/（m$^2$·a）］ | 0.00012±0.00003 | 0.00014 |
| 一年中开始生长的天数/天 | 73~97（气象数据） | 73 |
| 一年中生长结束的天数/天 | 295~314（气象数据） | 314 |
| 转化期占整个生长季的比例 | 1.0±0.2 | 0.9 |
| 凋落期占整个生长季的比例 | 1.0±0.2 | 0.8 |
| 年内细根和叶的转化比例/a$^{-1}$ | 1.0±0.2 | 1.0 |
| 年内植株枯死比例/a$^{-1}$ | 0.06~0.4 | 0.4 |
| 年火烧死亡比例/a$^{-1}$ | 0.001~0.005 | 0.001 |
| 细根碳与叶碳比 | 1.0±0.54 | 0.95 |
| 当前生长部分比例 | 0.5±0.1 | 0.3 |
| 叶片碳氮比/（kgC/kgN） | 17.46~60.68 | 27.4 |
| 枯落叶片碳氮比/（kgC/kgN） | 45±11 | 45 |
| 细根碳氮比/（kgC/kgN） | 63.75±12.75 | 63.8 |
| 叶片半纤维素比例（DIM） | 68±13.6 | 64 |
| 叶片纤维素比例（DIM） | 23±7.7 | 23 |
| 叶片木质素比例（DIM） | 9±4.3 | 13 |
| 细根半纤维素比例（DIM） | 34±2.8 | 30 |
| 细根纤维素比例（DIM） | 44±4.8 | 40 |
| 细根木质素比例（DIM） | 22±7.3 | 30 |
| 冠层水分截获系数/［1/（LAI·d）］ | 0.0225±0.006 | 0.0225 |

续表

| 参数 | 实测值 | 优化值 |
|---|---|---|
| 冠层消光系数（DIM） | 0.48±0.13 | 0.48 |
| 冠层叶面积（DIM） | 2.0±0.4 | 2.0 |
| 冠层比叶面积/（a/kgC） | 49±16 | 58 |
| 遮光率（DIM） | 2.0±0.4 | 2.2 |
| 二磷酸核酮糖羧化酶中叶氮比例（DIM） | 0.09~0.17 | 0.09 |
| 最大气孔导度/（m/s） | 0.006±0.0012 | 0.0055 |
| 表层导度/（m/s） | 0.00006~0.0006 | 0.0001 |
| 边界层导度/（m/s） | 0.04±0.08 | 0.05 |
| 潜在叶水势限制传导下限/MPa | −0.73±0.71 | −0.43 |
| 潜在叶水势限制传导上限/MPa | −2.7±2.1 | −1.6 |
| 水汽压差限制传导下限/Pa | 700~1250 | 905 |
| 水汽压差限制传导上限/Pa | 2800~6250 | 3000 |

模型参数优化后，模拟值与实测值 6 年均值相差 8%，模拟值误差范围为 3.8%~22.5%。通过对模型参数优化前后的模拟效果进行对比，发现参数优化后，模拟结果更好。模拟值与实测值相关性提升，相关系数 $R^2$ 从 0.68 提升至 0.87，同时，模拟值和观测值的误差之和由 449.8gC/（$m^2$·a）降为 164.1gC/（$m^2$·a），说明参数优化过程对模型模拟的重要性（图 7.20）。

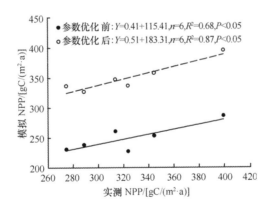

图 7.20　参数优化前、后模拟值与实测值相关性分析

通过对参数敏感性分析发现，最为敏感的 5 个参数分别为生长期天数、叶片碳氮比、细根碳氮比、细根碳与叶碳比和表层导度，其中既有气候参数也有植物生理参数，体现了该模型考虑不同植被在不同气候条件下不同的生理反应过程。模拟结果均值 350.15gC/（$m^2$·a）比实测值 324.17gC/（$m^2$·a）略微偏高，这可能是因为模型模拟的情况较为理想化，所有植物生理参数采用的均是小叶章的参数，模拟的结果实际是将湿地中所有植物都当作小叶章而模拟出的 NPP 值，是小叶章群落 100%覆盖的湿地植被 NPP，但自然状态下植物群落组成不可能 100%是小叶章，同时还会有其他植物种群，因此，模拟的 NPP 较实测值偏高。

（2）Biome~BGC 模型模拟 NPP

参数优化后，利用气象数据驱动 Biome~BGC 模型模拟小叶章湿地的 NPP。所选用的逐日气象资料包括日最高气温、日最低气温、日平均气温、日降水、日蒸发等。本书的研究以 1961~1990 年为基准期，基准期和模型校正所需的（2002~2007 年）气候数据均采用三江平原境内三江平原气象站的数据，数据来自国家气象信息中心（中国气象科学数据共享服务平台），资料比较完整，对于个别缺测值，以缺测时刻前后相邻时步的值进行线性插值。

模拟结果表明，1963~2012 年，近 50 年三江平原湿地小叶章 NPP 年平均值为 362.9 g C/（m$^2$·a），NPP 年总量变化为 285.3~459.2 g C/（m$^2$·a）。50 年间，NPP 年总量呈略微升高的趋势，但升高趋势不大，在 1983 年之前表现出非常大的年际变化，之后年际变化减小，趋于平缓。其中，1981 年、1985 年和 1994 年 NPP 总量相对较大，1966 年、1970 年、1976 年和 1977 年 NPP 总量较小；NPP 最大值出现在 1981 年，NPP 最小值出现在 1977 年（图 7.21）。

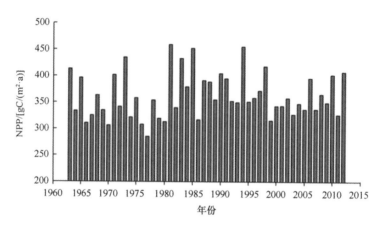

图 7.21　1963~2012 年小叶章 NPP 变化

模拟结果表明，基准期 1961~1990 年小叶章湿地 NPP 平均值为 362.9gC/（m$^2$·a），NPP 年总量变化为 285.3~459.2gC/（m$^2$·a）（表 7.5）。30 年间，NPP 年总量呈略微升高的趋势，但升高趋势不明显。

表 7.5　气候变化情景下 2013~2042 年小叶章湿地 NPP　［单位：gC/（m$^2$·a）］

| 气候情景 | 均值 | 最大值 | 最小值 | 标准差 |
| --- | --- | --- | --- | --- |
| A1B | 367.6 | 470.4 | 256.9 | 60.55 |
| A2 | 386.1 | 484.2 | 294.8 | 52.38 |
| B2 | 373.1 | 541.8 | 218.0 | 72.2 |
| 基准期 | 362.9 | 459.2 | 285.3 | 47.10 |

注：基准期数值为 1961~1900 年 NPP。

未来 30 年小叶章湿地 NPP 在不同气候情景下的变化情况各不相同，但均未表现出十分明显的增加或降低趋势（图 7.22）。A1B 情景下，NPP 呈微弱增加趋势，每年增加速率约为 0.26gC/（m²·a），在 A2 和 B2 情景下则表现出微弱的减少趋势，其中 A2 情景减少趋势较为明显，但减少速率也仅为每年 1.12gC/（m²·a）。A1B、A2 和 B2 情景下未来 30 年的 NPP 均值分别为 367.6gC/（m²·a）、386.1gC/（m²·a）和 373.1gC/（m²·a）（表 7.5）。A2 情景下 NPP 高于其他两个情景，且更为稳定，波动范围更小，为 294.8~484.2gC/（m²·a），标准差为 52.38gC/（m²·a）。A1B 和 B2 情景下，NPP 的变化更加剧烈，波动范围为 256.9~470.4gC/（m²·a）和 218.0~541.8gC/（m²·a），标准差分别为 60.55gC/（m²·a）和 72.2gC/（m²·a），比 A2 情景高很多。

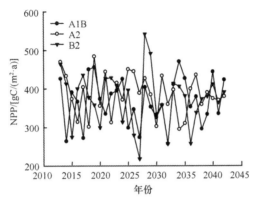

图 7.22　气候变化情景下 2013~2042 年小叶章湿地 NPP

未来 30 年 NPP 的均值较基准期均值都有所增加，A1B、A2 和 B2 情景分别增加了 1.3%、6.4% 和 2.8%。相对而言，在 A2 情景下，NPP 降低速度比其他两个情景更快，但在 A1B、B2 情景下，NPP 年际间波动加剧，尤其是在 B2 情景下，最低值和最高值均超出了基准期的波动范围的 20% 左右。

### 3. 未来气候情景下小叶章湿地 NPP 风险评价

以基准期（1961~1990 年）的模拟 NPP 值为参照，对未来 30 年进行风险评价。未来气候情景下小叶章湿地 NPP 均值较基准期有所增加，但年际间波动剧烈。对各气候情景下小叶章湿地 NPP 的风险评价发现，未来 30 年小叶章湿地在不同气候情景下均面临着一定风险。

其中，A2 情景下，湿地风险较小，30 年中仅 7 年湿地可能面临风险，而 A1B 情景下有 13 年（接近一半的年份）湿地可能存在风险，B2 情景下有 9 年可能存在风险。湿地面临高风险概率也是 A2 情景最低，仅 3 年风险等级较高，而 A1B 和 B2 情景下，可能出现 3 级风险等级的年份有 6 年，较 A2 情景高了 1 倍。虽然气候变化情景下未来 NPP 均值高于基准期，但由于其波动更加剧烈，尤其是 A1B 和 B2 情景下，小叶章湿地仍有较大概率面临风险。而在 A2 情景下，尽管其面临风险的概率较小，但其 NPP 呈降低的趋势，如果按照这种趋势持续下去，小叶章湿地面临风险的概率也将升高（图 7.23）。

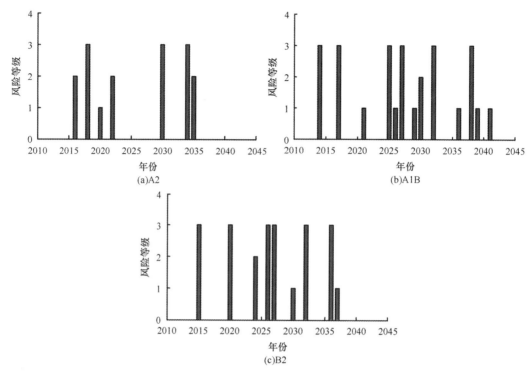

图 7.23　气候变化情景下未来 30 年小叶章湿地风险等级

表 7.6　模拟 NPP 与气象要素间逐步回归分析结果

| 模型 | 预测变量 | 回归方程 | $R$ | 调整 $R^2$ | F | Sig. |
|---|---|---|---|---|---|---|
| 1 | （1）降水量（pre） | NPP=0.28pre + 210.5 | 0.76 | 0.58 | 65.06 | 0.00 |
| 2 | （1）降水量（pre）<br>（2）>5℃积温（AT5） | NPP=0.30pre + 0.092AT5–86.75 | 0.79 | 0.62 | 37.06 | 0.00 |

注：因变量为 NPP；预测变量为降水量（pre）、>5℃积温（AT5）、年均温（tem）、蒸发量（evap）。

　　采用逐步线性回归分析方法对各气象要素（年均温、>5℃积温、年降水量和蒸发量）和 NPP 间的相关关系进行分析，结果表明，降水量对 NPP 影响最为显著，二者呈显著正相关关系（$R^2$=0.58，$P<0.05$），降水量和>5℃积温共同对 NPP 的影响更多一些，但其影响与降水量单一因素的影响程度相差很小（$R^2$=0.62），说明水分是影响湿地 NPP 的一个重要因素，而温度变化对其的影响并不明显，>5℃积温变化对 NPP 有一定程度的影响。

　　气候变化情景假设了不同程度的气温升高和 $CO_2$ 浓度升高，这些因素均对植物生长有利，不同气候情景下未来气温增温趋势显著，NPP 在未来 30 年整体也有所增加。但风险评价结果表明，气候变化情景下小叶章湿地仍面临一定风险，其主要原因在于 NPP 在不同气候情景下要么波动很大（A1B 和 B2），要么有降低趋势（A2），这种 NPP 变化情况可能是由降水量的变化引起的。未来 30 年不同气候情景下，降水量波动很大，尤其是 A1B 和 B2 情景，A2 情景虽然波动较小，但其降低趋势明显，降低速率为 2.93mm/a，比 B2 情景下降低速率高 1 倍。前述分析中也指出，降水量是影响 NPP 的重要因素，因此，有理由认为降水量是导致 NPP 波动剧烈的主要影响因素，随着降水量的剧烈波动，极端气候事件出现概率增加是 NPP 剧烈波动的主要原因。

# 参 考 文 献

刘东, 付强. 2008. 小波变换的三江平原低湿地井灌区年降水序列变化趋势分析. 地理科学, 28(3): 380-384.

刘兴土, 马学慧. 2000. 平原大面积开荒对自然环境影响及区域生态环境保护. 地理科学, 20(1): 4-19.

刘兴土. 2007. 平原沼泽湿地的蓄水与调洪功能. 湿地科学, 5(1): 64-68.

刘正茂, 吕宪国, 夏广亮, 等. 2011. 50 年挠力河流域上游径流深变化过程及其驱动机制研究. 水文, 31(3): 44-50.

气候变化国家评估报告编写委员会. 2007. 气候变化国家评估报告. 北京: 中国科学出版社.

佟守正, 吕宪国, 杨青, 等. 2005. 平原湿地研究发展与展望. 资源科学, 27(6): 180-187.

王宗明, 宋开山, 刘殿伟, 等. 2009. 1954~2005 年三江平原沼泽湿地农田化过程研究. 湿地科学, 7(3): 208-217.

薛振山, 姜明, 吕宪国, 等. 2012. 开发对生态系统服务价值的影响——以三江平原浓江-别拉洪河中下游区域为例. 湿地科学, 10(1): 40-45.

张树清, 张柏, 汪爱华. 2001. 平原湿地消长与区域气候变化关系研究. 地球科学进展, 16(6): 836-841.

White M A, Thornton P E, Running S W, et al. 2000. Parameterization and sensitivity analysis of the BIOME-BGC terrestrial ecosystem model: net primary production controls. Earth interactions, 4(3): 1-85.

# 第8章 长江中下游平原气候变化
# 对湿地生态系统的影响与风险评估

长江中下游平原是指长江三峡以东的中下游沿岸带状平原，其北接淮阳山，南接江南丘陵，由面积约 20 万 km² 的长江及其支流冲积而成。长江中下游平原是我国重要的粮、棉、油生产基地，也是我国经济最为发达的地区之一。在多年的发展过程中，大规模的农业开发、城镇扩张和水利工程的建设使得该流域生态遭到极大破坏。其主要表现为湿地面积骤减，2002~2010 年，湿地面积比例由 5.31%下降到 4.98%，斑块数、最大斑块指数和形状指数均下降，湿地斑块形状复杂程度逐渐下降，斑块间的连续性降低（韩宗袆，2012），导致湿地防洪调蓄功能降低；水体污染严重，大量面源污染物、工业和生活废水等随地表径流排入湖泊，水质逐渐向富营养化转变；水位降低和湿地萎缩导致湿地植被退化，生境栖息地面积减少，大量珍稀鱼类濒临灭绝（刘士余等，2007；崔世杰，2013）（图 8.1）。

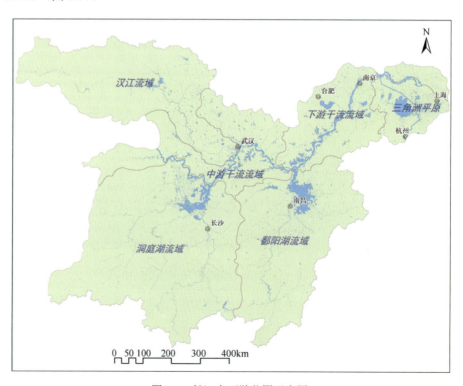

图 8.1 长江中下游范围示意图

# 8.1　气候变化对长江中下游平原湿地生态系统影响

## 8.1.1　长江中下游平原历史气候变化特征

我国科学家对长江中下游平原现代气候的研究主要集中在全球变化背景下长江中下游地区气候诸要素的时空格局及变化特征（陈辉等，2001）。通过对长江中下游地区降水（何书樵等，2013）、温度（王晓莉和陈石定，2013）、蒸散发（郭媛，2012）、日照（张立波和娄伟平，2013）和太阳辐射等诸要素的研究，初步揭示了长江中下游地区气候变化和全球变化的响应关系，反映了近 50 年来全球变化背景下长江中下游平原气候变化的主要特征。长江中下游地区近 50 年（1960~2009 年）来夏季最低气温有比较明显的逐渐增加的趋势，夜间温度总体增暖，日平均温度也有类似的上升变化，但没有日最低气温增温显著，日最高温度呈现微弱的下降趋势，其中西部和北部地区最明显，温度日较差减小，其中江苏、浙江东部沿海地区的最高气温、最低气温和平均温度均显著增加（王晓莉和陈石定，2013）。长江中下游地区近 60 年（1960~2011 年）来降水呈上升趋势，但不显著；降水强度呈微弱下降趋势，而大于 10mm 降水天数、大于 20mm 降水天数、有降水天数、日最大降水量均呈上升趋势，其中大雨天数和日最大降水量上升趋势较显著；年际尺度上，各降水指数变化周期差异较大；降水强度突变现象发生于 2000 年，其他指数突变主要出现在 1970 年（何书樵等，2013）。为了较深入地研究长江中下游气候变化对湿地生态系统的影响，分别选取鄱阳湖和洞庭湖两个热点地区作为典型区进行深入研究，以反映非气候因素气候和非气候因素对该地区湿地变化的影响。

### 1. 洞庭湖地区

#### 1）气温

洞庭湖地区 1961~2010 年多年年平均气温为 17.10℃，2007 年是有观测记录以来年平均气温最高的年份（18.37℃），1984 年为有观测记录以来年平均气温最低的年份（16.23℃）。标准气候期选取 1981~2010 年，标准气候期多年平均气温为 17.28℃（图 8.2）。对洞庭湖地区温度变化进行综合研究发现，近几十年来，洞庭湖地区温度总体呈升高趋势（彭杰彪和钟荣华，2010）。廖梦思和郭晶利用洞庭湖流域 30 个气象站的数据，分析了该流域 1982~2013 年年平均气温的变化，洞庭湖流域年均气温整体呈上升趋势，以 0.38℃/10a 的速度升温，上升趋势分为两个阶段，1982~1998 年年平均气温低于多年平均值快速上升，上升速度为 0.35℃/10a，是气温相对快速增长的时期；1998 年为气温突变年份，1998~2013 年平均气温高于多年平均值缓慢上升，上升速度约为 0.02℃/10a，进入相对稳定的偏暖时期。由于受纬度和地形因素的影响，洞庭湖流域年平均气温空间差异十分明显；流域中高温区域（18~18.7℃）主要在纬度较低的南部区域和地势低平的北部平原区，西北部、西部和南岳山区地势较高使得气温较低，温度变化为 11.8~17℃（廖梦思和郭晶，2014）。1982~2013 年，洞庭湖流域年平均气温上升幅度较大的地区位于流域东北部，其中极值中心有五峰和长沙，增加幅度分别为 0.98℃/10a、0.7℃/10a；流域南部地区次之，为 0.31~0.39℃/10a；流域西部地区增温幅度最小，为 0.17℃~0.31℃/10a。全球变暖的区域响应驱动洞庭湖流域水循环加快，夏季降水增多，而蒸发能力减弱，进而导致区域洪水出现。

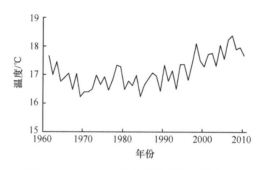

图 8.2 1961~2010 年洞庭湖地区平均气温

**2）年降水量**

洞庭湖地区多年年均降水量为 1301.93mm，2002 年为 1961 年以来降水量最多的年份，达 1999.45 mm；1968 年为历史最低，仅 873.83mm（图 8.3）。1961~2010 年该地区年降水量整体变化不大，呈微弱的增加趋势，线性增加速率为 34mm/10a。洞庭湖流域四季降水量的变化并不一致。1960~2008 年流域春秋两季平均降水量表现为减少趋势，分别以 13.42mm/10a 和 12.49mm/10a 的速度递减；而夏、冬两季则呈现一定程度的增加趋势，其中在 1998 年、1999 年和 2002 年夏季的增加最为明显；从最近 10 年（1999~2008 年）来看，流域春、夏和秋季平均降水量均为减少趋势，只有冬季表现为增加趋势（李景刚等，2010）。

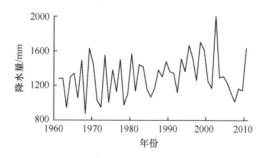

图 8.3 1961~2010 年洞庭湖地区平均降水量

洞庭湖流域降水区域差异大、局部性强（王国杰等，2006）。洞庭湖流域中部、东部和南部地区年降水量较多，西部和北部地区年降水量比较少；流域内大部分地区降水量呈递减趋势，递减幅度较大的区域位于流域北部和东部，如五峰降水递减幅度为102.8mm/10a，而桑植、吉首、沅江和道县等部分地区降水量呈递增趋势，递增幅度不超过 58mm/10a（廖梦思和郭晶，2014）。洞庭湖夏季暴雨频率呈突变式增大，不过极端降水在洞庭湖流域不同地区表现出不同的变化趋势，非常湿天、极端湿天在西北和东南

地区均表现为上升趋势，雨日数在位于北部的部分测站表现为上升趋势，日最大降水量
在大部分地区均表现为上升趋势（宋佳佳等，2012）。

### 3）蒸发量

近 50 年间，洞庭湖地区平均蒸发量为 679.85mm，最高值为 810.13mm，出现在
1994 年，最低值为 520.25mm，出现在 1966 年。1961~2010 年蒸发量总体上呈现出增
加趋势，增加速率为 21.1mm/10a（图 8.4）。东洞庭湖、南洞庭湖、西洞庭湖和洞庭湖腹
地 4 个地区 1960~2009 年年蒸发量变化不大，且地区之间表现出较好的一致性，3 月、4
月、5 月和 11 月蒸发量有升高的趋势，其中以 3 月和 4 月最为明显，蒸发变幅达到
（1.33~3.5）mm/10a；6 月、7 月、8 月和 9 月则有下降的趋势，其中 8 月最为明显（黄
云仙和郑颖，2012）。洞庭湖区域参照蒸散量总体呈减少趋势，1990 年参照蒸散量较之
前 30 年平均减少了 26mm，夏季参照蒸散量减少的趋势更为显著（王国杰等，2006）。
长江流域参照蒸散量下降的原因主要是太阳净辐射和风速的显著下降抵消了气温上升
所引起的参照蒸散量的上升，从而使参照蒸散量表现为下降趋势（Hu，2003）。

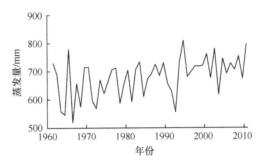

图 8.4　1961~2010 年洞庭湖地区平均蒸发量

### 4）温暖指数

1961~2010 年洞庭湖地区平均温暖指数为 201.45℃月，温暖指数最高值出现在 2007
年，为 216.85℃月，最低值出现在 1984 年，为 184.21℃月（图 8.5）。以 1984 年为界，
前后两个时期温暖指数有明显差异，1961~1984 年，温暖指数呈波动降低趋势，降低幅
度为 1.57℃月/10a；而在 1984~2010 年，温暖指数呈显著增加趋势。

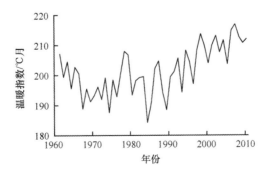

图 8.5　1961~2010 年洞庭湖地区平均温暖指数

### 5）寒冷指数

1961~2010 年平均寒冷指数为 3.72℃月，寒冷指数最高值出现在 1974 年，为 12.27℃月，寒冷指数最低值出现在 1965 年等 13 个年份（0℃月）。洞庭湖地区寒冷指数总体上呈下降趋势，下降速率为 0.5℃月/10a（图 8.6）。

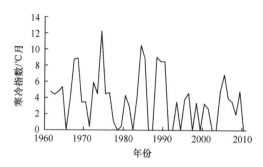

图 8.6　1961~2010 年洞庭湖地区平均寒冷指数

### 6）湿度指数

1961~2010 年洞庭湖地区湿度指数为 4.4~9.4mm/（℃·月），平均值为 6.47 mm/（℃·月），湿度指数最高值出现在 2002 年 [9.39 mm/（℃·月）]，最低值出现在 1968 年 [4.47mm/（℃·月）]。洞庭湖地区湿度指数变化较为剧烈，但并未呈现出明显的降低或增加趋势（图 8.7）。

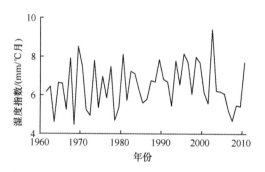

图 8.7　1961~2010 年洞庭湖地区平均湿度指数

### 7）干燥指数

1961~2010 年洞庭湖地区干燥指数为 0.4~3.2℃/mm，平均值为 1.21℃/mm，干燥指数最高值出现在 1972 年（3.2℃/mm），最低值出现在 1969 年（0.46℃/mm）。洞庭湖地区干燥指数未呈现出明显的降低或增加趋势（图 8.8）。

### 2. 鄱阳湖地区

#### 1）气温

鄱阳湖地区 1961~2010 年多年年平均气温为 17.88℃，2007 年是有观测记录以来

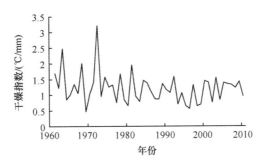

图 8.8　1961~2010 年洞庭湖地区平均干燥指数

年平均气温最高的年份（19.15℃），1984 年为有观测记录以来年平均气温最低的年份（17.03℃）。标准气候期选取 1981~2010 年，标准气候期多年平均气温为 18.06℃（图 8.9）。近 50 年来（1961~2010 年），鄱阳湖地区年平均气温呈波动上升趋势，上升幅度约为 0.16℃/10a。在全球变暖的大背景下，鄱阳湖流域年平均气温变化经历了两个阶段：一是 1961~1970 年的降温过程，降温幅度约为 0.92℃/10a；二是 1971~2010 年的升温过程，尤其是 1996 年以后，升温幅度达 0.51℃/10a，并且上升趋势至今未减（涂安国等，2015）。根据气温资料的统计结果发现，2000~2007 年鄱阳湖流域年均气温达 18.1℃，为近 50 年来最高（叶许春等，2014）。鄱阳湖流域四季的温度变化趋势基本一致。流域春、夏、秋、冬四季的平均气温均呈上升趋势，以冬季升温趋势最为明显，升温率达 0.29℃/10a，春、秋季升温率分别为 0.17℃/10a 和 0.14℃/10a，夏季无显著性升温趋势，升温率仅为 0.04℃/10a（涂安国等，2015）。鄱阳湖流域气温明显增加的地区主要集中在北部，其中饶河流域气温增加趋势最为显著，其次为鄱阳湖区、信江流域中下游地区、抚河下游地区、赣江下游地区及修水中下游地区，而赣江流域中上游地区及抚河流域上游、修水上游变化并不明显（郭华等，2006）。

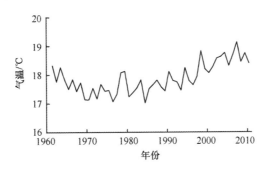

图 8.9　1961~2010 年鄱阳湖地区平均气温

另外，鄱阳湖地区极端气温的变化在不同阶段也有差异。极端最低气温大体呈现上升趋势，其平均增长速率为 0.58℃/10a，"暖冬"在湖区越来越多；1966~1974 年最低气温波动比较大，1974~1988 年最低气温处于偏高时期，1989 年、1990 年、1991 年三年处于偏冷年份，其中 1991 年余干站出现-14.3℃的低温，为 45 年来湖区最低值。1992~2005 年处于偏暖时期。鄱阳湖区年极端最高气温呈波动下降趋势，平均下降速率为-0.16℃/10a。1961~1971 年处于相对偏高时期，1972~1987 年极端最高气温处于偏低时期，但 1987 年以后，极端最高气温上升，极端最高温度年际变化加大（樊建勇等，2009）。

**2）年降水量**

鄱阳湖地区多年年均降水量为 1684.84mm，2002 年为 1998 年以来降水量最多的年份，达 2345.07 mm；1978 年为历史最低，为 1089.06mm（图 8.10）。1961~2010 年该地区年降水量整体变化不大，呈微弱增加趋势，线性增加速率为 52mm/10a。而全国 1956~2002 年 47 年降水量呈现小幅度增加趋势（《气候变化国家评估报告》编写委员会，2007）。鄱阳湖流域降水量年际间波动较大，其中降水量在 20 世纪 60 年代和 80 年代相对偏少，而 70 年代和 90 年代相对偏多，2000 年后降水量又明显减小；1969~1991 年上升趋势缓慢，之后降水量在 90 年代上升趋势加剧，并于 1999~2002 年达到显著性水平（叶许春等，2014）。1962~1968 年、1984~1991 年和 2003~2010 年是 3 个较长的连续枯水段，特别是 2000 年以来，流域降水量明显减少，江河湖库水位屡创新低（涂安国等，2015）。1961~2010 年，鄱阳湖流域年平均降水天数总体呈下降趋势，但变化不明显。2002 年以来年平均降水天数明显减少，同期年降水暴雨天数呈略增趋势，增幅约为 0.24d/10a，区域性暴雨频次、特大暴雨频次均呈明显增加趋势，而小雨、中雨天数明显减少，说明流域的降水集中度在增加。鄱阳湖流域年降雨强度呈明显增强趋势，增幅约为 0.15mm/10a。降雨强度的增大加剧了鄱阳湖流域降水时间分布不均，使流域水土流失强度加大和旱涝等极端事件发生更为频繁（涂安国等，2015）。

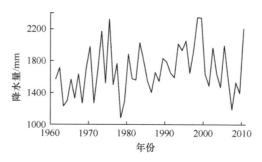

图 8.10　1961~2010 年鄱阳湖地区平均降水量

鄱阳湖流域季节降水变化不尽相同，降水的年内分布更加集中。夏季和冬季降水有增长趋势，尤其是 1 月和 7 月，增加更明显；春季和秋季降水有减少趋势，其中 5 月降水减少最多（涂安国等，2015）。樊建勇等（2009）也发现，1961~2005 年鄱阳湖流域由于受季风影响降水年内分配不均，主要集中于 4~6 月，占全年总量的 45.7%，3~8 月占全年总量的 73.5%，而 1 月、2 月和 9~12 月降水量仅占总量的 26.5%。

**3）蒸发量**

近 50 年间，鄱阳湖地区平均蒸发量为 727.31mm，最高值为 840.55mm，出现在 2005 年，最低值为 566.48mm，出现在 1967 年。蒸发量总体上呈现出增加的趋势，增加速率为 17.20mm/10a（图 8.11）。20 世纪 90 年代参照蒸散量较之前 30 年平均减少了 26mm，夏季参照蒸散量减少的趋势更为显著（王国杰等，2006）。长江流域参照蒸散量下降的原因，主要是太阳净辐射和风速的显著下降抵消了气温上升所引起的参照蒸散量的上升，从而使参照蒸散量表现为下降趋势（Hu，2003）。

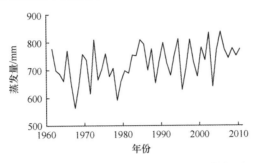

图 8.11　1961~2010 年鄱阳湖地区平均蒸发量

**4）温暖指数**

1961~2010 年鄱阳湖地区平均温暖指数为 213.11℃月，温暖指数最高值出现在 2007 年，为 229.78℃月，最低值出现在 1984 年，为 197.36℃月（图 8.12）。以 1984 年为界，前后两个时期温暖指数有明显差异，1961~1984 年，温暖指数呈波动降低趋势，降低幅度为 1.75℃月/10a；1984~2010 年，温暖指数呈显著增加趋势，增加幅度为 6.76℃月/10a。

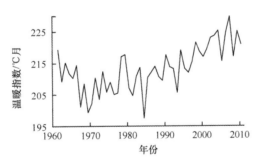

图 8.12　1961~2010 年鄱阳湖地区平均温暖指数

**5）寒冷指数**

1961~2010 年平均寒冷指数为 1.50℃月，寒冷指数最高值出现在 1967 年，为 8.21℃月，寒冷指数最低值出现在 1965 年等 28 个年份（0℃月）。鄱阳湖地区寒冷指数总体上呈下降趋势，下降速率为 0.51℃月/10a（图 8.13）。

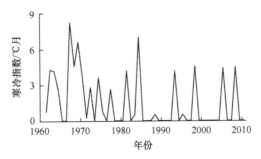

图 8.13　1961~2010 年鄱阳湖地区平均寒冷指数

**6）湿度指数**

1961~2010 年鄱阳湖地区湿度指数为 5.0~11.2mm/（℃·月），平均值为 7.92 mm/（℃·月），湿度指数最高值出现在 1975 年 ［11.13 mm/（℃·月）］，最低值出现在 1978 年［5.02mm/（℃·月）］。鄱阳湖地区湿度指数变化较为剧烈，但并未呈现出明显的降低或增加趋势（图 8.14）。

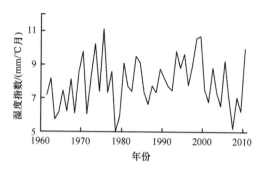

图 8.14　1961~2010 年鄱阳湖地区平均湿度指数

**7）干燥指数**

1961~2010 年鄱阳湖地区干燥指数为 0.4~1.6℃/mm，平均值为 0.86℃/mm，干燥指数最高值出现在 1978 年（1.54℃/mm），最低值出现在 1999 年（0.40℃/mm）。鄱阳湖地区干燥指数总体上呈微弱下降趋势，下降速率为 0.036℃/（mm·10a）（图 8.15）。

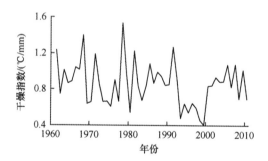

图 8.15　1961~2010 年鄱阳湖地区平均干燥指数

## 8.1.2　长江中下游湿地生态系统变化特征

近 60 年来洞庭湖地区土地利用类型空间分布图如图 8.16 所示。60 年间洞庭湖地区的土地利用类型发生了显著变化，湿地、草地和林地面积逐渐减少。1954 年，洞庭湖湖泊面积为 12 万 hm²，沼泽面积为 10.03 万 hm²；2013 年，湖泊面积为 10.09 万 hm²，沼泽面积为 4.63 万 hm²。1954~2013 年，湖泊总面积减少 1.91 万 hm²，损失率为 15.69%，沼泽总面积减少 5.4 万 hm²，损失率为 53.84%。过度围湖垦殖成为洞庭湖湖面萎缩的主要原因，围湖垦殖与非气候因素驱动的土地利用变化密切相关（东启亮等，2012）。1950~2010 年洞庭湖地区居民和建设用地面积总体上呈增加趋势，其分为两个阶段，

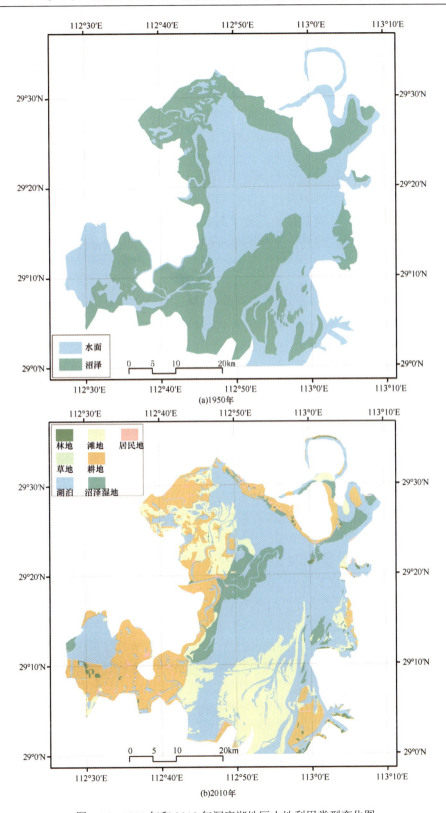

图 8.16　1950 年和 2010 年洞庭湖地区土地利用类型变化图

其中 1950~1985 年呈增加趋势，1985~2010 年居民和建设用地面积由约 1200 km$^2$ 减少到约 1000km$^2$（贾慧聪等，2014）。

洞庭湖区主要湿地类型包括泥滩地、薹草滩地、芦苇地和水域等以自然湿地和水稻田为主的人工湿地。1987~2004 年，洞庭湖区湿地面积缩小近一半以上，其中人工湿地面积变化最为剧烈，缩小了近 2/3（朱晓荣，2008）。不同植被类型变化趋势也不同，1993~2010 年，该地区林滩地面积增加了 367.88 km$^2$，分布范围向洲滩主体扩展，成为主要滩地类型，草滩地面积增加了 2.99 km$^2$，芦苇滩地面积减少了 44.09 km$^2$，（邓帆等，2012）。洞庭湖地区湿地类型的变化一方面受洞庭湖泥沙淤积和滩地植被自然演替的影响，另一方面也受非气候因素干扰的影响。自然湿地植被的破坏，尤其是滩地造林和人工种植芦苇在一定程度上改变了洞庭湖湿地生态系统原有的结构和功能。为了有效保护洞庭湖湿地，维持湿地生态系统结构和功能，应该合理规划、控制滩地造林规模。

1950~2010 年鄱阳湖地区土地利用类型空间分布图如图 8.17 所示。1954 年，鄱阳湖区湖泊面积为 30.06 万 hm$^2$，沼泽面积为 8.71 万 hm$^2$；2013 年，湖泊面积为 18.38 万 hm$^2$，沼泽面积为 13.22 万 hm$^2$。1954~2013 年，湖泊总面积减少 11.68 万 hm$^2$，损失率为 38.85%，沼泽总面积增加 4.51 万 hm$^2$，增长率为 51.75%。1985~2005 年，水田面积呈现先增加后减少的趋势，这可能与 1998 年后"平垸行洪、退田还湖"工程有关，导致鄱阳湖蓄洪面积和蓄洪容积大幅增加，使鄱阳湖湖泊面积先减少后增加（张学玲等，2008）。

随着时间的推移，鄱阳湖地区不同土地利用类型的景观破碎化程度并不一致。1985~2005 年 20 年间，鄱阳湖地区景观破碎化总体上呈上升趋势，其中 1985~1995 年破碎化程度上升，1995~2005 年破碎化程度下降；非湿地中城乡工矿和居民用地景观破碎化程度最高，其次为人工湿地中的水库坑塘景观；湖泊、沼泽地及滩地等天然湿地景观受人类影响较轻，水田景观的破碎化指数较低是因为大片水田已连成一片，在工作比例尺上难以划分成更细的斑块（张学玲等，2008）。城镇化、河道挖沙、湖区放牧、围垦、平垸行洪和退田还湖等非气候因素是导致该区土地利用类型和景观格局变化的主要驱动力（莫明浩等，2007）。尤其是从 2008 年开始，该地区植被面积年际变化剧烈，这可能与三峡大坝的使用有关，改变了长江和鄱阳湖的关系，其阶段性蓄水与泄洪对下游鄱阳湖地区土地类型造成一定影响（KarenKie，2014）。

鄱阳湖区主要湿地类型包括湖泊、河流、滩地、沼泽地等以自然湿地和水稻田为主的人工湿地。60 年间该地区天然湿地的面积和植被类型均发生了较大变化，以 1976~1999 年近 23 年的变化为例，泥沼、芦苇和草甸比例不断减少，苔草、沙地、农田和居民点呈增加趋势，最明显的变化是大量的草甸转为农田和居民点，泥沼转变为草甸，而草甸又转变成农田和居民点（莫明浩等，2007）。湿地植被的面积与同时期水情有关。例如，蚌湖湿地的薹草面积与同时期水面面积呈负相关性，而在水面面积较大的年份，一般来说，芦苇面积则会有所增加；赣江主支三角洲湿地的植被结构与水位有关，尤其是前缘洲滩的薹草群落受水情影响比较显著（余莉等，2010）。

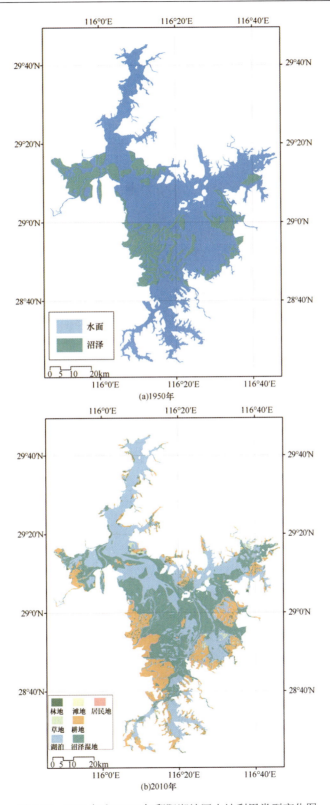

图 8.17　1950 年和 2010 年鄱阳湖地区土地利用类型变化图

# 8.2　气候变化对长江中下游平原湿地影响评估

## 8.2.1　气候变化对长江中下游平原湿地影响识别

洞庭湖地处湖南省东北部，长江中游荆江南段，是我国主要的淡水沼泽分布区之一，其位于 28°39′20″~30°14′18″N，111°42′44″~113°39′45″E，地处于中亚热带向北亚热带过渡的地带，气候温暖湿润，1 月平均气温为 4.0~4.5℃，7 月平均气温为 29.0℃，年降水量为 1100~1400mm（朱晓荣，2008）。在使用模型计算时采取的海拔为 26.1m。

利用气候-面积法对近 50 年来长江中下游平原湿地面积变化的气候影响进行定量识别。20 世纪 50 年代，洞庭湖湿地尚未经历大规模开发，多数湿地处于原始或者半原始状态，非气候因素对湿地干扰较少（赵淑清等，2012），因此以 1950 年洞庭湖湿地面积 10 万 hm² 为基准值。根据近 50 年来洞庭湖湿地气温降水变化求得非气候及气候变化导致的湿地面积变化，然后代入式（7.1）和式（7.2）进行计算。

本书的研究表明，与 1950 年相比，洞庭湖湿地约减少了 54%。过度围湖垦殖等人为活动的强烈干扰是洞庭湖湿地减少的主要原因（东启亮等，2012）。本书的研究也发现，非气候因素对洞庭湖湿地的丧失起主要作用，而过去几十年中气候变化有利于洞庭湖湿地面积增加，具有正效应，其贡献率约为 50%，非气候因素导致湿地丧失，具有负效应，其贡献率约为–50%（表 8.1）。

表 8.1　气候变化及非气候因素对洞庭湖湿地和鄱阳湖湿地减少的贡献

| 湖泊 | P/万 hm² | C/万 hm² | A/万 hm² | 湿地变化量/万 hm² | Ihuman/% | Iclimate/% |
| --- | --- | --- | --- | --- | --- | --- |
| 洞庭湖 | 308.03 | 4.6 | 10.0 | –5.37 | –50.45 | 49.55 |
| 鄱阳湖 | 230.58 | 13.22 | 8.71 | 4.51 | –50.51 | 49.49 |

鄱阳湖是中国最大的淡水湖泊，位于江西省北部，长江中下游南岸，地理坐标为 28°24′~29°46′N，115°49′~116°46′E。鄱阳湖湿地地处亚热带湿润季风气候区，气候温和，雨量充沛，无霜期较长。多年平均气温为 16~19℃，极端最高气温 41.2℃，极端最低气温–18.9℃。多年平均降水量为 1470mm，其中 4~9 月降水量 1020mm，占全年的 69.4%（莫明浩，2006）。本书的研究发现，与洞庭湖湿地不同，鄱阳湖沼泽 2010 年的面积比 20 世纪 50 年代的面积大，约增加 51.8%。这一方面与"平垸行洪、退田还湖"工程有关，使鄱阳湖湿地面积有所增加（张学玲等，2008）；另一方面，由于鄱阳湖受长江来水交互作用的影响极大，湿地水体和植被面积呈现强烈的年际波动趋势，同一月份不同年际间差异较大（KarenKie，2014），这也可能导致试验结果的不同。总体而言，非气候因素导致洞庭湖湿地丧失，具有负效应，其贡献率约为–50%，而过去几十年中气候变化有利于洞庭湖湿地面积增加，具有正效应，其贡献率约为 50%（表 8.1）。

## 8.2.2　气候变化对长江中下游平原湿地影响分离

利用景观分析法，可以快速分离气候与非气候因素对湿地生态系统的影响程度；将

1950 年和 2010 年两个时期的类型转移数据代入式（2.4）、式（2.5）计算，其分离结果为 1950~2010 年，洞庭湖地区沼泽湿地共计减少 9.5 万 hm²，其中，3.5 万 hm² 转变为人类利用类型，非气候因素和气候变化对湿地分布的影响分别为 58.8% 和 41.2%。从结果上分析，洞庭湖区非气候因素对湿地的影响程度大于气候变化的影响程度。

　　近 50 年来，鄱阳湖地区沼泽湿地共计减少 5.1 万 hm²，其中 2.9 万 hm² 转变为人类利用类型，非气候因素和气候变化对湿地分布的影响分别为 69.3% 和 30.7%，说明鄱阳湖区非气候因素对湿地的影响程度远远大于气候变化的影响程度。

## 8.3　气候变化对长江中下游平原湿地生态系统影响风险评估

### 8.3.1　生境分布模型法

#### 1. 2001~2050 年洞庭湖地区气候变化趋势分析

　　未来气候情景下气温均呈现出明显的升高趋势，RCP2.6、RCP4.5、RCP6.0 和 RCP8.5 情景下，未来 30 年气温均值分别为 19.07℃、18.92℃、18.78℃和 19.09℃，高于过去 50 年的年均气温（17.10℃）。RCP2.6、RCP4.5、RCP6.0 和 RCP8.5 情景下，气温增加速率分别为 0.33℃/10a、0.45℃/10a、0.20℃/10a 和 0.52℃/10a，其中 RCP6.0 情景下增温速率最慢（图 8.18）。

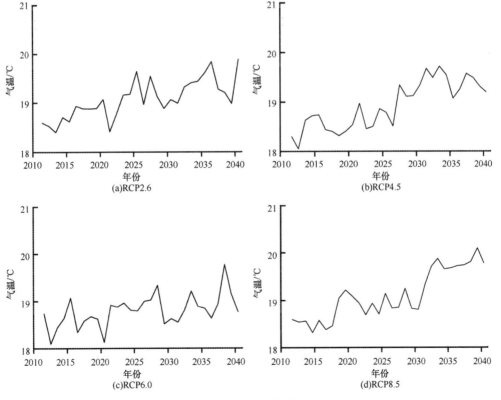

图 8.18　未来气候情景下年均气温

RCP2.6、RCP4.5、RCP6.0 和 RCP8.5 情景下，未来 30 年降水量均值分别为 1282.89mm、1288.39mm、1295.92mm、1284.76mm，均低于过去 50 年的年均降水量（1301.93mm）。RCP2.6、RCP4.5 和 RCP8.5 情景下，降水量增加速率分别为 34.64mm/10a、7.54mm/10a 和 45.22mm/10a，而 RCP6.0 情景下，未来 30 年降水量有减少趋势，减少速率为 17.62 mm/10a（图 8.19）。

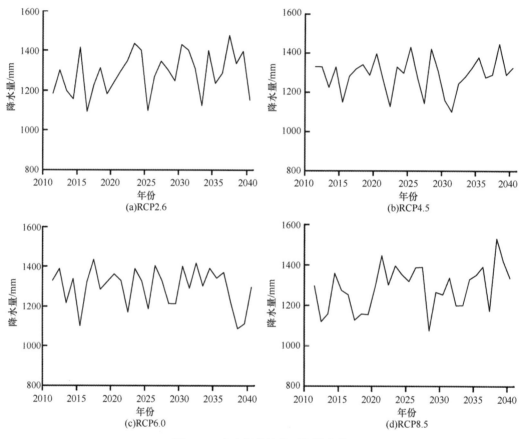

图 8.19 未来气候情景下年降水量

RCP2.6、RCP4.5、RCP6.0 和 RCP8.5 情景下，未来 30 年洞庭湖地区蒸发量均值分别为 814.59mm、812.40mm、804.38mm、806.15mm，均明显高于过去 50 年均值（679.85mm）。RCP2.6、RCP4.5 和 RCP8.5 情景下蒸发量呈增加趋势，升高速率分别为 22.56 mm/10a、9.98 mm/10a 和 27.89 mm/10a，RCP6.0 情景下蒸发量呈减少趋势，降低速率为 3.21 mm/10a（图 8.20）。

未来气候情景下，洞庭湖地区温暖指数在 4 个不同气候情景下均呈明显的升高趋势。RCP2.6、RCP4.5、RCP6.0 和 RCP8.5 情景下，未来 30 年温暖指数均值分别 228.28℃月、226.12℃月、224.18℃月 和 228.23℃月，均明显高于过去 50 年均值（201.45℃月）。RCP2.6、RCP4.5、RCP6.0 和 RCP8.5 情景下，温暖指数线性升高速率分别为 3.98℃月/10a、5.98℃月/10a、2.36℃月/10a 和 6.69℃月/10a，只有 RCP6.0 情景下温暖指数升高速率比过去 50 年（3.13℃月/10a）低（图 8.21）。

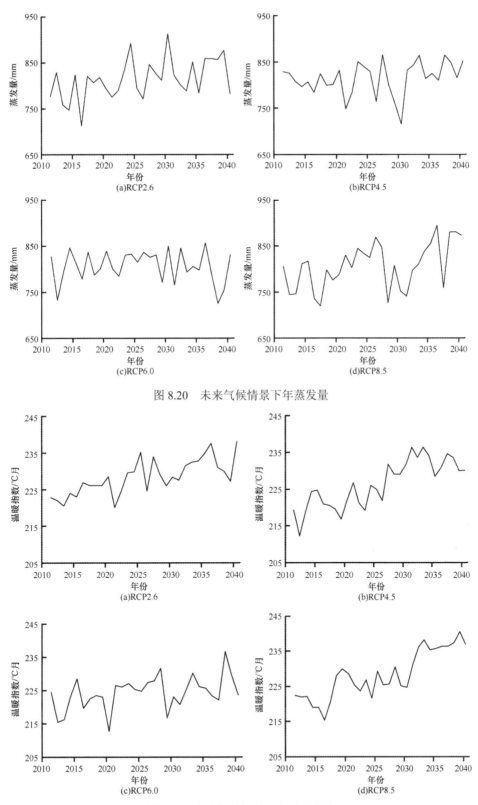

图 8.20　未来气候情景下年蒸发量

图 8.21　未来气候情景下年温暖指数

　　RCP2.6、RCP4.5、RCP6.0 和 RCP8.5 情景下，未来 30 年洞庭湖地区湿度指数均值分别 5.62 mm/℃月、5.70 mm/℃月、5.79 mm/℃月、5.63 mm/℃月，均明显低于过去 50 年均值[6.47 mm/（℃月）]。RCP2.6 和 RCP8.5 情景下湿度指数线性升高速率分别为 0.057（mm/℃月）/10a 和 0.032（mm/℃月）/10a，均低于过去 50 年湿度指数增加速率[0.063（mm/℃月）/10a]；而在 RCP4.5 和 RCP6.0 情景下，洞庭湖地区未来 30 年湿度指数呈下降趋势，下降速率分别为 0.119（mm/℃月）/10a 和 0.138（mm/℃月）/10a（图 8.22）。

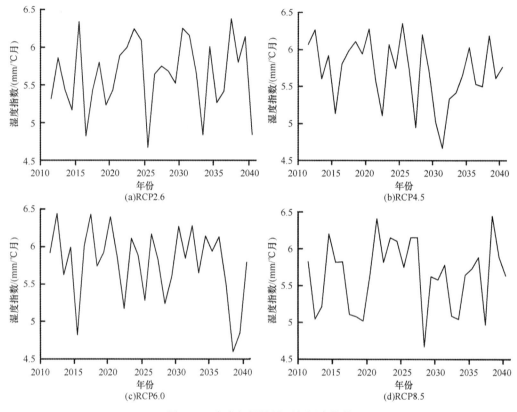

图 8.22　未来气候情景下年湿度指数

　　未来气候情景下，洞庭湖地区干燥指数在 4 个不同气候情景下均未表现出明显的升高或降低趋势，较为平稳。RCP2.6、RCP4.5、RCP6.0 和 RCP8.5 情景下，未来 30 年干燥指数均值分别为 1.19℃/mm、1.175℃/mm、1.18℃/mm、1.23℃/mm，只有 RCP8.5 情景下未来 30 年干燥指数均值稍高于过去 50 年均值（1.21℃/mm）（图 8.23）。

## 2. 2001~2050 年鄱阳湖地区气候变化趋势分析

　　未来气候情景下气温均呈现出明显的升高趋势，RCP2.6、RCP4.5、RCP6.0 和 RCP8.5 情景下，未来 30 年气温均值分别为 19.21℃、19.13℃、18.98℃和 19.26℃，高于过去 50 年的年均气温（17.88℃）。RCP2.6、RCP4.5、RCP6.0 和 RCP8.5 情景下，气温增加速率分别为 0.31℃/10a、0.45℃/10a、0.22℃/10a 和 0.53℃/10a，其中 RCP6.0 情景下增温速率最慢（图 8.24）。

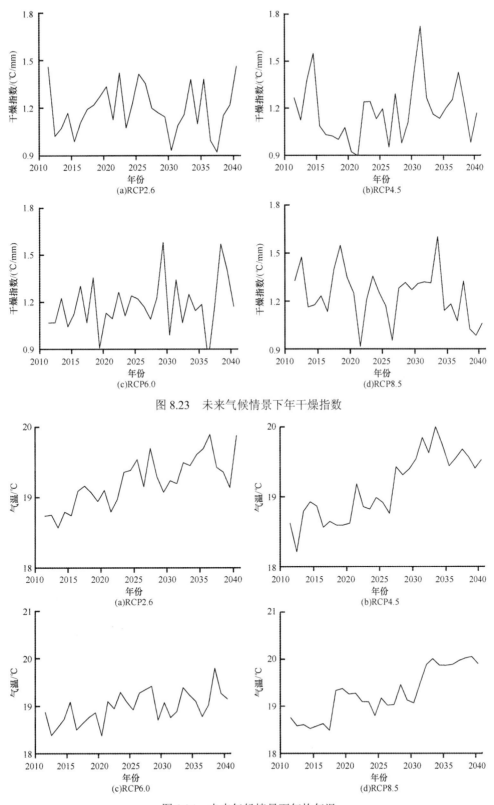

图 8.23　未来气候情景下年干燥指数

图 8.24　未来气候情景下年均气温

　　RCP2.6、RCP4.5、RCP6.0 和 RCP8.5 情景下，未来 30 年降水量均值分别为 1602.05mm、1620.46mm、1610.13mm、1611.02mm，均低于过去 50 年的年均降水量（1684.84mm）。RCP2.6、RCP4.5 和 RCP8.5 情景下，降水量增加速率分别为 41.10mm/10a、12.29mm/10a 和 52.32mm/10a，而 RCP6.0 情景下未来 30 年降水量有减少的趋势，减少速率为 25.37 mm/10a（图 8.25）。

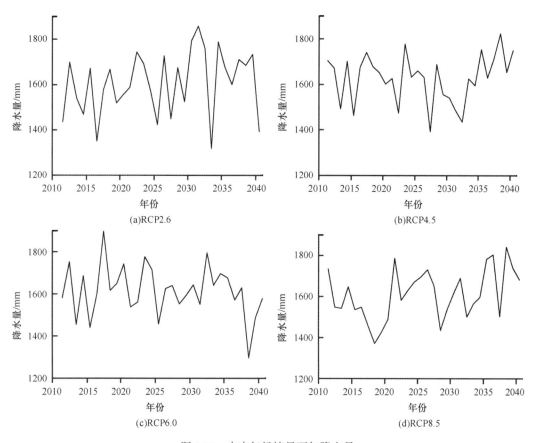

图 8.25　未来气候情景下年降水量

　　RCP2.6、RCP4.5、RCP6.0 和 RCP8.5 情景下，未来 30 年鄱阳湖地区蒸发量均值分别为 829.24mm、834.14mm、828.08mm、830.81mm，均明显高于过去 50 年均值（727.31mm）。RCP2.6、RCP4.5 和 RCP8.5 情景下蒸发量呈增加趋势，升高速率分别为 18.54 mm/10a、15.80 mm/10a 和 19.54 mm/10a，RCP6.0 情景下蒸发量呈减少趋势，降低速率为 1.93 mm/10a（图 8.26）。

　　未来气候情景下，鄱阳湖地区温暖指数在 4 个不同气候情景下均呈明显的升高趋势。RCP2.6、RCP4.5、RCP6.0 和 RCP8.5 情景下，未来 30 年温暖指数均值分别 229.91℃月、228.60℃月、226.70℃月和 230.16℃月，均明显高于过去 50 年均值（213.11℃月）。RCP2.6、RCP4.5、RCP6.0 和 RCP8.5 情景下，温暖指数线性升高速率分别为 3.62℃月/10a、5.88℃月/10a、2.87℃月/10a 和 6.79℃月/10a，只有 RCP6.0 情景下温暖指数升高速率比过去 50 年（3.17℃月/10a）低（图 8.27）。

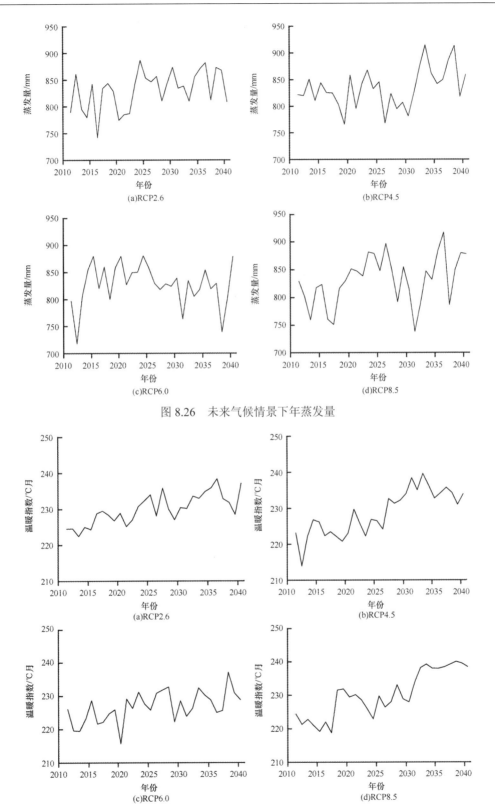

图 8.26　未来气候情景下年蒸发量

图 8.27　未来气候情景下年温暖指数

　　RCP2.6、RCP4.5、RCP6.0 和 RCP8.5 情景下，未来 30 年鄱阳湖地区湿度指数均值分别为 6.98 mm/℃月、7.11 mm/℃月、7.12 mm/℃月、7.01 mm/℃月，均明显低于过去 50 年均值 [7.92 mm/（℃·月）]。RCP2.6 和 RCP8.5 情景下，湿度指数线性升高速率分别为 0.072（mm/℃月）/10a 和 0.016（mm/℃月）/10a，均低于过去 50 年湿度指数增加速率 [0.128（mm/℃月）/10a]；而在 RCP4.5 和 RCP6.0 情景下，鄱阳湖地区未来 30 年湿度指数呈下降趋势，下降速率分别为 0.133（mm/℃月）/10a 和 0.201（mm/℃月）/10a（图 8.28）。

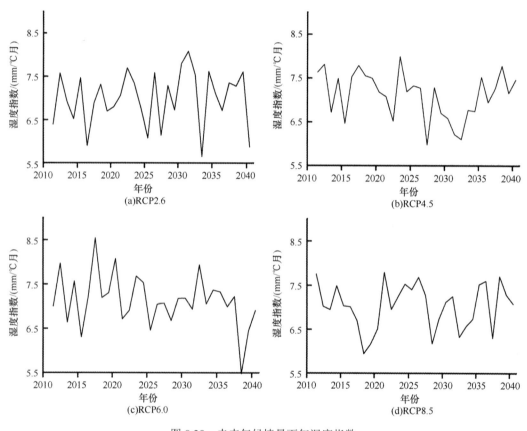

图 8.28　未来气候情景下年湿度指数

　　未来气候情景下，鄱阳湖地区干燥指数在 4 个不同气候情景下均未表现出明显的升高或降低趋势，较为平稳。RCP2.6、RCP4.5、RCP6.0 和 RCP8.5 情景下，未来 30 年（2011~2040 年）干燥指数均值分别为 0.91℃/mm、0.92℃/mm、0.93℃/mm、0.92℃/mm，4 种情景下未来 30 年干燥指数均高于过去 50 年均值（0.86℃/mm）（图 8.29）。

　　根据第 2 章描述的生态位模型，利用未来不同温室气体排放情景气候数据，模拟各情景潜在分布的湿地。在此基础上，利用潜在分布面积统计方法，对未来不同温室气体排放情景下，湿地生态系统所面临的风险进行等级划分。

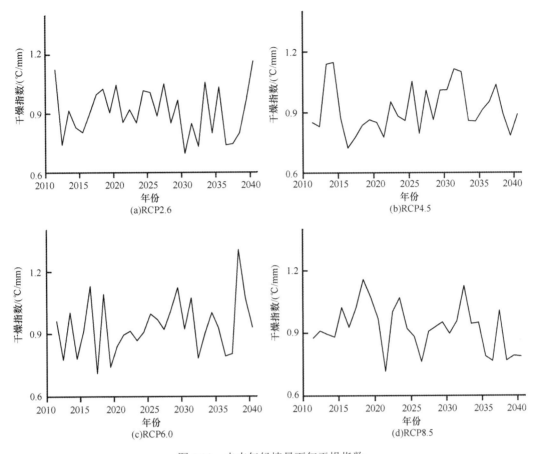

图 8.29　未来气候情景下年干燥指数

　　对模拟结果进行统计可知，在耕地不扩张不退耕的前提下，长江中下游湿地区在2050 年 RCP2.6 情景下，将减少 5.21 万 hm²，减少率为 35.4%，处于较低风险；在 2050年 RCP4.5 情景下，将减少 4.5 万 hm²，减少率为 30.6%，处于较低风险；在 2050 年RCP6.0 情景下，将减少 0.72 万 hm²，减少率为 4.9%，处于较低风险；在 2050 年 RCP8.5情景下，将减少 48.8 万 hm²，减少率为 33.1%，处于较低风险（表 8.2，图 8.30，图8.31）。

表 8.2　未来不同温室气体排放情景下长江中下游地区
湿地潜在分布地区面积变化

| | 2050 年 RCP2.6 | 2050 年 RCP4.5 | 2050 年 RCP6.0 | 2050 年 RCP8.5 |
|---|---|---|---|---|
| 湿地面积变化量/万 hm² | 5.21 | 4.5 | 0.72 | 4.88 |
| 变化率/% | −35.4 | −30.6 | −4.9 | −33.1 |

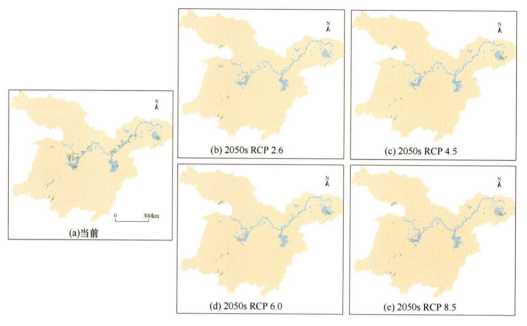

图 8.30　未来不同温室气体排放情景下长江中下游地区湿地潜在分布图

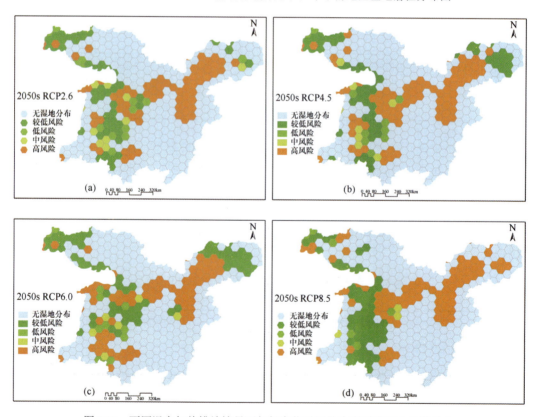

图 8.31　不同温室气体排放情景下气候变化对湿地生态系统影响风险分布

# 参 考 文 献

陈辉, 施能, 王永波. 2001. 长江中下游气候的长期变化及基本态特征. 气象科学, 21(1): 44-53.

崔世杰. 2013. 基于 RS 和 GIS 的长江中下游湖泊湿地景观动态变化研究. 武汉: 华中师范大学硕士学位论文.

邓帆, 王学雷, 厉恩华, 等. 2012. 1993~2010 年洞庭湖湿地动态变化. 湖泊科学, 24(4): 571-576.

东启亮, 林辉, 孙华, 等. 2012. 1987~2004 年洞庭典型湿地类型动态分析. 水生态学杂志, 33(3): 1-8.

樊建勇, 赵冠男, 张建萍. 2009. 鄱阳湖区气候变化及其对生态环境的影响. 山东科学, 22(3): 34-39.

郭华, 姜彤, 王国杰, 等. 2006. 1961~2003 年间鄱阳湖流域气候变化趋势及突变分析. 湖泊科学, 18(5): 443-451.

郭媛. 2012. 近 50 年来来(1960~2010)长江流域实际蒸发量变化的时空格局及其影响要素分析. 南京: 南京信息工程大学硕士学位论文.

韩宗祎. 2012. 基于 MODIS 数据的长江中下游流域景观格局变化研究. 武汉: 华中农业大学硕士学位论文.

何书樵, 郑有飞, 尹继福. 2013. 近 50 年长江中下游地区降水特征分析. 生态环境学报, 22(7): 1187-1192.

黄云仙, 郑颖. 2012. 洞庭湖气象变化特征分析. 湖南水利水电, (6): 61-75.

贾慧聪, 潘东华, 张万昌. 2014. 洞庭湖区近30年土地利用/覆盖变化对湿地的影响分析. 中国人口资源与环境, 24(11): 126-128.

李景刚, 黄诗峰, 李纪人, 等. 2010. 1960~2008 年间洞庭湖流域降水变化时空特征分析. 中国水利水电科学研究院学报, 8(4): 275-280.

廖梦思, 郭晶. 2014. 近 32 年来洞庭湖流域气候变化规律分析. 衡阳师范学院学报, 35(6): 109-114.

刘士余, 肖青亮, 蔡海生. 2007. 鄱阳湿地景观结构与可持续利用研究. 水土保持研究, 14(5): 342-344.

莫明浩. 2006. 鄱阳湖典型湿地土地覆盖及景观格局动态变化分析. 南昌: 江西师范大学硕士学位论文.

莫明浩, 毛建华, 梁淑荣. 2007. 基于 RS 与 GIS 的鄱阳湖典型湿地覆盖变化及生态环境保护. 地球科学与环境学报, 29(2): 210-213.

彭杰彪, 钟荣华. 2010. 浅析洞庭湖区 50 年气候变化特征. 安徽农学通报, 16(12): 194-195.

气候变化国家评估报告编写委员会. 2007. 气候变化国家评估报告. 北京: 中国科学出版社.

宋佳佳, 薛联青, 刘晓群, 等. 2012. 洞庭湖流域极端降水指数变化特征分析. 水电能源科学, 30(9): 17-19.

涂安国, 杨洁, 李英, 等. 2015. 鄱阳湖流域气候变化及其对入湖径流量的影响. 水资源与水工程学报, 26(5): 35-39.

王国杰, 姜彤, 王艳君, 等. 2006. 洞庭湖流域气候变化特征(1961~2003 年). 湖泊科学, 18(5): 470-475.

王晓莉, 陈石定. 2013. 近 50 年长江中下游地区夏季气温变化特征分析//创新驱动发展提高气象灾害防御能力——第 30 届中国气象学会年会武汉.

杨艳蓉, 张增信, 张金池, 等. 2013. 长江中下游地区植被覆盖与区域气候变化的关系研究. 南京林业大学学报(自然科学版), 37(6): 89-95.

叶许春, 刘健, 张奇, 等. 2014. 鄱阳湖流域气候变化特征及其对径流的驱动作用. 西南大学学报(自然科学版), 36(7): 103-109.

余莉, 何隆华, 张奇, 等. 2010. 基于 Landsat-TM 影像的鄱阳湖典型湿地动态变化研究. 遥感信息, (6): 48-54.

张立波, 娄伟平. 2013. 近50年长江中下游地区日照时数的时空特征及其影响因素. 长江流域资源与环境, 22(5): 595-601.

张学玲, 蔡海生, 丁思统, 等. 2008. 鄱阳湖湿地景观格局变化及其驱动力分析. 安徽农业科学, 36(36): 16066-16070.

赵淑清, 方精云, 陈安平, 等. 2002. 洞庭湖区近50年土地利用/覆盖的变化研究. 长江流域资源与环境, 11(6): 536-542.

朱晓荣. 2008. 基于RS、GIS技术的洞庭湖湿地景观变化研究. 北京: 北京林业大学硕士学位论文.

Hu Q. 2003. Centennial variations and recent trends in summer rainfall and runoff in the Yangtze River Basin, China. 湖泊科学, 15(增刊): 97-104 .

KarenKie Y C. 2014. 近三十年鄱阳湖湿地覆盖遥感变化探测. 北京: 清华大学硕士学位论文.

# 第9章 湿地生态系统适应气候变化对策和技术体系

## 9.1 引　言

### 9.1.1 湿地气候变化适应性工作的必要性

根据 IPCC 评估报告，全球气候变化已经成为事实，正对经济社会、自然生态系统带来深刻影响。全球气候变化对中国的影响正日渐显著地表现在自然、社会经济、政治和生活的方方面面。减缓和适应气候变化成为我国 21 世纪面临的突出和重大问题之一，目前其已经成为我国一项重要的国家战略。

我国是《湿地公约》缔约国之一，保护、合理利用湿地资源是我国对国际社会的庄严承诺；如何积极应对气候变化，保护现有湿地，恢复退化湿地，重建消失湿地，是建设生态文明，实现自然与经济和谐发展，维护国家生态安全的重要组成部分。

根据全国第二次湿地资源调查，全国湿地总面积为 5360.26 万 $hm^2$，包括香港、澳门和台湾地区的湿地面积 18.20 万 $hm^2$（国家林业局，2014）。我国自然湿地面积占国土面积的 5.58%，远低于世界平均水平，当前仍面临干旱缺水、开垦围垦、泥沙淤积、水体污染和生物资源过度利用等严重威胁，湿地面积减少、功能退化的趋势尚未得到根本遏制，其是我国气候变化背景下最脆弱的生态系统。加大湿地适应气候变化的技术研发力度，增强湿地生态系统的稳定性，对于构建我国的水安全、粮食安全和生态安全防护屏障，推进生态文明建设，履行相关国际公约并参与国际谈判，实现建设美丽中国的宏伟目标具有重大意义。

"十二五"期间，我国湿地生态系统专门针对气候变化的适应技术研发开展了一定工作，并在三江平原部分地区得到了示范（吕宪国等，2016）。然而，鉴于气候变化的影响在不同区域和不同湿地生态系统类型上存在重大差异，因此需要根据现有的科学认识和研发基础，因地制宜，因时制宜，研究和选择积极主动的适应方法和技术，采取具有针对性的适应措施，进行试验、示范和集成推广后，方能构建起我国湿地和其他诸领域适应气候变化的科学技术体系，服务于国家和区域生态文明建设和可持续发展，这才是我国应对气候变化的明智选择（刘燕华等，2013）。

### 9.1.2 湿地气候变化适应性工作思路和流程

湿地生态系统气候变化适应性工作首先要定量刻画我国湿地主要分布区气候变化

的事实；其次，具体分析过去气候变化对湿地生态系统"结构-生态功能-生态系统服务"的影响，并将非气候（如人类活动）的影响从中分离；再次，预估未来气候变化对湿地生态系统分布和功能的潜在风险；然后，根据过去气候变化的影响和未来气候变化的风险，制定不同尺度（国家层面、省市区层面、保护区层面）、不同类型（滨海湿地、内陆湿地，城市湿地、乡村湿地，第一、二、三产业湿地等）的气候变化适应性对策；最后，根据不同的适应性对策，因地制宜，研发适合于不同区域的适应性技术体系，并最终落实到国家、省市区、保护区、社区和志愿者行动中，提高我国湿地生态系统的气候变化适应性，保护和恢复湿地固碳减排的生态功能，推动生态文明建设，将"绿水青山"的湿地转化为人类共同的福祉。

# 9.2　湿地生态系统气候变化适应性对策

## 9.2.1　一般性对策

经过长期的探索实践，我国初步走出了一条适合我国国情的湿地保护道路，为应对全球气候变化，推动全球湿地保护和合理利用事业积累了宝贵经验：一是坚持政府主导、部门推动与社会参与相结合。各级政府在湿地保护中充分发挥主导作用，加强组织领导，加大投入力度，完善政策措施，强化部门协调，充分调动社会各界力量广泛参与湿地保护事业。二是坚持生态优先、保护生态与改善民生相结合。始终把改善生态作为湿地保护的首要任务，在确保生态受保护的前提下，合理开发利用湿地资源，增加群众收入，改善民生福祉。三是坚持工程带动、项目突破和规划区划相结合。通过实施重点生态工程，在重要湿地区和湿地集中分布区开展湿地保护示范项目建设，并把湿地保护纳入主体功能区、国土利用、水资源保护、水污染防治等重要区划规划，构建全国湿地保护空间格局。四是坚持开放合作、国际履约和自我完善相结合。始终认真履行国际义务，积极开展国际合作与交流，引进国外资金、技术和先进管理理念，开展湿地保护示范项目，促进国内湿地保护管理科学化、规范化，提高湿地保护管理水平。

### 1. 加强湿地保护法制建设，促进我国湿地保护有法可依

加强湿地保护法律法规体系建设，全面推进湿地立法进程，提高我国湿地管理能力。国家层面加快出台《湿地保护条例》，明确湿地保护职责权限、管理程序和行为准则，明晰湿地主管部门组织协调与多部门分工合作的管理机制，理顺制约湿地保护管理制度和机制问题。地方层面继续加大省级湿地保护法律法规建设，已建湿地自然保护区、国家湿地公园要实行"一区（园）一法"，使我国湿地资源保护有法可依、有章可循，也使我国湿地管理迈进科学的法制管理轨道。

### 2. 健全湿地保护管理制度，形成湿地保护长效机制

完善湿地管理政策，健全湿地保护制度体系，形成湿地保护管理长效机制，实现湿

地科学化、制度化管理目标，促进我国湿地生态系统良性循环。抓紧制定维护我国国土空间安全的湿地红线，加快推进生态文明建设，促进我国经济社会可持续发展。尽快制定湿地生态补偿相关政策和制度，形成湿地保护长效机制，实行湿地分类管理，改善民生，实现湿地保护与生态惠民双赢，多头管理。

### 3. 实施重大湿地恢复工程，扩大湿地面积

继续实施《全国湿地保护工程"十二五"实施规划》，着重加强重要区域湿地保护、恢复、综合治理等方面的建设，扩大湿地面积，改善湿地生态质量，在调查数据成果的基础上，进一步谋划构建重大湿地生态修复工程，选择重点区域编制专项规划，优先建设国家重点生态功能区等范围内的重要湿地。

### 4. 完善湿地保护体系，增强湿地保护能力

强化湿地保护管理，完善湿地保护体系，提高湿地保护管理监督水平，夯实湿地保护管理工作。进一步完善以湿地自然保护区为主体，湿地公园和自然保护小区并存的湿地保护体系，加大湿地自然保护区、湿地公园和自然保护小区建设力度，扩大湿地保护范围，提高湿地保护成效。加强各级湿地保护管理机构建设，强化湿地保护管理的组织、协调、指导、监督工作，提高湿地保护管理能力。

### 5. 加大科技支撑力度，提高湿地保护科技含量

建立健全湿地保护科技支撑体系，加大对湿地保护的资金投入，加强湿地研究能力建设，积极引进人才，提高科研能力，增大湿地保护科技含量。开展湿地重点领域科学研究，依托科研院所对湿地保护与恢复、湿地与气候变化等课题进行攻关。扩大湿地保护与恢复科技试点示范的范围，建立适合不同类型湿地的恢复模式，全面推进湿地保护恢复工作。建立健全科学决策咨询机制，为湿地保护决策提供技术咨询服务。

### 6. 开展湿地生态监测与评估，提升湿地保护管理水平

开展湿地资源和生态状况的监测与评估，加强国家、省级层次湿地监测能力建设，指导建立重要湿地监测站点，初步建立湿地专项监测网络，建立湿地生态状况、服务功能价值评估体系，构建全国湿地资源信息系统，及时动态掌握我国湿地资源与生态状况的变化情况，为科学决策提供有力支撑，提升湿地保护管理能力。

### 7. 强化湿地保护宣传教育，提升全民湿地保护意识

加大对公众湿地保护意识和资源忧患意识的教育，牢固树立"尊重自然、顺应自然、保护自然"的生态文明理念，增强全民生态保护意识，形成全社会保护湿地的良好氛围。常态化开展湿地保护宣传活动，借助"世界湿地日"、各地"爱鸟周""野生动物保护月"

等活动，利用电视、报刊等宣传湿地保护知识，并基于自然保护区和湿地公园等建立湿地科普宣教基地，开展湿地保护、湿地生态功能、湿地服务价值等培训。

### 8. 开展湿地生态系统稳定性区划研究，规划湿地保护恢复空间布局

党的十八大就生态文明建设做出了全面部署，描绘了建设"美丽中国"的宏伟蓝图，湿地作为重要的自然资源和生态系统，在生态文明建设中占有十分重要的地位。加大湿地保护恢复力度，增强湿地生态系统的稳定性，已成为全面建成小康社会的新要求之一。结合国家主体功能区划、地区土地利用总体规划和各保护区总体规划，合理布局湿地保护空间和恢复空间，严格保护湿地生态空间。

### 9. 开展湿地资源环境统计和审计，维护国家资源安全

国土资源部将湿地列为未利用地，是制约湿地保护管理的体制机制性障碍。湿地不仅蕴含丰富的自然资源，其本身就是一种国土资源。河口三角洲和滨海珊瑚礁的不断生长，增加了我国陆地面积。作为水陆交错带，湿地资源统计和审计是海陆统筹的重要组成部分，通过编制各地湿地资源资产负债表，加大对自然价值较高的湿地国土空间的保护力度，改变湿地资源的粗放利用状态，维护国家资源环境安全。

### 10. 严守全国湿地保护红线，逐步提升湿地环境质量

我国已提出 8 亿亩的全国湿地保护红线，到 2020 年，在湿地总面积无净损失的基础上，应分区、分级提出湿地环境质量规划和目标，逐步提升我国湿地环境质量，提高单位面积湿地的碳储量、水储量和生物多样性存量，研发具有高科技附加值的湿地保护和恢复技术，抚育并发展一大批不同规模的湿地，创新全国和各地的生态文明建设方式和机制。

## 9.2.2 城市湿地针对性对策

湿地是人类文明的发祥地。从古至今，世界上许多城市的发展轨迹都以湿地为源头。湿地往往是城市最重要的立地条件，并成为现代化城市的中心，而近年来城市内涝已成为我国多个城市主要的气象灾害。

据《中国气象灾害年鉴》统计，近年来全国因暴雨洪涝及其引发的滑坡、泥石流灾害共造成上亿人次受灾，直接经济损失超千亿元。另据报道，2010 年广州 5·7 降雨造成市内 102 个镇街受浸，中心城区多达 44 处地方积水严重，造成 6 人死亡，经济损失达 5.438 亿元；2007 年济南 7·18 暴雨造成 30 多人死亡，170 多人受伤，经济损失达 13.2 亿元；2012 年北京 7·21 特大暴雨造成全市受灾面积约 1.6 万 $km^2$，受灾人口达到 190 万人；2013 年 5 月，我国南方出现大范围强降雨，导致多个城市发生内涝灾害，长沙、南昌、广州等城市城区道路积水，多处积水深度超过 30 cm，使交通大面积瘫

疾，造成巨大的经济损失。内涝严重影响到城市的正常运行，已成为我国城市面临的共同问题。

## 1. 湿地是城市之源、城市之肾、城市海绵和重要的生态空间

湿地生态系统功能丰富，是地球上生物多样性较丰富和生产力较高的生态系统之一，具有保持水土、蓄洪防旱、净化水质、控制污染、调节气候和维护生物多样性等重要生态功能，被誉为"地球之肾""物种超市""天然水库"和"鸟类的乐园"等。对于城市而言，湿地往往是城市最重要的立地条件，是城市起源的核心，也是现代化城市的中心。城市湿地作为位于城市中的一个特殊的生态系统和不可替代的自然资源，具有独一无二的生态系统服务功能，如具有为公众提供生产生活物质、涵养水源、滞洪减灾、净化水质、调节小气候、固碳释氧、维持生物多样性及观光旅游、科研教育、文化传承等多种重要的生态系统服务功能，是城市可持续发展的基础。

## 2. 我国的城市湿地管理远远落后于国际社会，难以满足当前城镇化、绿色化和生态文明建设的要求

鉴于城市湿地与人类发展的密切关系，1971 年通过的《湿地公约》就以认证、保护并促进合理使用全球范围内具有重要生态意义的湿地系统为目标。2012 年 6 月在罗马尼亚召开的湿地公约第 11 次缔约方大会通过了决议 XI.11，鼓励各缔约国积极探讨编制湿地城市认证方案；2014 年 2 月又在韩国召开了关于湿地城市认证方案的专题研讨会。相比之下，我国对城市湿地的管理还需要进一步强化。2004 年国务院办公厅发布的《关于加强湿地保护管理的通知》提出了以建立湿地公园等多种方式进行湿地的抢救性保护。2005 年，建设部和国家林业局分别出台了《国家城市湿地公园管理办法》和《国家林业局关于做好湿地公园发展建设工作的通知》，目前只有分别纳入两种湿地公园的城市湿地才能得到有效保护，而很多面积较小、零星分布于城市不同位置的湿地面临着进一步退化和丧失的威胁。

## 3. 建设城市湿地网络，是在暂未纳入湿地资源管理空白区增加湿地保护面积，是严守湿地红线的重要举措

2015 年 4 月，中共中央、国务院《关于加快推进生态文明建设的意见》确立了"到 2020 年全国湿地面积不低于 8 亿亩"的目标，如何更好地保护现有湿地资源，扩大湿地恢复面积，是中央和地方党政部门的重大需求。在现有湿地名录之外，将星罗棋布于全国城市中的湿地纳入湿地资源保护范围，可以有效提高一个城市、一个地区乃至全国的湿地率，其是严守湿地红线的重要举措。

## 4. 功能完善的城市湿地网络可提高城市在全球变化背景下的适应能力

随着我国改革开放 30 多年来经济的快速增长和城镇化建设的不断加快，受经济利

益驱使，大量湿地被改造成为建筑用地，面积急剧减小。根据国家林业局第二次全国湿地资源调查结果，与十年前相比，基建占用已成为目前威胁湿地生态状况的五大因子之一，其影响频次和影响面积都呈增加态势。对全国第二次湿地资源调查重点调查湿地的统计结果表明，围垦、基建占用已成为威胁湿地生态系统的主要因素，受到围垦威胁的湿地面积占到调查面积的 25.37%，其中有 34.80% 的近海与海岸湿地受到围垦威胁；受到各类基建占用威胁的湿地面积占到调查面积的 14.53%，其中湖泊湿地、近海与海岸湿地基建占用威胁的比重最高，与首次调查相比出现频次增加了 4.7 倍。

城市湿地首当其冲，残留的湿地往往也面临严重污染，生态功能急剧下降乃至丧失，严重危及着周边居民的身体健康和城市的可持续发展。近年来，由于全球气候变化，特别是湿地极端天气事件的增多，我国许多城市都出现了内涝。通过城市中天然湿地和人工湿地的调节，储存来自降雨、河流过多的水量，可避免发生洪水灾害，保证工农业生产有稳定的水源供给，形成蓄水防洪的天然"海绵"。因此，将城市湿地网络作为一个整体纳入城市的防洪排涝体系和海绵城市建设中，充分发挥湿地的水文调蓄功能，可提高城市在全球变化背景下的主动适应能力。

## 5. 具体建议

（1）从流域尺度和区域水循环的角度，统筹规划设计城市湿地网络，将城市湿地网络建设纳入城市发展规划、国家和地方海绵城市规划和试点工作。

（2）重视现有城市湿地的就地保护，充分发掘自然禀赋，注重历史传承、乡土特色，维持城市湿地的自然性、完整性和过程、功能。

（3）将城市中规模以上湿地纳入国家湿地资源调查统计范畴，新建和恢复城市湿地计入国家湿地保护红线和相关规划中。

（4）对于湿地资源禀赋较好，海绵城市建设成果突出的地区，开展湿地城市建设试点，制定国际、国家和地方湿地城市的标准及考核办法。

# 9.3 湿地生态系统气候变化适应性技术体系构建

## 9.3.1 适应技术分类

湿地生态系统气候变化适应性技术清单从科学属性上可分为基于自然科学的"硬性"技术和基于社会科学的"软性"技术。其中，"硬性"技术又可以从湿地类型、适应目标和湿地分布区域 3 个维度进行分类，如图 9.1 所示。

湿地类型从时间上可划分为预适应技术、时适应技术、后适应技术；从空间上可划分为跨区适应技术、区内适应技术；从目标湿地生态系统受损程度上可划分为健康适应技术、应急适应技术，包括完整性保育技术、退化修复技术、恢复和重建技术等。

不同区域不同类型湿地在气候变化背景下所面临的问题和挑战并不相同。因此，笼统地适应技术已不足以有针对性地解决各湿地的气候变化适应问题。根据适应目标的不同，本书提出的初步技术清单如下（不仅限于此）。

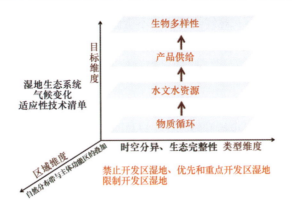

图 9.1　湿地生态系统气候变化适应性技术分类

（1）水文水资源（淡水供给、洪峰调节、干旱缓解、地下水补给）：如冰雪融水资源化技术、雨洪资源化技术、节水湿地技术、沟渠集水与净化技术、跨区湿地补水技术、区内湿地水力连通技术、多源-多向调水技术、水质保护技术等。

（2）生物多样性（珍稀水禽、高等植物、两爬类、哺乳类、鱼类）：如濒危水鸟人工巢适应技术、入侵种去除技术、种质资源恢复重建技术等。

（3）生物地化循环（气体调节、气候调节）：如固碳增汇技术、泥炭地碳封存技术、甲烷减排技术、陆源沉积海平面同步抬升技术等。

（4）产品供给（淡水资源、农产品、水产品、工业、能源、药用）：如淡水存储技术、湿地农产品抗旱涝技术、水产品高产优质技术、芦苇节水生产技术、能源药用植物抵御极端天气栽培技术等。

（5）软科学技术（社会经济手段）：如湿地适应气候变化立法、湿地适应气候变化战略、湿地适应气候变化规划、湿地气候变化风险评估技术、湿地生态补偿技术、面向气候变化的城市湿地规划技术等。

## 9.3.2　区域适用性

根据我国主要湿地分布区与水分热量带的叠加，本书的研究考虑湿地主要水源补给类型，从气候影响和适应角度将全国分为以冰雪融水为主的高纬度高海拔区（东北北部、西北北部、青藏）、以地表水补给为主的干旱-半干旱-半湿润地区（东北中南部、西北中南部）、以降水补给为主的长江中下游地区、以混合补给为主的华中华南地区、滨海湿地区，以及其他以地下水补给为主的湿地区。这 6 个分区还对应着不同的气候变化敏感程度。

（1）冰雪融水为主补给区：对气候变化相对最为敏感，适宜采用冰雪融水资源化技术和抗气温生态技术、增汇减排技术等。

（2）降水为主补给区：对气候变化较为敏感，适宜采用区域内水力连接技术、节水湿地技术、抵御极端旱涝技术，以及生物多样性保育技术等。

（3）混合补给区：对气候变化较中度敏感，适宜采用多源-多向调水技术、水质保护技术，以及生物多样性保育技术等。

（4）地表水为主补给区：对气候变化较不敏感，适宜采用跨区域（流域）和区域（流域）内调水技术、水质保护技术，以及生物多样性保育技术等。

（5）地下水为主补给区：对气候变化相对最不敏感，适宜采用节水湿地技术、生物多样性保育技术等。

（6）滨海湿地区：对海平面上升最为敏感，适宜采用抗海平面上升和海水入侵的工程技术、陆源沉积海平面同步抬升技术、红树林防护技术，以及生物多样性保育技术等。

# 参 考 文 献

国家林业局. 2014. 中国林业发展报告. 北京: 国家林业局.

刘燕华, 钱凤魁, 王文涛, 等. 2013. 应对气候变化的适应技术框架研究. 中国人口·资源与环境, 23(5): 1-6.

吕宪国, 等. 2016. 典型脆弱生态系统的适应技术体系研究. 北京: 科学出版社.

# 附录1  气候-面积法技术手册

全球气候变化与人类活动已经成为影响地球表层生态系统的巨大营力，其正在或者已经深刻改变了生态系统。湿地景观是在气候、地貌、土壤、植被、水文和生物等自然因素和人为干扰作用下形成的有机整体，是对气候变化最为敏感的生态系统。气候变化将不可避免地对湿地景观产生影响。气候变化的结果具有累积效应，对湿地最直接的影响是显著影响湿地面积。然而，就目前而言，人类活动往往叠加气候变化，共同导致湿地面积减少，并且在大多数地区，人类活动导致的土地利用方式变化是湿地面积减少的最直接因素，并且这种影响往往掩盖了气候变化对湿地面积波动的贡献。如何定量判别气候变化对湿地面积增减的贡献，是研究气候变化与湿地生态系统之间相互反馈的核心问题，同时也是目前气候变化与湿地关系研究中的热点与难点问题。

目前，国内外尚未建立广泛应用的技术方法体系，已有的研究中，多集中于通过微宇宙实验研究单个或者多个气象要素对湿地生态系统某一特定功能或者结构方面的影响，多研究气温升高及降水变化对湿地植被生物量的影响。其研究尺度较为狭窄，多为点位尺度，无法外推至大的地理空间尺度。此外，研究结果多为定性而非定量，缺乏认可性。面积变化是气候或人类活动影响湿地最为直接的表征，气候及人类活动导致的湿地面积波动是定量区分气候与人类活动影响力的有效指标。

基于此，本技术手册的目的在于建立一种基于气候-湿地面积关系模型的方法，以定量区分气候变化与人类活动对中国湿地面积的影响。

## 1. 基本原理与理论假设

人类活动通常会通过简单而直接的方式（如垦殖、排水）或间接的方式（如污染）影响湿地面积。人类活动的影响途径多样而复杂，其对湿地面积波动的影响通常是多种方式综合作用的结果，这些方式一般缺乏定量指标进行描述。因此，在本书的研究中，为了定量研究气候变化与人类活动对湿地面积的影响，基本假设是湿地面积的变化是由气候变化与人类活动两部分贡献构成。气候变化及人类活动既可能促进湿地面积增加，也可能导致湿地面积减少。湿地面积的变化是一个向量。在区分二者的贡献时，首先确定气候变化的贡献，而后是人类活动的贡献。另一个基本理论假设是短时间尺度范围内地貌特征不变或影响可忽略不计，以去除地貌特征改变对湿地发育的影响。

气候因子是湿地发育的主要驱动因子，是湿地形成、发育及不同特征差异的控制因素（Winkler，1988）。气候变化能够显著影响湿地的水文情势，诱发侵蚀并改变湿地沉积速率，导致湿地景观面积的动态变化，是湿地面积扩张与萎缩的主要因素（吕宪国，2008），在地貌特征类似的湿地分布区，气候因子的变化对湿地面积波动的影响尤为明显（Nicholson and Vitt，1994）。Poiani 等（1996）研究表明，气候变化背景下，北部草原湿地面积变化与气候改变具有良好的规律性，葛德祥等（2009）研究表明，辉河湿地面积变化与降水量变化紧密相关。然而，不同气候因子对湿地景观面积影响不同。北部草原地区，气温变化是控制湿地消长的最根本的动力因素，气温与湿地面积之间呈显著负相关，同时，降水量一般与湿地面积呈正相关关系（Poiani et al.，1996）。气候因子与湿地面积的关系随着研究的空间尺度的变化而呈现出不同的规律。湿地通过其巨大的固碳能力与气候系统形成复杂的反馈机制。

气候-湿地面积关系模型的主要理论思想来源于 Franzen 等（1996）对泥炭增长与气候变化理想模型的构建与解释。在理想状态下，即无人类活动影响时，气候变化可以与湿地面积建立良好的拟合关系，并用于地质历史上，湿地，尤其是泥炭地增长被认为是整个晚显生宙主要的气候调控机制之一。泥炭的增长和分解被认为与晚新生代冰期和间冰期有规律的转化有一定关系。Franzen 等（1996）构建了一个泥炭模型，以解释历史上冰期与间冰期的变化。世界上几乎所有现存的泥炭资源都形成于全新世，且主要位于45°N 的寒温带，主要是泥炭沼泽、低位沼泽和混合泥沼，它们都有一个较大的增长速率，利用泥炭地的面积和体积构建泥炭的累计增长模型，可以认为泥炭沼泽起源于某一个地方，即一个小的凹地，然后发展成为一个巨大的平坦表面，沼泽地可以自由地在水平方向与垂直方向上增长，假定沼泽地在其发展过程中保持着椭圆体形状。泥炭沼泽底部半径用 $a$（m）表示，其最大高度用 $b$（m）表示。$a$ 和 $b$ 是时间的函数，均随着时间的增加而增加，并引起沼泽体积的增大，半径的增加速率 $Sa$ 和最大高度的增加速度 $Sb$（单位均为 m/a），可定义为

$$Sa=da/dt \qquad \text{（附 1.1）}$$

$$Sb=db/dt \qquad \text{（附 1.2）}$$

假定一个具有目前的半径和顶高（分别为 500m 和 3.75m）的理想沼泽在整个 1 万年的增长时期被建立起来，从而 $Sa=0.05$m/a 和 $Sb=0.375\times10^{-3}$m/a。泥炭增长已经在全新世发生了改变。在距今 2500 年的时间之后有一个迅速的增加，因此模型划分为两个亚期，一个是 0~7500 年，另一个是 7500~15000 年。

假定沼泽开始时（$t=0$）的大小可以忽略不计，通过对方程按时间 $t$ 积分，可以计算出任何时间的 $a$ 和 $b$ 值，则基本面积 $A$ 和体积 $V$ 能够很容易计算出来。

$$A=\pi a^2, \quad V=2/3\pi a^2 b \qquad \text{（附 1.3）}$$

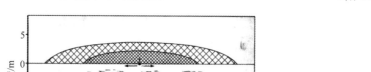
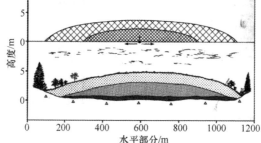

附图 1.1　理想泥炭发育模型（Franzen et al，1996）

利用理想化的沼泽作为所有温带泥沼的代表，可以构建一个假想的泥炭群。它在最后阶段（2000 年）将有一个与现有的温带沼泽相同的总面积范围，即 450 万 $km^2$。"理想沼泽"的增长可以看作是大气 $CO_2$ 的汇。

该模型从不同的起点开始，并且自中心呈辐射状增长，覆盖了辽阔的温带平原，其是一个非常简化的模型。这个模型没有把其增长时遇到的障碍或受到的岩层阻挡的情况考虑在内。对于后者的情况，被泥炭地覆盖的巨大面积很可能已经达到了泥炭地扩展的物理界限。该模型进一步表明，温带现存沼泽面积的一半是在过去的 2000~3000 年形成的。利用与上述单一理想沼泽地相同的模型计算了泥炭的总累积体积，即全新世地球温带泥炭地 $CO_2$ 固定的累积量，也就是大气 $CO_2$ 的理论固定值。

从碳的观点出发，泥炭的年固碳量可作为在垂直方向上单位面积上每年增加的碳的量。模型中所用的泥炭的不同增长速率相当于 $A=0.6mm/a=21.4g\ C/（m^2·a）$。

当泥炭地开始发育时，取 $t=0$，对泥炭地年水平扩展和垂直生长取附图 1.1 中的数据，通过简单的计算，泥炭中的碳最后可累积到 401Gt[①]，远高于对地球上泥炭中碳的多数估计值。模型中所有的沼泽初始时间都被定为 0 年（距今 1 万年）。对于自然环境来说，当然并非如此。泥炭的初始出现可发生在全新世的任何时间。根据泥炭地增长模型，如果模型中没有使用其他 $CO_2$ 来源的话，$CO_2$ 浓度将可能在冰消作用后迅速升高到近400ppm。泥炭的累积对冰期的开始起着决定性作用，从分解的泥炭和其他生物群而来的 $CO_2$ 强烈地影响着冰消作用。尽管其他的机制也可能对冰期开始具有同等重要或更为重要的作用，但所释放的 $CO_2$ 很可能对关闭温室效应窗并保持关闭状态起决定性的缓冲作用，从而阻止了再次的冰蚀。

这个简单的模型表明，"泥炭"这一因子在碳循环中不能被忽视。地质时期高纬度平原地区泥炭地面积呈指数增长，并固定大气中的 $CO_2$，每一个间冰期都产生一个临界点。当 $CO_2$ 的浓度达到这个较低的浓度水平时，可能会导致冰期被激发。

受上述模型启发，我们认为理想状态下湿地面积的波动受气候变化的驱动。基于此，在区分某一时间段内气候变化与人类活动对湿地面积的影响时，时间段的初始年份（基准年）对应的实际湿地面积为 $A$；时间段结束时（现状年）对应的实际面积为 $C$。在基准年与现状年期间，首先假定这段时间为理想状态，计算出目前气候因子条件所对应的湿地面积，定义为 $P$。因此，气候变化对湿地面积波动的贡献量（$I_{climate}$）和人类活动对湿地面积波动的贡献（$I_{human}$）可以分别定义为

$$I_{climate} = \frac{P-A}{|P-A|+|C-P|} \times 100\%$$

$$I_{human} = \frac{C-P}{|P-A|+|C-P|} \times 100\%$$

（附 1.4）

其中，正值代表正效应，说明对湿地面积增加具有促进作用；而负值代表负效应，说明减少了湿地面积。由于中华人民共和国成立前关于我国湿地面积无详细记录，因此选择中华人民共和国成立初期，即 20 世纪 50 年代左右为基准年。

_____

① 1Gt=$10^{15}$g。

## 2. 模型构建及验证

### 1）数据来源

数据主要来源于《中国沼泽志》（赵魁义，1999）。《中国沼泽志》是我国第一部较为详细的对国内沼泽、河口湿地、泥炭地等湿地类型进行系统调查记录的专著，主要收集了中国典型的 396 块湿地的详细调查资料，包括沼泽所处的位置、面积、气象条件、地貌特征、植被类型等。通过数据整理，整理出有效记录 373 条，数据 2800 余个。

### 2）数据处理

数据进行统一的标准化处理后，取其中 95%的数据用于构建气候因子——湿地面积模型，5%的数据用于模型验证。数据处理采用相关性分析、主成分分析、方差分析、回归分析等数理统计方法，在显著性水平 $P<0.05$ 的水平上进行显著性检验。

### 3）主要因子识别与分析

由于《中国沼泽志》中调查的湿地主要为天然湿地斑块，一般无人类活动影响或者人类活动影响可忽略不计，且跨越了较大的地理尺度，包含了不同气候带及地貌类型下发育的各种沼泽湿地，因此，相关性分析的结果能够反映出自然情况下气候因子与沼泽湿地面积之间的关系。对《中国沼泽志》中 396 块湿地所处的位置、面积、气象条件、地貌特征进行整理分析。由于气温、降水及海拔之间存在极显著的相关性，因此在进行相关性分析时使用偏相关分析。

相关性分析表明，在不考虑地形特征的情况下，湿地面积与海拔（$r=0.232$，$P<0.001$）、纬度（$r=0.336$，$P<0.001$）及降水（$r=0.182$，$P<0.05$）呈极显著的正相关关系，而与年平均温度（$r=-0.464$，$P<0.001$）和活动积温（$\geqslant10℃$）（$r=-0.285$，$P<0.001$）呈显著的负相关关系。

相关性分析表明，在大的地理尺度上，湿地的发育与温度、海拔、降水等有着密切的关系。其中，温度与湿地面积之间呈显著的负相关关系，与北美草原湿地面积研究的结果相一致，表明温度对于湿地面积波动具有极为强烈的控制作用（Poiani et al., 1996）。湿地面积与纬度及高程之间的显著正相关关系也部分反映了温度在纬度带及不同海拔处的变化。湿地面积与降水量之间呈显著正相关关系，说明降水增加有助于湿地面积增加。但是同其他因子与湿地面积的相关性相比，降水与湿地面积之间的相关系数较小，说明降水对湿地面积的影响与其他因子相比较小，这主要与湿地的水文补给状况有关，同时也与我国湿地分布的空间特征相符合。我国主要的湿地分布在东北地区、青藏高原、横断山区和长江中下游地区。虽然长江中下游地区雨量充沛，但长江中下游地区湿地主要为河流湿地、河口湿地及湖泊湿地，湿地斑块多而面积小，湿地的形成更多地依赖于河流的水源补给，大面积的湿地斑块主要分布在降水量中等的温带地区。同时，气温、海拔及降水量之间存在复杂的关系，因此，单纯的相关性分析并不能完全反映出气候因子与湿地面积之间的关系。

在湿地的发育过程中，除了受到地貌条件的制约之外，湿地面积更多地受到水热条件在空间上不同组合而非单个因子的制约。对同时记录有降水量（Pre）和$\geqslant10℃$活动积温（AT）的 173 个湿地斑块进行分析，结果表明水热系数（$R$，$R=\mathrm{Pre/AT}$）与湿地面积呈现出极显著的正相关关系（$r=0.288$，$P<0.001$）（附图 1.2）。在不考虑地貌制约及其湿地水文补给的条件下，水热系数的增加，表明气候具有冷湿化的趋势，其有利于湿地面积的面积增加。

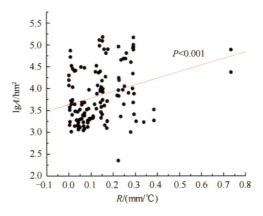

附图 1.2　热系数与湿地面积的关系

主成分分析表明，纬度、经度、海拔、气温及降水 5 个因子可以通过两个新的变量 $F_1$ 与 $F_2$ 表示，其可以解释整体样本中 82.63% 的信息量。$F_1$ 与 $F_2$ 的表达式分别为

$$F_1=[(-0.728)\times x_1+0.451\times x_2+(-0.524)\times x_3+0.909\times x_4+0.911\times x_5]/1000 \qquad （附 1.5）$$
$$F_2=[0.652\times x_1+0.662\times x_2+(-0.746)\times x_3+(-0.080)\times x_4+(-0.155)\times x_5]/1000 \quad（附 1.6）$$

式中，$x_1$ 为纬度；$x_2$ 为经度；$x_3$ 为海拔；$x_4$ 为年平均气温；$x_5$ 为降水量。对两个主成分分析，结果表明，$F_1$ 主要代表了水热条件的分布状况，而 $F_2$ 则主要反映了海拔的贡献。这说明湿地的分布除了受到水热条件的地带性分布控制之外，还受到海拔等非地带性因素的影响。

**4）模型构建与验证**

湿地面积与 $F_1$ 及 $F_2$ 之间存在极显著的负相关关系，相关系数分别为 $-0.361$（$P<0.001$）和 $-0.171$（$P=0.003$）（附图 1.3），说明湿地在地理空间上的分布具有地带性与非地带性

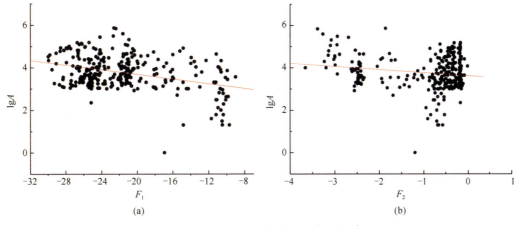

附图 1.3　湿地面积与主成分变量关系

分布的规律。随机选择 95%的数据，采用多元线性回归分析，构建面积与 $F_1$、$F_2$ 的模型。模型如下：

$$\lg(A/1000)=3.913-0.393\times F_1-0.190\times F_2 \quad (R^2=0.183，F=31.106，P<0.001)$$

使用该模型对剩余的 5%的点位进行模拟预测，通过单因素方差分析比较预测值与实际值发现，预测值与实际值之间无显著性差异（$F=0.046$，$P>0.05$），说明该模型能够较好地预测湿地面积与气温、降水、海拔等环境因子之间的关系。

### 5）具体操作

（1）将数据输入 SPSS23.0 软件中，变量包括经度、纬度、海拔、年平均气温、年平均降水、湿地面积。数据均为数值型。

| | 名称 | 类型 | 宽度 | 小数 | 标签 | 值 | 缺失 | 列 | 对齐 | 度量标准 | 角色 |
|---|---|---|---|---|---|---|---|---|---|---|---|
| 1 | latitude | 数值(N) | 8 | 2 | | 无 | 无 | 8 | 灖右 | 度量(S) | 输入 |
| 2 | longtitude | 数值(N) | 8 | 2 | | 无 | 无 | 8 | 灖右 | 度量(S) | 输入 |
| 3 | Area | 数值(N) | 8 | 2 | | 无 | 无 | 8 | 灖右 | 度量(S) | 输入 |
| 4 | altitude | 数值(N) | 8 | 2 | | 无 | 无 | 8 | 灖右 | 度量(S) | 输入 |
| 5 | MeanT | 数值(N) | 8 | 2 | | 无 | 无 | 8 | 灖右 | 度量(S) | 输入 |
| 6 | JulyT | 数值(N) | 8 | 2 | | 无 | 无 | 8 | 灖右 | 度量(S) | 输入 |
| 7 | Precipitation | 数值(N) | 8 | 2 | | 无 | 无 | 9 | 灖右 | 度量(S) | 输入 |

（2）利用 SPSS 23.0 软件中的数据选择功能，随机选择 95%的数据用于模型构建，5%的数据用于模型验证。

命令：数据—选择个案—随机选择个案。

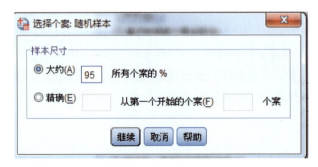

（3）对数据进行主成分分析，获取主要因子。

命令：分析—降维—因子分析，获取结果如下。

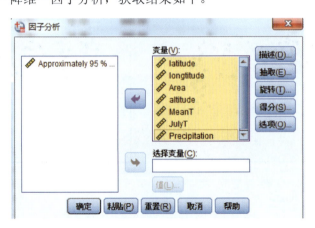

**Correlation Matrix[a]**

| | | 纬度 | 经度 | 海拔 | 年均温 | 年降水 |
|---|---|---|---|---|---|---|
| 相关性 | 纬度 | 1.000 | .011 | -.157 | -.684 | -.742 |
| | 经度 | .011 | 1.000 | -.488 | .162 | .389 |
| | 海拔 | -.157 | -.488 | 1.000 | -.554 | -.287 |
| | 年均温 | -.684 | .162 | -.554 | 1.000 | .714 |
| | 年降水 | -.742 | .389 | -.287 | .714 | 1.000 |
| 显著性(单侧) | latitude | | .422 | .002 | .000 | .000 |
| | longtitude | .422 | | .000 | .001 | .000 |
| | altitude | .002 | .000 | | .000 | .000 |
| | MeanT | .000 | .001 | .000 | | .000 |
| | Precipitation | .000 | .000 | .000 | .000 | |

a. Determinant = .008

**相关矩阵逆矩阵**

| | | latitude | longtitude | altitude | MeanT | Precipitation |
|---|---|---|---|---|---|---|
| 反映象协方差 | latitude | .049 | .056 | .051 | .044 | .059 |
| | longtitude | .056 | .433 | .096 | .079 | -.065 |
| | altitude | .051 | .096 | .064 | .052 | .044 |
| | MeanT | .044 | .079 | .052 | .048 | .024 |
| | Precipitation | .059 | -.065 | .044 | .024 | .220 |
| 反映象相关 | latitude | .329[a] | .384 | .920 | .905 | .566 |
| | longtitude | .384 | .334[a] | .577 | .551 | -.212 |
| | altitude | .920 | .577 | .228[a] | .944 | .368 |
| | MeanT | .905 | .551 | .944 | .388[a] | .236 |
| | Precipitation | .566 | -.212 | .368 | .236 | .699[a] |

取样足够度度量

**总方差解释**

| 成分 | 初始特征值 | | | 提取方差和载入 | | |
|---|---|---|---|---|---|---|
| | 合计 | 方差百分比 | 累积方差百分比 | Total | % of Variance | Cumulative % |
| 1 | 2.663 | 53.262 | 53.262 | 2.663 | 53.262 | 53.262 |
| 2 | 1.450 | 29.005 | 82.267 | 1.450 | 29.005 | 82.267 |
| 3 | .701 | 14.025 | 96.292 | | | |
| 4 | .167 | 3.348 | 99.639 | | | |
| 5 | .018 | .361 | 100.000 | | | |

提取方法：主成分分析

**成分矩阵**

| | 成分 | |
|---|---|---|
| | 1 | 2 |
| 纬度 | -.728 | .652 |
| 经度 | .451 | .662 |
| 海拔 | -.524 | -.746 |
| 年均温 | .909 | -.080 |
| 年降水 | .911 | -.155 |

提取方法：主成分分析
已提取2个成分

（4）对湿地面积与 $F_1$ 和 $F_2$ 因子进行相关性分析，确定其相关性是否显著。
命令：分析—相关分析—双变量。

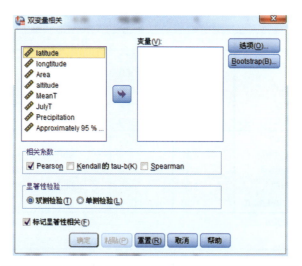

|  |  | LnA | F1 | F2 |
|---|---|---|---|---|
| LnA | 泊松相关 | 1 | -.324** | -.186** |
|  | 显著性(双侧) |  | .000 | .001 |
|  | 自由度 | 357 | 325 | 325 |
| F1 | 泊松相关 | -.324** | 1 | .831** |
|  | 显著性(双侧) | .000 |  | .000 |
|  | 自由度 | 325 | 328 | 328 |
| F2 | 泊松相关 | -.186** | .831** | 1 |
|  | 显著性(双侧) | .001 | .000 |  |
|  | 自由度 | 325 | 328 | 328 |

**

（5）构建面积与 $F_1$ 及 $F_2$ 模型。

命令：分析—回归—线性回归。

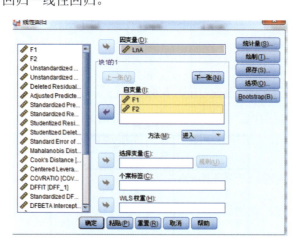

系数$^a$

| 模型 |  | 非标准化系数 | | 标准系数 | t | Sig. |
|---|---|---|---|---|---|---|
|  |  | B | 标准误差 | 试用版 |  |  |
| 1 | (常量) | 3.913 | .186 |  | 12.805 | .000 |
|  | F1 | -.393 | .008 | -.383 | -7.011 | .000 |
|  | F2 | -.190 | .045 | -.235 | -4.300 | .000 |

a. 因变量: LnA

（6）模型验证：将构建的方程应用于剩余的10%数据后，将模拟的结果与实际的结果进行方差分析，验证是否存在显著性差异。如不存在显著性差异，则模型可用。

命令：分析—比较均值—单因素方差分析。

单因素方差分析

LnA

|  | 平方和 | df | 均方 | F | 显著性 |
|---|---|---|---|---|---|
| 组间 | .464 | 1 | .464 | 1.177 | .290 |
| 组内 | 8.284 | 21 | .394 | | |
| 总数 | 8.749 | 22 | | | |

## 6）示例——以三江平原为例

利用该模型对近50年来气候变化对三江平原湿地面积消长的影响进行定量评判。三江平原是我国主要的淡水沼泽分布区之一，位于 45°01′~48°27′56″N，130°13′~135°05′26″E，三江平原1月平均气温低于–18℃，7月平均气温为21~22℃，年降水量为500~650 mm，≥10℃积温为2300~2700℃（佟守正等，2005）。在计算时，由于三江平原湿地主要分布在海拔为30~80m的范围内，因此在使用模型计算时采取的海拔为54 m。

中华人民共和国成立初期，三江平原沼泽湿地尚未经历大规模开发，多数湿地处于原始或者半原始状态，人类活动对湿地干扰较少（张树清等，2001），因此以1954年三江平原湿地面积353万 hm$^2$ 为基准值（$A$）。根据1981年、1985年、1990年、1995年、2000年、2005年三江平原气温降水变化，求得人类活动及气候变化导致的湿地面积变化量（附表1.1）。

近50年来，三江平原湿地面积不断减少。同1954年相比，目前已经丧失了80%以上的湿地（王宗明等，2009）。然而，对于湿地丧失的原因目前多数停留在定性方面，定量方面的研究十分匮乏。本书的研究表明，人类活动已经对三江平原湿地的丧失起主要作用，而过去几十年中气候变化有利于三江平原湿地面积的增加，具有正效应，其贡献率为17%~30%，人类活动导致湿地丧失，具有负效应，其贡献率为–82%~ –70.1%（附表1.1）。

附表 1.1　气候变化及人类活动对三江平原湿地减少贡献　（单位：万 hm$^2$）

| 年份 | $P$ | $C$ | $A$ | 湿地减少量 | $I$ human | $I$ climate |
| --- | --- | --- | --- | --- | --- | --- |
| 1981 | 433.8 | 173.5 | 353 | 179.4 | −260.2（−76.3%） | +80.8（+23.7%） |
| 1985 | 468.1 | 120.9 | 353 | 232.0 | −347.2（−75.1%） | +115.1（+24.9%） |
| 1990 | 468.2 | 80.14 | 353 | 272.8 | −388.1（−77.1%） | +115.2（+22.9%） |
| 1995 | 415.8 | 117.3 | 353 | 235.6 | −298.5（−82.5%） | +62.8（+17.4%） |
| 2000 | 520.7 | 112.2 | 353 | 576.2 | −408.5（−70.9%） | +167.7（+29.1%） |
| 2005 | 544.3 | 95.8 | 353 | 639.8 | −448.4（−70.1%） | +191.3（+29.9%） |

### 7）模型局限性

　　湿地是一种广泛分布的自然综合体，其在地理空间上的分布往往显示出非地带性分布的规律，并在不同时间及空间尺度上受到多种环境因子的相互影响。虽然本书的研究利用大区域尺度上资料建立了湿地面积-气候因子间的模型，并将其应用到区域尺度上进行湿地面积的预测，但是在模型的应用中，尺度转换，尤其是当研究尺度降低到点位尺度时，模型的可用性及预测精度将降低，此外，模型的应用是基于"短时间尺度范围内地貌特征不变或影响可忽略不计"的假设，在应用时应予以注意。

# 参 考 文 献

葛德祥, 李翀, 王义成, 等. 2009. 2000~2007 年辉河湿地面积变化及其与局部气候的关系研究. 湿地科学, 7(4), 314-320.

吕宪国. 2008. 中国湿地与湿地研究. 石家庄：河北科学技术出版社.

佟守正, 吕宪国, 杨青, 等. 2005. 三江平原湿地研究发展与展望. 资源科学, 27(6), 180-187.

王宗明, 宋开山, 刘殿伟, 等. 2009. 1954~2005 年三江平原沼泽湿地农田化过程研究. 湿地科学, 7(3), 208-217.

张树清, 张柏, 汪爱华. 2001. 三江平原湿地消长与区域气候变化关系研究. 地球科学进展, 16(6), 836-841.

赵魁义. 1999. 中国沼泽志. 北京：科学出版社.

Davis J A, Froend R. 1999. Loss and degradation of wetlands in southwestern Australia: underlying causes, consequences and solutions. Wetland Ecology and Management, 7: 13-23.

Day J W, Christian R R, Boesch D M, et al. 2008. Consequences of climate change on the eco-geomorphology of coastal wetlands. Estuaries and Coasts, 31: 477-491.

Erwin K L. 2009. Wetlands and global climate change: the role of wetland restoration in a changing world. Wetlands Ecology and Management, 17: 71-84.

Franzen L G, Chen D L, Klinger L F. 1996. Principles for a climate regulation mechanisms during the late phanerozoic era, based on carbon fixation in feat-forming wetlands. AMBIO, 25(7): 435-442.

Halsey L, Vitt D, Zoltai S. 1997. Climatic and physiographic controls on wetland type and distribution in Manitoba, Canada. Wetlands, 17(2): 243-262.

Harting E K, Gornitz V, Kolker A, et al. 2002. Anthropogenic and climate-change impacts on salt marshes of Jamaica Bay, New York City. Wetlands, 22(1): 71-89.

Nicholls R J. 2004. Coastal flooding and wetland loss in the 21$^{st}$ century: changes under the SRES climate and socio-economic scenarios. Global Environmental Change, 14: 69-86.

Nicholson B J, Vitt D H. 1994. Wetland development at Elk Island National Park, Alberta, Canada. Journal of

Paleolimnology, 12: 19-34.

Poiani K A, Johnson W C, Swanson G A, et al. 1996. Climate change and northern prairie wetlands: simulations of long~term dynamics. Limnology and Oceanogr, 41(5): 871-881.

Wall G. 1998. Implications of global climate change for tourism and recreation in wetland areas. Climatic change, 40: 371-389.

Walther G R, Post E, Convey P, et al. 2002. Ecological response to recent climate change. Nature, 146: 389-395.

Winkler M G. 1988. Effective of climate on development of two Sphagnum bogs in South-Central Wisconsin. Ecology, 69: 1032-1043.

# 附录 2　气候变化对湿地生态系统影响风险评估技术

物种（栖息地）分布预测对于植被的保护和利用及生态恢复重建等具有重要意义，其一直以来都是研究的重要内容之一。预测的分布结果可以为生态系统管理中目标设定、物种选择、物种恢复的潜力评价等方面提供重要的理论依据和实践指导。物种（栖息地）分布研究，往往由于研究对象差异、数据（时间尺度、空间尺度）局限性，以及模型等方面的差异，在环境因子（预测变量）的选取、方法技术、模型选择、建模途径、技术平台和软件工具等方面有所区别。本书的研究采用 3S 平台与开放统计学 R 语言，进行气候变化对湿地生态系统影响风险评估。

## 1. 平台介绍

### 1）R 语言

R 语言是 S 语言的一个分支。S 语言是由美国电话电报公司旗下贝尔实验室开发的一种用来进行数据探索、统计分析、作图的解释型语言。1980 年左右，奥克兰大学的罗伯特·杰特曼和罗斯·伊哈卡及其他志愿人员开发了 R 语言。R 语言是一种有着统计分析功能及强大作图和图形直观显示功能的应用软件系统。其拥有完整的数据操作处理、计算和图形制作展示的软件系统，提供了大量的扩展程序包（packages），用户可以通过 R 计划的官方网站（http://www.r-project.org）了解有关 R 语言的最新信息和使用说明，得到最新版本的 R 软件和基于 R 语言的应用统计软件包。

### 2）BIOMOD2

法国格勒诺布尔第一大学高山生态实验室 Thuiller W 博士与其他学者共同研发了基于 R 语言的免费和公开的软件 BIOMOD，以解决由不同模型方法和非独立评估样本所带来的不确定性，与单一模型相比，BIOMOD 可应用不同种类的模型并设置不同的初始条件、参数和限制性条件进行大量的运算，然后综合分析所有运算结果的共性、差异和不确定性。2012 年，其后续版本 BIOMOD2 发布。BIOMOD2 通过集合解决模型间差异的问题，其结果涵盖各种条件和不同情况下预测的可能性。BIOMOD2 共集成了 10 种可选的物种分布模型。安装 BIOMOD2 需要安装最新版本的 R 软件。在运行 BIOMOD 之前，需要安装若干程序包，包括 rpart、MASS、gbm、gam、nnet、mda、randomForest、Design、Hmisc、reshape、plyr 等。

## 2. 模拟过程

### 1）湿地分布数据准备

由于 BIOMOD2 不能识别矢量数据，因此，在数据准备阶段，需要预先在 3S 软件中，将湿地生态系统空间分布数据进行栅格化，根据数据的空间尺度和模型的要求，定义科学有效的空间分辨率。在此基础上，对湿地生态系统空间分布栅格数据进一步采用随机方法抽取点位制作存在-不存在数据，且转为 BIOMOD2 可读取的逗号分隔格式表，并使用 read.table（）函数将 CSV 表导入 BIOMOD2，同时可使用 head（DataSpecies）查询空间分布数据情况。

示例：
> head（DataSpecies）

X_UTM Y_UTMCyperus MarshCarexMarshForest Swamp

| | | | |
|---|---|---|---|
| 1 1743746608 | 84961 | 0 | 0 |
| 2 1711746608 | 49960 | 1 | 0 |
| 3 1724746608 | 44960 | 0 | 1 |
| 4 1709246608 | 39960 | | 10 |
| 5 1747246608 | 2996 | 10 | 0 |
| 6 1768246608 | 19960 | 0 | 1 |

### 2）未来气候情景选择

RCP 情景称为"典型浓度目标"（representative concentration pathways，RCPs），具体包括了 4 个情景：RCP2.6、RCP4.5、RCP6.0、RCP8.5。①RCP2.6 情景下，温室气体的增量相对较低，大气辐射强迫在 21 世纪中叶达到最大值 3W/m$^2$，大约相当于 $CO_2$ 浓度 490ppm，随后缓慢下降；②RCP4.5 情景下，大气辐射强迫会在 21 世纪中叶后达到 4.5 W/m$^2$，和 $CO_2$ 浓度 650ppm 相当，并稳定地持续到 21 世纪末，代表世界各国会尽全力达到温室气体减排目标；③RCP6.0 情景与 RCP4.5 相似，即在 21 世纪末大气辐射强迫达到 6 W/m$^2$ 并保持稳定，大约相当于 $CO_2$ 浓度 850ppm，代表世界各国并未尽全力履行其温室气体减排任务；④RCP8.5 情景下的大气辐射强迫将持续增加，到 21 世纪末达到 8.5 W/m$^2$ 以上，即 $CO_2$ 浓度大于 1370ppm，代表世界各国未采取任何温室气体减排措施。

### 3）环境、气候预测指标选择和准备

在对影响湿地生态系统分布的主要环境因子进行分析的基础上，需重点考虑环境预测指标数据。在范例中，环境指标主要包括 3 类，分别为气候因子、地形因子和水文因子（附表 2.1）。其中，现状气候因子利用中国气象局 720 个地面基准气象站 1961~2010 年的气象资料统计计算。未来气候因子依据 RCP2.6、RCP4.5、RCP6.0 和 RCP8.5 情景数据计算得到。地形因子和水文因子可利用 SRTM-datasets（Shuttle Radar Topographic Mission）（http://dwtkns.com/srtm/）数据计算得到。所有环境因子处理、计算均在

ArcGIS10.1 软件中完成，所有环境变量一律栅格化并统一空间分辨率，然后转成 BIOMOD2 可读取的 GRD 格式。

附表 2.1 环境指标

| | 序号 | 名称 |
|---|---|---|
| 气候因子 | 01 | 年均温 |
| | 02 | 昼夜温差月均值 |
| | 03 | 昼夜温差与年温差比值 |
| | 04 | 温度变化方差 |
| | 05 | 最热月份最高温度 |
| | 06 | 最冷月份最低温度 |
| | 07 | 年温变化范围 |
| | 08 | 最湿季度平均温度 |
| | 09 | 最干季度平均温度 |
| | 10 | 最暖月平均温度 |
| | 11 | 最冷月平均温度 |
| | 12 | 年降水量 |
| | 13 | 最湿月份降水量 |
| | 14 | 最干月份降水量 |
| | 15 | 降水量变化方差 |
| | 16 | 最湿季度降水量 |
| | 17 | 最干季度降水量 |
| | 18 | 最暖季度平均温度 |
| | 19 | 最冷季度平均温度 |
| | 20 | 温暖指数 |
| | 21 | 寒冷指数 |
| | 22 | 干旱指数 |
| 地形因子 | 23 | 高程 |
| | 24 | 坡度 |
| 水文因子 | 25 | 地形湿度指数 |
| | 26 | 与河流距离 |
| | 27 | 与湖泊距离 |

**4）模型选取**

生境分布模型（habitat distribution models，HDMs）来源于物种分布模型（species distribution models，SDMs），其基于生态位理论，利用物种（生境）已知的分布数据和相关环境变量，来推算物种（生境）的生态需求，然后在不同时空尺度上模拟预测物种（生境）实际分布和潜在分布。随着计算机、统计学和地理信息系统的发展，HDMs 模型层出不穷。一般 HDMs 模型可以分为 4 类：描述模型、回归模型、分类模型和机器学习模型。描述模型在运算中仅需要存在（presence）数据，主要包括 Bioclim、Domain、Mahalanobis Distance 和面域包络模型（surface range envelope，SRE）等。回归模型、分类模型和机器学习模型在运算中同时需要存在数据和非存在（absence）数据背景数据。其中，回归模型包括广义线性模型（generalized linear model，GLM）、广义相加模型（generalized additive model，GAM）、多元自适应回归样条（multiple adaptive regression splines，MARS）函数等。分类模型包括分类树分析模型（classification tree analysis，CTA）和混合判别式分析模型（mixture discriminant analysis，MDA）。机器学习模型包括人工神经网络模型（artificial neural networks，ANN）、广义增强模型（generalized boosting model，GBM）、随机森林模型（random forest，RF）和最大熵模型（maximum entropy model，Maxent）等。在 BIOMOD2 中，共集成了上述分布模型中的 10 种，分别为广义线性模型、广义相加模型、分类树分析模型、人工神经网络模型、柔性判别分析（flexible discriminant analysis，FDA）模型、多元自适应回归样条函数、广义推进模型（generalized boosting models，GBM）、随机森林模型（random forest，RF）、表面分布区分室模型（surface range envelope，SRE）和最大熵模型（maximum entropy models，Maxent）。

（1）广义线性模型。广义线性模型是常规正态线性模型的扩展，允许因变量为二项分布、泊松分布等离散型的分布，且允许数据结构中存在非线性和非常数方差。因而，广义线性模型比经典的高斯分布模型更加灵活，能更好地分析生态学中的相关关系。在 BIOMOD2 中，广义线性模型依据模型拟合优度的统计量赤池信息量准则或贝叶斯信息准则去除冗余变量，减少共线性。BIOMOD2 应用 R 中的"glm"包进行 GLM 运算。

（2）广义可加模型。广义可加模型是广义线性模型和可加模型的半参数性扩展，可以通过光滑样条函数进行局部优化，因而比广义线性模型更灵活，能处理响应变量和预测变量之间的高度非线性和非单调相关关系。BIOMOD2 应用 R 中的"GAM_gam"或"GAM_mgcv"包进行 GAM 运算。

（3）分类树分析模型。分类回归树是一种非参数化的回归及分类技术，不需要预先假设响应变量和预测变量之间的关系，而是根据响应变量，利用递归划分法，将由预测变量定义的空间划分为尽可能同质的类别。每一次划分都由预测变量的一个最佳划分值来完成，将数据分成两个部分，重复此过程，直到数据不可再分。分类回归树算法由树生长和树剪枝两个步骤组成。BIOMOD2 应用 R 中的"rpart"包进行 GAM 运算。

（4）人工神经网络模型。人工神经网络是为模仿生物神经网络结构和功能的数学模型或计算模型。BIOMOD2 利用的是没有跳层连接的单层感应器，因此前馈神经网络包含输入层、中间层和输出层。每层都由独立的神经元构成，并且每个单元都把前一层输出的神经元单独作为多变量线性函数的输入数据。BIOMOD2 应用 R 中的"nnet"包进行神经网络的相应计算。

（5）柔性判别分析模型。柔性判别分析是一种基于混合模型的监督分类方法，是线性判别分析的扩展形式，用混合的正态分布获取每个分类等级的密度估计。其假设每个环境变量类型的分布符合高斯分布，用混合的正态分布获取每个类型的密度。BIOMOD2 应用"mda"包中的 FDA 函数建立 FDA 模型，模型中的回归函数选择多元自适应回归样条函数。

（6）多元自适应回归样条函数。多元自适应回归样条函数是一种非参数的回归技术，其假设模型的解释变量在不同等级有不同的最优化参数。多元自适应回归样条函数的解释变量在不同等级，其参数有不同的最优化值，因此根据解释变量的等级，可分段进行回归模拟，并确认各分段的参数。参数的临界点或阈值取决于样条函数结点，样条函数结点通过运算自动确定。多元自适应回归样条函数的优越之处在于样条函数结点是通过运算自动确定的。BIOMOD2 应用 R 中的"mars"包进行多元适应回归样条函数运算。

（7）广义推进模型。广义推进模型通过在迭代过程中调整不同解释变量的权重和解释变量在不同区间的权重，达到优化分类的目的。其是建立在随机梯度助推法的基础上的。广义推进模型把分类树和助推法集成在了一起。广义推进模型通过交叉验证来选择模型预测精度最大时的分类树个数。BIOMOD2 中，利用 R 中的"gbm"包运行广义推进模型，需要设定回归树的数量（模型默认为 3000）。用 No.trees 参数设定选择树的数目。利用 CV.gbm 参数设定交叉验证的默认次数是 5。

（8）随机森林模型。随机森林应用布雷曼和卡特勒用于分类和回归的随机森林代码，通过对大量分类树计算来进行分类和回归。随机森林应用装袋法和随机选择的概念，通过大量分类树运算得到最终结果。Bagging 即是自助聚合法，是对样本进行多次重复自助取样的方法。随机森林对所有树的分类结果进行打分，并选择得分最高的分类结果。综合评估所有通过 Bootstrap 取样构建的分类树，取评分最高的分类树及其标准为最终结果。BIOMOD2 使用 R 中的"randomForest"包建立 RF 模型，树（ntree）的数目默认为 500。

（9）表面分布区分室模型。表面分布区分室模型与 BioClim 模型相同，应用物种存在点环境信息的最大值和最小值来确定物种的生态位。预测的物种分布范围气候变量取值在这些最大值和最小值之间。BIOMOD2 使用 R 中的"sre"包建立表面分布区分室模型。

（10）最大熵模型。最大熵模型是一个密度估计和物种分布预测模型，是以最大熵理论为基础的一种选择型方法。最大熵模型从符合条件的分布中选择熵最大的分布作为最优分布，首先确定特征空间，即物种已知分布区域，接着寻找限制物种分布的约束条件（环境变量），构筑约束集合，最后建立二者之间的相互关系。BIOMOD2 中需要通过设定 path_to_maxent.jar 参数，调用 Maxent 模型，模型下载地址为：http://rob.schapire.net/。

**5）模型及环境指标精度评价**

使用 VarImport 参数指示环境指标对湿地生态系统分布的重要性。该参数将对不同模型的解释变量进行直接比较。模型经过训练之后，可以进行标准预测。之后，其中一个变量被随机化，并重新进行预测，得到重新预测的结果与标准预测结果之间的相关系数，从而对该指标的重要性进行评估，如果相关系数高，则被随机化的参数对模型的预测影响较小。对每一个参数将此过程独立运行 n 次。VarImportance 函数运行时，给出的结果是 1 减去每个变量得出的相关系数的平均值。因此，分值越高，表明重要性越高，表示指标的重要程度越高。

精度评价可通过比较不同比例随机分割数据的效果，最后取总数据集的 70%作为训练子集，用来校正模型，其余 30%作为评估子集，用来验证模型，之后用 100%的数据来对模型的预测进行最终的校准。评价指标采用特征曲线下的面积（area under the curve,

AUC）、真实技巧统计法（true skill statistics，TSS）和科恩卡帕指数来完成。使用受试者工作特征曲线分析对各模型的预测结果进行评价，在模型模拟过程中，以 AUC 值大于 0.9，TSS 和卡帕值大于 0.85 作为模拟结果精度筛选的准则。

**6）模拟结果导出**

在模拟运算结束后，利用 R 中的"raster"包，将所得结果导出至地理信息系统软件可读取格式，并在 ArcGIS 中，利用 Spatial Analyst Tools 中的分析工具统计湿地生态系统分布面积变化，并进行风险评估。

## 3. 案例示范

**1）代码范例**

```
## 将 R、BIOMOD2 等软件安装且升级至最高版本。
##载入 BIOMOD2。
library(BIOMOD2)
## 设定工作目录
setwd("C:/Simulate /result")
## 读取分布数据
DataSpecies <- read.csv(system.file("external/species/wetlands.csv",
package="biomod2"), row.names = 1)
## 查看分布数据
head(DataSpecies)
## 指定湿地类型
sp.names <- c("Cyperus_Marsh")
## 指定湿地分布数据的 presence/absences
myResp <- as.numeric(DataSpecies[,myRespName])
## 指定湿地分布数据的 XY 坐标
myRespXY <- DataSpecies[,c("X_WGS84","Y_WGS84")]
## 导入环境指标 vio01，vio02……vio07
require(raster)
myExpl=stack(system.file("external/bioclim/current/vio01.grd", package="biomod2"),
system.file( "external/bioclim/current/vio02.grd", package="biomod2"),
system.file( "external/bioclim/current/vio04.grd", package="biomod2"),
system.file( "external/bioclim/current/vio05.grd", package="biomod2"),
system.file( "external/bioclim/current/vio06.grd", package="biomod2"),
system.file( "external/bioclim/current/vio07.grd", package="biomod2"))
## 格式化数据
myBiomodData <- BIOMOD_FormatingData(resp.var = myResp,
expl.var = myExpl,
resp.xy = myRespXY,
```

```
resp.name = myRespName)
## 定义模型参数为默认
myBiomodOption <- BIOMOD_ModelingOptions()
## 执行模型进行模拟
myBiomomodModelOut <- BIOMOD_Modeling( myBiomodData,
models = c('CTA','RF','GLM','GAM','ANN','MARS'),
models.options = myBiomodOption,
NbRunEval=10,
DataSplit=70,
Prevalence=0.5,
VarImport=0,
models.eval.meth = c('TSS','ROC'),
do.full.models=FALSE,
modeling.id="test")
## 打印模型运行情况
myBiomomodModelOut
## 建立整体模型作为参考
myBiomodEM<-BIOMOD_EnsembleModeling(modeling.output = myBiomodModelOut,
chosen. models = 'all',
em.by = 'all',
eval. metric = c('ROC'),
eval. metric. quality. threshold = c (0.85),
prob. mean = TRUE,
prob. median － TRUE)
## 将未来气候情景环境指标导入工程
myExpl_fut <- stack(system.file( "external/bioclim/2050/ vio01.grd",
package="biomod2"),
system. file("external/bioclim/2050/ vio02.grd",package="biomod2"),
system. file("external/bioclim/2050/ vio03.grd",package="biomod2"),
system. file("external/bioclim/2050/ vio04.grd",package="biomod2"),
system. file("external/bioclim/2050/ vio05.grd",package="biomod2"),
system. file("external/bioclim/2050/ vio06.grd",package="biomod2"),
system. file( "external/bioclim/2050/ vio07.grd",package="biomod2"))
myBiomodProjection<-BIOMOD_Projection(modeling.output = myBiomodModelOut,
new.env = myExpl_fut,
proj.name = 'future',
selected. models = 'all',
binary. meth = 'ROC',
compress = FALSE,
build. clamping.mask = TRUE)
BIOMOD_Ensemble Forecasting(projection.output=myBiomodProjection,
EM. output=myBiomodEM,
```

binary. meth='TSS')
\## 结束

**2）应用案例**

（1）湿地分布样点数据。本案例以黑龙江省三江平原为例，依据湿地分布数据和实地调查，制作湿地分布样点，如附图 2.1 所示，从而为模型模拟做准备。

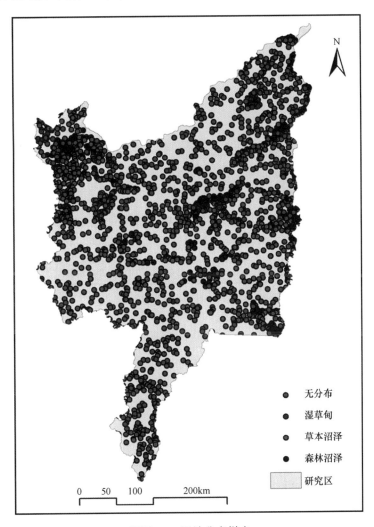

附图 2.1　湿地分布样点

（2）环境指标。本案例中，使用所选研究区湿地分布数据与所有环境指标进行 VarImport 指数排序，剔除冗余指标和低 VarImport 指标，最终选择 19 个环境指标参与模拟（附图 2.2）。

（3）模拟结果及风险评估。在模拟运算结束后，利用 R 中的"raster"包，将所得数据转为 3S 软件可读取的 TIFF 格式，并在 3S 软件中进行统计分析，按第 2 章提到的风险评估方法进行风险等级划分。

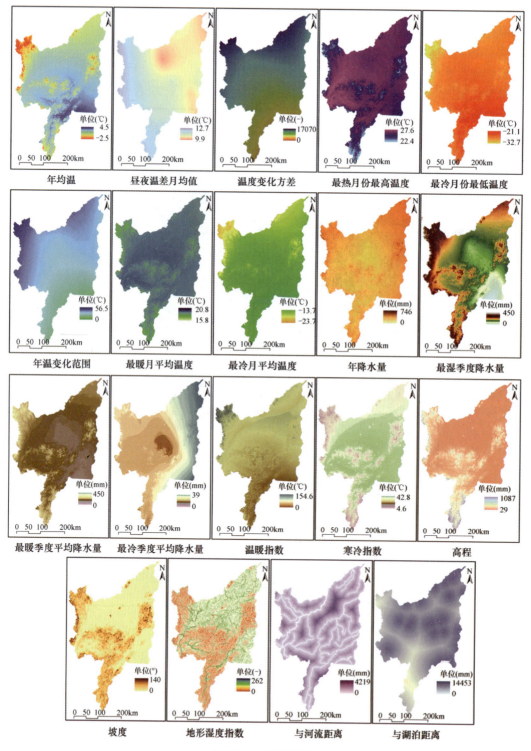

附图 2.2 环境指标

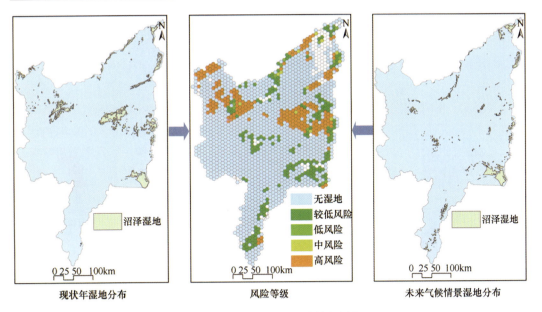

图例：
无湿地
较低风险
低风险
中风险
高风险

现状年湿地分布　　　　风险等级　　　　未来气候情景湿地分布

附图 2.3　结果导出及风险等级划分

# 参 考 文 献

曹剑侠, 温仲明, 李锐. 2010. 延河流域典型物种分布预测模型比较研究. 水土保持通报, 30: 134-139.

吴绍洪, 潘韬, 贺山峰. 2012. 气候变化风险研究的初步探讨. 气候变化研究进展, 07: 363-368.

薛振山, 吕宪国, 张仲胜, 等. 2015. 基于生境分布模型的气候因素对三江平原沼泽湿地影响分析. 湿地科学, 13(3): 315-321.

翟天庆, 李欣海. 2012. 用组合模型综合比较的方法分析气候变化对朱鹮潜在生境的影响. 生态学报, 32: 2361-2370.

Phillips S J, Dudík M, Schapire R E. 2004. A Maximum Entropy Approach to Species Distribution Modeling. Princeton Twenty-first International Conference on Machine Learning.

Thuiller W, Georges D, Engler R. 2013. Biomod2: ensemble platform for species distribution modeling. R package version, 2: r560.

Thuiller W, Lafourcade B, Engler R, et al. 2009. BIOMOD-a platform for ensemble forecasting of species distributions. Ecography, 32: 369-373.

Xue Z, Zhang Z, Lu X, et al. 2014. Predicted areas of potential distributions of alpine wetlands under different scenarios in the Qinghai-Tibetan Plateau, China. Global & Planetary Change, 123: 77-85.